Springer-Lehrbuch

Lieber Michael,
dies ist die Bibel des Rechnungswesen!
Sie wird Dir in jeder Lebenslage
mit Rat und Tat zur Seite
stehen!

Ich wünsche Dir alles
Gute! Der innere
Kern bleibt geschlossen!

Olaf Plötner · Barbara Sieben · Tyge-F. Kummer

Kosten- und Erlösrechnung

Anschaulich, kompakt, praxisnah

2., korrigierte und aktualisierte Auflage

Springer

Dr. Olaf Plötner
European School of Management
and Technology (ESMT)
Schlossplatz 1
10178 Berlin
ploetner@esmt.org

Prof. Dr. Barbara Sieben
Freie Universität Berlin
Fachbereich Wirtschaftswissenschaft
Institut für Management
Boltzmannstr. 20
14195 Berlin
barbara.sieben@fu-berlin.de

Tyge-F. Kummer
ESCP Europe Wirtschaftshochschule Berlin
Heubnerweg 6
14059 Berlin
tyge.kummer@escpeurope.de

ISSN 0937-7433
ISBN 978-3-642-11919-4 e-ISBN 978-3-642-11920-0
DOI 10.1007/978-3-642-11920-0
Springer Heidelberg Dordrecht London New York

Die Deutsche Nationalbibliothek verzeichnet diese Publikation in der Deutschen Nationalbibliografie; detaillierte bibliografische Daten sind im Internet über http://dnb.d-nb.de abrufbar.

Einbandentwurf: WMXDesign GmbH

Gedruckt auf säurefreiem Papier

Springer ist Teil der Fachverlagsgruppe Springer Science+Business Media (www.springer.com)

Vorwort zur 2. Auflage

Die Herausgabe einer zweiten Auflage ist für Autoren immer Grund zur Freude. Deswegen möchten wir uns zu allererst bei den zahlreichen Käufern der ersten Auflage bedanken sowie bei den Lehrkräften, die dieses Buch in ihren Veranstaltungen verwendet haben. Dies gilt umso mehr, da uns zahlreiche Leser wertvolle Hinweise zur Optimierung des Textes gegeben haben. So konnten wir manche Zahlenfehler in den Rechenbeispielen beseitigen und sprachliche Missverständlichkeiten überarbeiten. Darüber hinaus sind wir der Anregung gefolgt, den Bezug des Lehrbuches auf die aktuelle betriebliche Praxis der Kosten- und Erlösrechnung zu stärken. Aus diesem Grund haben wir mit einer Reihe von Managern Interviews zu den im Buch behandelten Themen durchgeführt und die wichtigsten Ergebnisse dieser Gespräche am Ende der Kapitel wiedergegeben. Für die Bereitschaft, ein solches Gespräch zu führen, möchten wir uns sehr herzlich bedanken bei: Dr. Henning T. Baberg von der HELIOS Kliniken GmbH, Andreas Goschin von der Coca-Cola Erfrischungsgetränke AG, Dr. Alexander Henrici von der Intendis GmbH, Alexander Hunger von der Volkswagen AG, Dietmar Krenz von der Siemens AG, Dr. B. Peter Utzig von der ESMT GmbH und Dr. Jan Wüllenweber von der McKinsey & Company, Inc.

Unser besonderer Dank gilt Herrn Ulrich Plett von der Ernst & Young GmbH. Er hat uns in dem Interview nicht nur viele interessante Hinweise zur aktuellen Entwicklung der Kosten- und Erlösrechnung gegeben, sondern durch die Schaltung einer Anzeige am Ende des Buches die Herausgabe der zweiten Auflage auch finanziell unterstützt. Diese Unterstützung haben wir in vollem Umfang dem Springer-Verlag zukommen lassen, um den Preis dieses Lehrbuches weiterhin unter 20 Euro halten zu können. Wir möchten damit den begrenzten finanziellen Möglichkeiten vieler Studenten Rechnung tragen, da sie die Mehrheit der Käufer dieses Buches darstellen. Darüber hinaus hoffen die Autoren aber natürlich auch, dass der relativ niedrige Preis die Chancen erhöht, sich bald über eine dritte Auflage freuen zu dürfen.

Berlin, im Februar 2010

Olaf Plötner
Barbara Sieben
Tyge-F. Kummer

Vorwort zur 1. Auflage

Dieses Buch entstand auf der Basis unserer Vorlesungs- und Übungsveranstaltungen zur Kosten- und Erlösrechnung, die wir seit dem Wintersemester 1998/99 am Fachbereich Wirtschaftswissenschaft der Freien Universität Berlin abhalten. Dabei war es immer unser Ziel, den Lehrstoff möglichst anschaulich zu vermitteln und bei den Studierenden – stille Hoffnung aller Lehrenden – das Interesse zu wecken, sich auch über die Pflichtveranstaltung hinaus mit dem Thema zu befassen. Dieser Wunsch unterliegt auch den folgenden Seiten. Sie sollen die Grundlagen der Kosten- und Erlösrechnung anschaulich darstellen, durch zahlreiche Beispiele den Anwendungsbezug zur Praxis verdeutlichen und zur vertiefenden Auseinandersetzung mit dieser nur vermeintlich trockenen Thematik anregen. Nicht zuletzt sollen sie einen Beitrag dazu leisten, dass Studierende die Prüfung zur entsprechenden Veranstaltung meistern. Aus diesem Grund wurde – unter maßgeblicher Mitarbeit von Robert Imiela – parallel zu diesem Buch ein E-Learning-Programm entwickelt, in dessen Rahmen die Lösungen ehemaliger Klausuraufgaben im Selbststudium erarbeitet werden können. Auch auf dieses Programm können Sie gern zugreifen. Den Link dazu finden Sie auf der Seite www.springer.com/978-3-540-78437-1, auf der auch weitere ergänzende Materialien bereitgestellt werden.

Bei der Erstellung dieses Buches und des begleitenden E-Learning-Programms erhielten wir von vielen Seiten wertvolle Unterstützung. Das zugrunde liegende Vorlesungsskript bereicherten die an der Veranstaltung beteiligten Übungsleiterinnen und -leiter, Kolleginnen und Kollegen sowie zahlreiche Studierende dank ihrer hilfreichen Hinweise. Ein besonderer Dank für ihre fortwährende inhaltliche Unterstützung richtet sich an Robert Imiela und Neda Todorova. Dr. Monika Huesmann, Nils Horch, Mathias Orth und Sebastian Wappel halfen uns bei der Weiterentwicklung des Skriptes. Prof. Dr. Klaus Ruhnke, Prof. Dr. Mario Rese, Prof. Dr. Markus Bick und Prof. Dr. Stephan Kudert gebührt ein ausdrücklicher Dank: Sie standen uns mit ihrer hohen Fachkompetenz und vielen motivierenden Hinweisen zur Seite. Weder die Erstellung des E-Learning-Programms noch die Entwicklung des Skriptes wären ohne die Unterstützung des Fachbereichs Wirtschaftswissenschaft der Freien Universität Berlin möglich gewesen. Ein Dank für die technische Umsetzung des E-Learning-Programms gilt Kai Dohse. In der letzten Phase der Erstellung des Buchmanuskriptes erhielten wir von Moritz Grisebach und Markus Richter unerlässliche technische Unterstützung. Des Weiteren richtet sich ein besonderer Dank an Gabriele Weber-Jaric für ihr Pochen auf Verdeutlichung und den sprachlichen Feinschliff. Danken möchten wir überdies Dr. Martina Bihn vom Springer-Verlag für die konstruktive Zusammenarbeit.

Abschließend sei darauf hingewiesen, dass wir nicht davon ausgehen, ein Werk geschaffen zu haben, das nicht mehr zu verbessern ist. Insofern sind wir für konstruktive Kritik und weiterführende Anregungen dankbar. Bitte senden Sie Ihre Kommentare per E-Mail an LS-Sieben@wiwiss.fu-berlin.de.

Vielen Dank!

Berlin, im Februar 2008

Olaf Plötner
Barbara Sieben
Tyge-F. Kummer

Inhaltsverzeichnis

1 Grundlagen der Kosten- und Erlösrechnung

1.1 Warum Rechnungswesen?

„Bei VW müssen Kosten drastisch reduziert werden."

„Aktionäre erwarten Renditeverbesserung von Lufthansa."

„Ohne starke Gewinne wird Deutsche Bank zum Übernahmekandidaten."

Diese und ähnliche Schlagzeilen fand man in den vergangenen Jahren immer häufiger in der Presse. Sie machen deutlich, dass der Profitabilität eines Unternehmens, und damit seinen Kosten und seinen Erlösen, in der breiten Öffentlichkeit zunehmende Wichtigkeit beigemessen wird. Dies gilt natürlich umso mehr in den Unternehmen selbst – zumal gerade bei Aktiengesellschaften der Einfluss der Eigentümerseite auf die Unternehmenspolitik in den vergangenen Jahren deutlich zugenommen hat. Man mag das gesellschaftspolitisch fragwürdig finden, zumindest gäbe es dafür gute Gründe. Tatsache ist aber, dass sich Unternehmen dieser Entwicklung nicht entziehen können. Insofern erscheint es für jemanden, der sich für Wirtschaft interessiert, sinnvoll, sich mit den Mechanismen zur Ermittlung von Profitabilität vertraut zu machen.

Eine gerade für viele Studierende nicht unwichtige Folge der wachsenden Bedeutung des Rechnungswesens in der Wirtschaft zeigt sich übrigens auch in der steigenden Zahl entsprechender Stellen auf dem Arbeitsmarkt. Eine Vielzahl dieser Jobs dürfte in großen Unternehmen zu finden sein. In kleinen Unternehmen mit wenigen Angestellten gibt es diesbezüglich häufig keine eigene Stelle. Gerade dort wird aber davon ausgegangen, dass, wenn ein Absolvent eines betriebswirtschaftlichen Studiums zum kleinen Team eines Betriebes gehört, der- oder diejenige zumindest die Grundlagen des Rechnungswesens beherrscht. Genauso etwa wie man bei einem Arzt davon ausgeht, dass er die richtigen Maßnahmen der Ersten Hilfe kennt. Oder wie man von einem Elektroingenieur erwartet, dass er zu prüfen weiß, warum ein Telefon nicht funktioniert.

O. Plötner et al., *Kosten- und Erlösrechnung*, Springer-Lehrbuch, 2nd ed.,
DOI 10.1007/978-3-642-11920-0_1, © Springer-Verlag Berlin Heidelberg 2010

Diese Erwartungen können natürlich falsch sein. Es ist für den, dem sie entgegen gebracht werden, aber gut, sie zu kennen und sicherlich nicht von Schaden, ihnen gerecht zu werden. Insofern dürften Kenntnisse über das Rechnungswesen auch für jene Studenten der Wirtschaftswissenschaften sinnvoll sein, die sich später mit anderen Themenfeldern der Betriebswirtschaft intensiver auseinander setzen möchten. Sie müssen nicht alle Aspekte dieser komplexen Thematik kennen. Sie sollten sich aber ein solides Grundlagenwissen darüber aneignen, wie gewinnrelevante Größen gesammelt, systematisiert und errechnet sowie zur Unternehmenssteuerung eingesetzt werden.

Dabei werden die Größen, die im Rahmen des betrieblichen Rechnungswesens erarbeitet werden, letztendlich immer in einer Gelddimension dargestellt, allenfalls ergänzt durch eine Mengendimension. Hier liegt ein wichtiger Unterschied zu anderen Systemen in Unternehmen, wie etwa zu Personalsystemen. Bei Letzeren werden bei der Frage: „Welche Werte unserer Unternehmenskultur sind für die neuen Mitarbeiter besonders wichtig?“ wahrscheinlich keine quantitativen Größen erfasst. Im Rechnungswesen dagegen lauten typische Fragen: „Wie viel kostet uns die neue Werbekampagne?“, „Was erwirtschaftet unser Tochterunternehmen in China?“, „Wie hoch ist der Wert unseres Lagers?“ und werden stets in Geldeinheiten beantwortet. Dementsprechend soll Rechnungswesen hier als ein System verstanden werden, mit dessen Hilfe Vorgänge und Zustände eines Unternehmens **in Geldeinheiten** dargestellt werden, um dadurch Beiträge zu dessen Steuerung zu leisten.

Die Güte der quantitativen Antworten, die das Rechnungswesen gibt, kann übrigens ebenso gut oder ebenso schlecht sein wie bei qualitativen Aussagen des Personalwesens. Das sei deshalb erwähnt, weil manch einer meint, dass eine Antwort, die sehr genau ist, – zum Beispiel: „Die Erzeugung des Stroms kostet 0,01724 € pro Kilowattstunde“ – immer auch sehr richtig ist. Das muss aber keineswegs so sein. Vielmehr ist es wichtig, quantitative Genauigkeit und sachliche Gültigkeit einer Aussage unabhängig voneinander zu beurteilen. Um die Gültigkeit eines Ergebnisses einzuschätzen beziehungsweise dessen Zustandekommen kritisch hinterfragen zu können, muss man über die notwendige Fachkompetenz verfügen. Für den Bereich des Rechnungswesens bedeutet das, die wichtigsten Begriffe, Prinzipien und Methoden zu verstehen und einen Bezug zu Problemstellungen der Praxis herstellen zu können. Hierzu möchten die folgenden Seiten einen Beitrag leisten.

1.2 Warum internes Rechnungswesen?

Für viele Studenten ist der Beginn des Studiums mit dem Umzug in eine neue Stadt verbunden. Dort suchen sie üblicherweise eine Wohnung. Eine Studentin erkennt hierin eine Geschäftschance und eröffnet ein Maklerbüro, das sich auf diesen studentischen Wohnungsbedarf spezialisiert. Für die Firmengründung, wie Handelsregistereintrag etc., bezahlt sie im ersten Geschäftsjahr 1.000 €; für Werbung, zum Beispiel Anzeigen in Studentenmagazinen, fallen 17.000 € an. Um dem Status einer erfolgreichen Geschäftsfrau gerecht zu werden, least sie sich einen eleganten Geschäftswagen für jährlich 15.000 €; an weiteren Unterhaltskosten fallen für den Wagen 3.000 € an. Ein Büroraum inklusive PC, Telefon, Fax etc. wird ihr vom Vater, einem Steuerberater, kostenlos zur Verfügung gestellt. Allerdings lässt er sich von ihr für die Übernahme der Buchführung und die Erstellung des Jahresabschlusses den marktgerechten Preis von 2.000 € bezahlen. Eine Reihe von Studenten nehmen die Vermittlungsdienste ihrer Kommilitonin in Anspruch, die Umsätze des ersten Jahres belaufen sich auf 50.000 €. Am Ende des ersten Geschäftsjahres stellt sich die junge Unternehmerin die Frage: „Bin ich eine erfolgreiche Immobilienmaklerin?"

Wie würden Sie ihr diese Frage beantworten?

Geschäftserfolg hat viele Dimensionen: Arbeitsplätze schaffen; zufriedene Kunden haben; einen gesellschaftlichen Beitrag leisten. Aber auch: Gewinn erzielen. In marktwirtschaftlichen Systemen ist Gewinn quasi eine notwendige Bedingung für die langfristige Existenz eines Unternehmens und somit Voraussetzung für Arbeitsplätze, zufriedene Kunden und gesellschaftliche Beiträge. Folglich ist es wichtig zu ermitteln, wie hoch der Gewinn eines Unternehmens ist.

Der Gewinn ist zudem die zentrale Grundlage für das Finanzamt, um Steuern zu erheben, für Banken, um Kredite an ein Unternehmen zu vergeben oder für Aktionäre, um angemessene Dividenden zu verlangen. Aus diesem Grund gibt es für alle Betriebe eine Pflicht, Gewinne zu ermitteln und auszuweisen. Ihr wird mit dem sogenannten **externen Rechnungswesen** nachgekommen, im Rahmen dessen eine Gewinn- und Verlustrechnung und eine Bilanz zu erstellen ist. Wegen der diesbezüglich bestehenden Publikationspflicht können auch das Finanzamt und gegebenenfalls Kreditinstitute und Aktionäre Einblick in diese Dokumente nehmen.

Wenn jedoch der Gewinn bereits im externen Rechnungswesen ermittelt wird, warum gibt es dann noch ein **internes Rechnungswesen**, das das ebenfalls tut und hier im Mittelpunkt der Betrachtungen steht?

Der erste Grund hierfür liegt in den Regeln, denen ein Unternehmen im externen Rechnungswesen folgen muss, ganz gleich, ob sie sinnvoll sind oder nicht. So ist etwa die Nutzungsdauer eines PKWs in Deutschland von den Finanzbehörden auf sechs Jahre festgelegt. Dies bedeutet, dass ex definitione auch ein Geschäftswagen, der sechs Jahre nahezu ungenutzt in der Garage stand, keinerlei Wert mehr hat oder, wie die Profis des Rechnungswesens sagen, „voll abgeschrieben" ist.

Der zweite, weit wichtigere Grund liegt in den Interessen, die ein Unternehmen mit der Offenlegung seiner Gewinngrößen verfolgt und den gesetzlich zulässigen Spielräumen, die diesbezüglich bestehen. Da – wie der Name schon sagt – das externe Rechnungswesen für (unternehmens-)externe Adressaten erstellt wird, werden diese Spielräume von der Unternehmensleitung im Sinn der gewünschten Außendarstellung genutzt. Wenn man zum Beispiel wenig Gewinnsteuern zahlen möchte, werden alle zulässigen Möglichkeiten genutzt, Profite möglichst klein darzustellen. Das Umgekehrte gilt, wenn man sich vor potenziellen Anteilseignern als wirtschaftlich solides und langfristig profitables Unternehmen präsentieren möchte. Möglichkeiten zur optimalen Nutzung der Spielräume werden in Literatur und Praxis gewöhnlich unter dem Stichwort Bilanzpolitik diskutiert.

Es ist naheliegend, dass sich im Rahmen „optimierter Bilanzpolitik" Darstellungen ergeben, die die Wirklichkeit über den wirtschaftlichen Erfolg nur verzerrt widerspiegeln. Ebendiese Wirklichkeit muss die Leitung eines Unternehmens jedoch kennen, wenn geschäftsrelevante Entscheidungen zu treffen sind. Etwa ob in den Aufbau eines bestimmten Geschäftsbereichs investiert werden sollte oder ob dessen wirtschaftliche Lage eine grundlegende Umstrukturierung oder gar Schließung erfordert.

Abb. 1.1. Ist die studentische Geschäftsfrau erfolgreich? [es]

Und damit soll noch einmal auf die durchaus sehr sinnvolle Fragestellung der oben erwähnten jungen Unternehmerin zurückgekommen werden: Den gegebenen Informationen und Regeln des externen Rechnungswesens folgend wurden 12.000 € Gewinn erwirtschaftet (50.000 € Umsatzerträge abzüglich 38.000 € Aufwendungen für Werbung und Auto, Gründungs- und Buchhaltungsgebühren). Man könnte daher annehmen, das Unternehmen hätte sich in dem hart umgekämpften Markt der Immobilienmaklerei profitabel behauptet.

Bei ehrlicher, genauerer Analyse können bei dieser Einschätzung allerdings Zweifel aufkommen. Da die Studentin im Büro des Vaters weder für Miete noch PC oder Telefon etc. zahlt, können selbstverständlich auch keine entsprechenden Aufwendungen im externen Rechnungswesen berücksichtigt werden. Aber, ist das denn normal, dass ein Makler-Unternehmen dafür nichts zahlen muss? Wohl nicht. Wenn man den Erfolg der Geschäftstätigkeit ehrlich einschätzen möchte, ist es deswegen sinnvoll, diese Größen zu berücksichtigen. Angenommen, der übliche Marktpreis für die Nutzung des Büros und des technischen Equipments läge bei 1.000 € im Monat, das heißt bei 12.000 € im Jahr. Ließe man, dem Ansatz des internen Rechnungswesens folgend, diese Größen in die Erfolgsbeurteilung mit eingehen, hätte das Unternehmen im ersten Jahr keinerlei Gewinne erwirtschaftet. Abbildung 1.2 stellt die externe Gewinnermittlung der internen gegenüber.

Umsatzerlöse und Aufwendungen bzw. Kosten in €	extern	intern
Umsatzerlöse	50.000	50.000
Gründung	1.000	1.000
Werbung	17.000	17.000
Leasing	15.000	15.000
Benzin	3.000	3.000
Abschlusserstellung und Buchführung	2.000	2.000
Miete (kalkulatorisch)	–	12.000
Gewinn	**12.000**	**0**

Abb. 1.2. Gewinnermittlung extern und intern

Die Situation stellt sich noch kritischer dar, wenn man folgende Überlegung anstellt: Die junge Unternehmerin hätte ja, statt ihr Geld ins eigene Unternehmen zu investieren, die entsprechende Summe auch bei der Bank anlegen können. Dann hätte sie Zinsen dafür bekommen. Wenn man davon ausgeht, dass das Unternehmen die sicheren Erträge dieser alternativen Geldverwendung hätte erwirtschaften müssen und sie als sogenannte Kapitalkosten bei der Erfolgsermittlung berücksichtigen würde, hätte das Maklerunternehmen im ersten Jahr sogar einen Verlust gemacht. Betrachtet man nur das erste Geschäftsjahr, wäre es für die Studentin quasi ökonomisch sinnvoller gewesen, das vom Vater zur Verfügung gestellte Büro unterzuvermieten, das eigene Geld bei der Bank anzulegen und auf die Maklertätigkeit zu verzichten.

Allerdings wäre das Untervermieten vielleicht gar nicht so einfach gewesen und hätte womöglich das Verhältnis zu dem großzügigen Vater getrübt. Insofern wird die Studentin wahrscheinlich davon absehen und ganz generell die Erkenntnisse über den wahren Erfolg ihrer Geschäftstätigkeit für sich behalten. Und das kann sie auch, denn Ergebnisse des internen Rechnungswesens werden nur für **interne Adressaten**, in der Regel die Unternehmensleitung, ermittelt. Außenstehenden, wie Finanzbehörden, Banken oder Vätern, wird gewöhnlich kein Einblick gewährt, vielmehr handelt es sich um Informationen, die höchster **Vertraulichkeit** unterliegen. Und weil man das interne Rechnungswesen nur für sich selbst durchführt, sollte hier auch keiner interessengesteuerten Politik gefolgt werden. Es würde keinen Sinn machen, „sich selbst in die Tasche zu lügen". Eher versucht ein Unternehmen mit seinem internen Rechnungswesen, möglichst ehrliche und realistische Ergebnisse zu erhalten und für sich nach bestem Wissen und Gewissen die Frage zu beantworten: „Wie erfolgreich sind wir in einer betrachteten Periode mit unserem Geschäft unter normalen Umständen wirklich?"

Diese Erfolgsermittlung muss sich nicht nur auf das Gesamtunternehmen beziehen. Es können auch Teile des Unternehmens, einzelne Abteilungen, bestimmte Produkte oder Prozesse analysiert werden. Einer solchen Analyse der Vergangenheit geht häufig eine entsprechende Planung der Zukunft voraus. Ein aufstrebender Autokonzern fragt sich etwa: „Wie viel wird uns der Aufbau der neuen Fabrik kosten?", ein Bankunternehmen will wissen: „Inwieweit würde es sich lohnen, das Geschäft mit Privatkrediten weiter auszubauen?", eine marode Kaufhauskette will Antwort auf die Frage: „Welche Filialen werden uns im kommenden Jahr die höchsten Verluste bescheren?"

Die Planungsrechnungen stellen ebenso wie die Kosten- und Erlösanalyse der Vergangenheit wichtige **Grundlagen für betriebliche Entscheidungen** dar. Und genau hierin liegt der zentrale Zweck des internen Rechnungswesens. Es unterstützt bei Standortentscheidungen, Preisfindungsprozessen, Lieferantenauswahl, Produktentscheidungen und Vielem mehr. Dabei ist ausdrücklich darauf hinzuweisen, dass vom internen Rechnungswesen lediglich rein quantitative Antworten geliefert werden, die Kosten und gegebenenfalls Erlöse berücksichtigen. Diese Antworten sollten vor einer Entscheidung immer im Zusammenhang mit qualitativen Zusammenhängen gesehen werden. Vielleicht sollte ein neues, hohen Gewinn versprechendes Produkt nicht auf den Markt gebracht werden, weil es die Umwelt stark belasten und möglicherweise der Reputation des Unternehmens schaden wird. Internes Rechnungswesen mit seiner Ermittlung von Kosten-, Erlös- und Gewinninformationen sollte immer nur eine von mehreren Grundlagen für betriebliche Entscheidungen liefern. Im System der Marktwirtschaft ist das allerdings eine ziemlich wichtige.

Ergänzend sei noch auf einen weiteren Zweck der Kostenrechnung hingewiesen. Bei bestimmten Fragen dient es als **Informationsbasis für das**

Abb. 1.3. Welchen Wert haben die Motoren bei Mercedes? [da]

externe Rechnungswesen. Das gilt insbesondere bei Fragen der Lagerbewertung. Generell muss der Wert der Lagerbestände im Jahresabschluss eines Unternehmens aufgeführt werden. Soweit es sich dabei lediglich um fremdbeschaffte Güter handelt, kann die Bewertung relativ problemlos anhand der auch im Rahmen des externen Rechnungswesens erfassten Einkaufspreise vorgenommen werden. Falls die Güter aber im Unternehmen bereits weiterbearbeitet wurden, ist ihre Bewertung weitaus schwieriger. Man muss im externen Rechnungswesen dann den durch die eigene Arbeit geschaffenen Wert der Güter angemessen beurteilen. Dies erfolgt sowohl bei Anwendung des deutschen Handelsrechts als auch der internationalen Rechnungslegung durch Methoden des internen Rechnungswesens.

1.3 Was sind Kosten? Was sind Erlöse? Was ist Erfolg?

Der letzte Abschnitt verdeutlichte noch einmal den engen Zusammenhang zwischen internem und externem Rechnungswesen. Vieles ist gleich, Wichtiges jedoch anders. Der Grund für die Unterschiede liegt, wie im obigen Praxisbeispiel beschrieben, insbesondere an den unterschiedlichen Zielsetzungen der Rechenwerke, die wiederum mit den unterschiedlichen Adressaten der Informationen zu tun haben.

Wegen der Unterschiede zwischen internem und externem Rechnungswesen ist es nur logisch, dass – um Verwechslungen zu vermeiden – auch mit unterschiedlichen Begrifflichkeiten gearbeitet wird. Während man im internen Rechnungswesen von Kosten und Erlösen beziehungsweise Leistungen spricht, verwendet man im externen Rechnungswesen die Begriffe Aufwand und Ertrag. In beiden Fällen handelt es sich um Güterverbrauch (Kosten/Aufwand) beziehungsweise Güterentstehung (Erlös/Ertrag). Zwar gibt es zwischen diesen jeweiligen Begriffspaaren Überschneidungen, doch existieren eben auch Bereiche, wo den jeweiligen Größen im einen Rechenwerk keine entsprechenden Werte im anderen gegenüberstehen. Abbildung 1.4 gibt hierzu einen ersten Überblick.

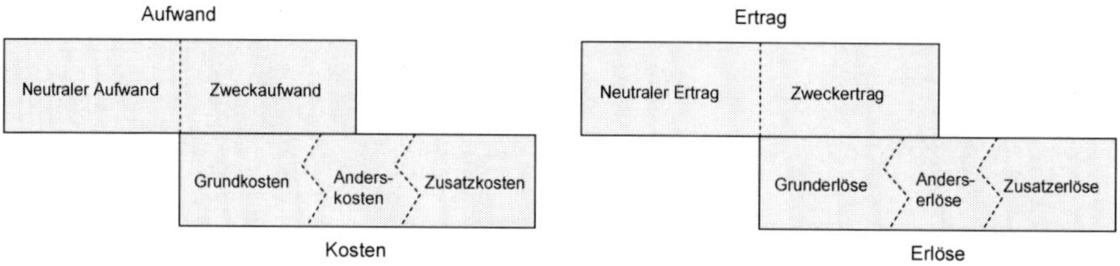

Abb. 1.4. Abgrenzung der Begriffspaare Aufwand/Kosten und Ertrag/Erlöse

Generell werden **Kosten** hier als betriebszweckbezogener bewerteter Güterverbrauch definiert. In ihrem Verhältnis zu Aufwandsgrößen lassen sich drei Kostenkategorien unterscheiden:

1. Als **Grundkosten** werden solche Größen bezeichnet, die der Höhe nach mit den entsprechenden Aufwandsgrößen, dem sogenannten Zweckaufwand, identisch sind. Im obigen Beispiel wäre das beispielsweise der Betrag für den Eintrag im Handelsregister.
2. Unter **Zusatzkosten** hingegen versteht man Größen, denen keinerlei Aufwandsgrößen im externen Rechnungswesen gegenüberstehen. Im obigen Beispiel lägen sie etwa bei den in einer Gewinn- und Verlustrechnung nicht erfassten Wertgrößen des gratis überlassenen Büroraums vor.
3. Von **Anderskosten** spricht man, wenn mit gleichem Sachbezug sowohl eine Aufwandsposition im externen Rechnungswesen als auch eine Kostenposition im internen Rechnungswesen vorliegt, jedoch in jeweils anderer Höhe. Dies würde etwa zutreffen, wenn der Vater sich zwar die Nutzung des Büroraums hätte bezahlen lassen, aber einen Preis deutlich unter Marktniveau verlangt hätte. Somit wäre eine Aufwandsgröße (tatsächlich gezahlter Preis) anders, nämlich geringer, gewesen als die entsprechende Kostengröße (marktgerechter Preis) – trotz des identischen Sachbezuges (Miete).

Die Summe der Anderskosten und Zusatzkosten nennt man kalkulatorische Kosten.

Definitionsgemäß fallen Kosten erst dann an, wenn Güter verbraucht werden. Das heißt, wenn eine Brauerei beispielsweise Rohstoffe wie Hopfen und Malz kauft, sind noch keine Kosten entstanden. Auch wenn diese Rohstoffe gleich bezahlt werden, sind noch keine Kosten entstanden (sondern es ist lediglich eine Auszahlung erfolgt). Selbst wenn die Rohstoffe auf das Gelände der Brauerei geliefert werden, sind noch keine Kosten entstanden (sondern es liegt eine sogenannte Ausgabe vor). Erst dann, wenn Hopfen und Malz für die Bierherstellung verwendet werden, hat ein Güterverbrauch stattgefunden. Dabei ist zu beachten, dass bei Dienstleistungen, wie etwa Reparaturarbeiten, Lieferung und Verbrauch des „Gutes" in der Regel zeitlich zusammenfallen.

Aus der Perspektive des externen Rechnungswesens versteht man unter **Zweckaufwand** jene Größen, denen entsprechende Kosten gegenüberstehen. Ist dies nicht der Fall, spricht man von **neutralem Aufwand**. Letzteres gilt etwa, wenn die junge Unternehmerin im Namen ihres Maklerunternehmens Aktien eines Autokonzerns kauft und durch entsprechende Spekulationsgewinne die finanzielle Lage ihres Betriebes weiter verbessern möchte. Der Kauf solcher Aktien hätte nichts mit dem Betriebszweck der Immobilien-Maklerei zu tun. Zur Beantwortung der Frage: „Bin ich eine erfolgreiche Immobilien-Maklerin?" wäre der Kauf der Aktien – ebenso übrigens wie mögliche Spekulationserträge – daher nicht von Belang. Im internen Rechnungswesen werden also lediglich Größen berücksichtigt, die dem Betriebszweck dienen, das heißt nicht betriebsfremd sind. Nur so ist es möglich, Unternehmen beziehungsweise Unternehmensbereiche sinnvoll zu vergleichen, die denselben Betriebszweck verfolgen, ohne dass sich durch die Einbeziehung darüber hinaus gehender, eben betriebsfremder Aktivitäten Verzerrungen ergeben.

Gleiches gilt auch für Vorgänge, die periodenfremd sind. Beispielsweise, wenn ein Unternehmen Steuernachzahlungen leisten muss, weil es seinen Zahlungsverpflichtungen in einer vergangenen Periode nicht nachgekommen ist. Würde man diese periodenfremden Aufwendungen im internen Rechnungswesen der aktuellen Periode berücksichtigen, wäre die sinnvolle Vergleichbarkeit zu anderen, ähnlichen Unternehmen beziehungsweise Unternehmensteilen nicht gegeben.

Schließlich werden aus diesem Grund auch sogenannte außerordentliche Aufwendungen nicht als Kosten im internen Rechnungswesen berücksichtigt. Dieser Fall liegt etwa vor, wenn ein Erdbeben in einem geologisch sonst ruhigen Gebiet stattgefunden und eine Reihe von unversicherten Lagerbeständen zerstört hat. Würde man diese Schäden im internen Rechnungswesen berücksichtigen, müsste man die Frage, ob in der Periode erfolgreich gewirtschaftet wurde, wahrscheinlich verneinen. Bei einem Vergleich mit anderen Perioden oder ähnlichen Unternehmen in einer anderen

Gegend würden sich daraus aber möglicherweise falsche Implikationen für Managemententscheidungen ergeben. Aus diesem Grund finden die wirtschaftlichen Effekte solch außerordentlicher Ereignisse im internen Rechnungswesen als Kosten keine Berücksichtigung.

Die Prüfung, ob ein entsprechender Aufwand betriebsfremd, periodenfremd oder außerordentlich ist, stellt den ersten Schritt zur Überführung von Aufwandspositionen in die Kostenrechnung dar. Hierbei kann jedoch lediglich festgestellt werden, dass eine bestimmte Aufwandsposition in der Kostenrechnung berücksichtigt werden muss. Daher ist es erforderlich – sofern sich eine Zugehörigkeit zu den Kosten im ersten Prüfungsschritt ergab – in einem zweiten Schritt zu prüfen, ob es sich bei der Position um Grund- oder Anderskosten handelt. Hierzu ist die Frage zu klären: Wird die Position intern genauso wie im externen Rechnungswesen ermittelt oder bestehen Unterschiede? Abbildung 1.5 verdeutlicht das sich hieraus ergebende Prüfungsschema.

Das Pendant im internen Rechnungswesen zu den Kosten eines Unternehmens stellen dessen Leistungen beziehungsweise Erlöse dar. Sie werden hier als betriebszweckbezogene bewertete Güterentstehung definiert. Die

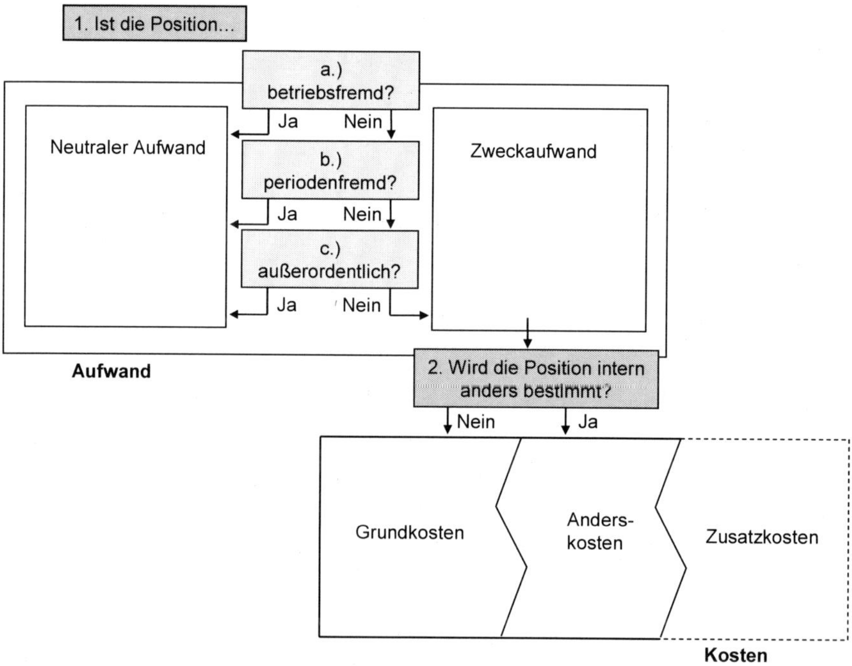

Abb. 1.5. Prüfschritte zur Einordnung eines Güterverbrauchs

Begriffe Leistung und Erlös werden im internen Rechnungswesen oft bedeutungsgleich behandelt, wobei die Verwendung des Erlösbegriffs gegenüber Außenstehenden des Fachs zu weniger Missverständnissen führt. Insofern soll im Folgenden vorzugsweise von **Erlösen** gesprochen werden, worunter monetär bewertete Leistungen verstanden werden. Als Bewertungsgrundlage der erstandenen Güter wird, sobald die Produkte beziehungsweise Dienstleistungen verkauft wurden, üblicherweise der Preis herangezogen. Soweit bereits wertschöpfende Tätigkeiten zur Güterentstehung erfolgt sind, deren Absatz aber noch nicht stattgefunden hat, muss der Wert anders bestimmt werden. Hierfür gibt es unterschiedliche Ansätze, auf die in den folgenden Kapiteln eingegangen wird.

Das, was für das Begriffspaar Kosten/Aufwand gilt, trifft in ganz ähnlicher Weise auch für Erlöse beziehungsweise Erträge zu. So werden Ertragsgrößen im internen Rechnungswesen dann nicht berücksichtigt, wenn sie periodenfremd, außerordentlich oder betriebsfremd sind. Es handelt sich um sogenannte **neutrale Erträge**. Als Beispiel ließen sich etwa die oben erwähnten, betriebsfremden Erträge aus Aktienspekulationen heranziehen. Erträge, denen im internen Rechnungswesen entsprechende Größen gegenüberstehen, werden als **Zweckerträge** bezeichnet.

Ebenso werden Erlöse, die der Höhe nach identisch mit entsprechenden Ertragspositionen sind, als **Grunderlöse** bezeichnet und jene, denen im externen Rechnungswesen Erträge in anderer Höhe gegenüberstehen, als **Anderserlöse**. Bei Erlösen, denen keinerlei Erträge gegenüber stehen, handelt es sich um **Zusatzerlöse**. Ein Beispiel für letztere stellen selbsterstellte Patente dar, die für ein Unternehmen von hohem Wert sein können, aber dennoch in Deutschland nicht bilanziert werden dürfen.

Der **Erfolg**, das heißt der **Gewinn** beziehungsweise **Verlust** eines Unternehmens ergibt sich im internen Rechnungswesen generell aus der Differenz zwischen Erlösen und Kosten. Wie in diesem Kapitel besprochen, muss dieses Ergebnis nicht mit dem des externen Rechnungswesens übereinstimmen, dem die Gegenüberstellung von Ertrags- und Aufwandsgrößen zugrunde liegt.

1.4 Genereller Ablauf der Kosten- und Erlösrechnung

In den obigen Punkten wurde gemahnt, jeder Studierende der Wirtschaftswissenschaften möge sich ein solides Grundlagenwissen darüber aneignen, wie gewinnrelevante Größen **gesammelt**, **systematisiert** und **errechnet** sowie **zur Unternehmenssteuerung eingesetzt** werden. Mit diesem Hinweis wurden bereits die wichtigsten Schritte des Ablaufs der Kosten- und Erlösrechnung angedeutet. Sie sollen im Folgenden näher erläutert und illustriert werden.

Abb. 1.6. Ein Fischer fängt seine Beute [dal]

Früher Morgen auf den kanarischen Inseln: Ein Fischerboot fährt vom Strand aus der aufgehenden Sonne entgegen. Nicht weit von der Küste entfernt wirft der Fischer sein Schleppnetz aus. Zwei Stunden später holt er es ein. Es ist gut gefüllt. Es finden sich darin vorrangig Seezungen, aber auch Doraden und Wolfsbarsche, Langusten, Schneckentiere und Seesterne sowie ein alter Fotoapparat. Noch während der Rückfahrt sortiert der Fischer den Fang in Kisten. Pro Tierart verwendet er eine Kiste, die Seezungen sortiert er der Größe nach in jeweils drei Kisten. Den Fotoapparat wirft er sofort wieder über Bord. Am Strand erwarten ihn bereits Einheimische und Touristen, die Teile seines Fanges kaufen möchten. Besonders begehrt sind die Langusten. Sie gehen vornehmlich in tieferem Gewässer der Bucht ins Netz, und deswegen beschließt der Fischer, diesen Bereich am nächsten Tag intensiver zu befischen.

Ähnlich wie der Fischer das Meeresgetier erst einmal einfangen muss, sind auch zunächst die Daten für die Kosten- und Erlösrechnung zu sammeln. Das zentrale Instrument stellt die **Buchführung** beziehungsweise Buchhaltung dar, im Rahmen derer die geldrelevanten Vorgänge eines Unternehmens aufgezeichnet werden. In der Regel wird dabei dem Prinzip der doppelten Buchführung gefolgt, das bereits vor mehr als 500 Jahren von dem Franziskanermönch Luca Paccioli entwickelt wurde. Es sieht eine zweifache Auszeichnung von Geschäftsvorfällen innerhalb einer vorgegebenen Kontensystematik vor (Buchung und Gegenbuchung). Dieser Ansatz findet bis heute Anwendung, lediglich wurden die Kontenrahmen weiterentwickelt und IT-Systeme dienen inzwischen als wichtigstes Rechenwerkzeug und Dokumentationsmedium.

Es versteht sich von selbst, dass die gesammelten Daten möglichst vollständig, genau und zeitgerecht erfasst sein sollten. Den üblichen Prinzipien ordnungsgemäßer Buch haltung folgend ist es darüber hinaus sinnvoll,

Abb. 1.7. Der Fang wird sortiert [rw]

die Vorgänge durch Belege zu dokumentieren. Zwar ist das interne Rechnungswesen diesbezüglich an keine gesetzlichen Vorgaben gebunden, doch es dient der Nachvollziehbarkeit und Objektivität, den dort üblichen Formen der Dokumentation zu folgen.

Nach der Datensammlung erfolgt die Zuordnung beziehungsweise **Systematisierung**. Dabei werden zunächst – falls vorhanden – all jene Daten eliminiert, die für die Kosten- und Leistungsrechnung ohne Belang sind. Ähnlich wie der Fischer den Fotoapparat im Netz über Bord wirft, werden hier sämtliche geldrelevanten Vorgänge aus den Buchhaltungsdaten sortiert, die nichts mit dem Betriebszweck des Unternehmens zu tun haben.

Anschließend wird der verbliebene Fang sortiert. Die Kisten stehen für eine, wenn nicht gar für die zentrale Frage der Kosten- und Erlösrechnung. Generell kann man bei dem Prozess des Sortierens einer unterschiedlichen Systematik folgen. Der Fischer kann die Tiere nach Körpergröße den Kisten zuordnen oder entsprechend ihrer Spezies. Er wird jene Einteilungssystematik wählen, die ihm im Hinblick auf die weiteren Prozessstufen (zum Beispiel die Entladung der Ware und den anstehenden Verkaufsprozess) am sinnvollsten erscheint. Ebenso wird er bei der Kosten- und Leistungsrechnung verfahren. Kisten sind hier Bezugsobjekte. Man sortiert die Daten nach einer bestimmten Systematik, etwa nach den im Unternehmen erstellten Produkten. Folgende Zuordnungskategorien sind in der modernen Kosten- und Erlösrechnung besonders wichtig:

1. Kosten- und Erlösarten
2. Kosten- und Erlösstellen
3. Prozesse
4. Produkte
5. Kunden
6. Unternehmensbereiche

Diese sechs Kategorien sollen in den folgenden Kapiteln im Einzelnen beschrieben und ihre Beziehungen untereinander skizziert werden. Dabei ist die Systematisierung der entsprechenden Kosten- und Erlösgrößen häufig unmittelbar mit ihrer **rechnerischen Ermittlung** verbunden. Daher sollen neben jeweiligen Systematisierungsansätzen auch die eingesetzten Rechenmechanismen vorgestellt sowie die Grenzen der angewandten Methoden aufgezeigt werden.

Teilweise bauen die Zuordnungssysteme rechnerisch aufeinander auf. So gehen der Zuordnung der Kosten zu bestimmten Kostenstellen beispielsweise die Ermittlung und Kategorisierung der Kostenarten voraus. Insofern ist die Reihenfolge zur Erläuterung der Bezugsobjekte nicht willkürlich gewählt, sondern in einigen Bereichen durch die Rechenlogik des internen Rechnungswesens vorgegeben.

Nach der Erfassung der Daten, ihrer zweckmäßigen Systematisierung und Verrechnung besteht der nächste Schritt der Kosten- und Erlösrechnung in der Interpretation der Ergebnisse zur Ableitung betrieblicher Entscheidungen. Wenn etwa der Fischer feststellt, dass eine besonders hohe Nachfrage nach Langusten besteht, könnte es sinnvoll sein, deren Fang in den nächsten Tagen zu forcieren. Im umgekehrten Fall kann ein Unternehmen zu dem Schluss kommen, ein Produkt, das die von ihm verursachten Kosten nicht erwirtschaftet, aus dem Angebotsprogramm zu nehmen. Für diesen Prozess der vornehmlich quantitativ orientierten Kontrolle und Steuerung von Managemententscheidungen hat sich in den vergangenen Jahren der Begriff des **Controllings** etabliert. Dabei trifft der Controller normalerweise nicht eigenständig „steuernde" Managemententscheidungen. Vielmehr unterstützt er sie, indem er Transparenz zu den wirtschaftlichen Ergebnissen dieser Entscheidungen schafft. Auf indirektem Weg kann er dadurch natürlich einen bedeutenden Einfluss auf betriebliche Entscheidungen ausüben, zumal er vielfach den Prozess der Zielfindung beziehungsweise Unternehmensplanung zwischen den relevanten Entscheidungsträgern moderiert.

In allen Phasen der Kosten- und Erlösrechnung kann es zu Fehlern kommen. Vielleicht werden die Daten nicht richtig erfasst, die Rechengrößen fehlerhaft ermittelt und zugeordnet oder die Ergebnisse werden falsch interpretiert. Solche Fehler resultieren oftmals aus unzureichender Leistungsfähigkeit oder unzureichendem Leistungswillen. Dabei kann die mangelhafte Leistungsfähigkeit entweder auf unzulängliche Methoden oder fehlende Kompetenz der Anwender zurückgeführt werden. Mangelnder Leistungswille kann darüber hinaus mit unlauteren Absichten der Verantwortlichen zu tun haben. Das aktuelle und vergangene Wirtschaftsgeschehen liefert hierfür mannigfaltige Beispiele. Doch während Fehler beziehungsweise Manipulationen im externen Rechnungswesen vielfach durch

Wirtschaftsprüfer oder Finanzämter entdeckt werden, passiert dergleichen bei Fehlern beziehungsweise Manipulationen im internen Rechnungswesen nur sehr selten. Das liegt darin begründet, dass sich das interne Rechnungswesen an andere Adressaten richtet. Dennoch kann es auch hier zu bewussten Unstimmigkeiten aufgrund mangelnden Leistungswillens kommen. Dies könnte zum Beispiel dann geschehen, wenn ein besonders gutes internes Ergebnis mit einem Bonus für bestimmte Mitarbeiter verbunden ist. In einem solchen Fall könnte man böswillig unterstellen, die Mitarbeiter hätten ein Interesse daran, die Kosten zu niedrig zu kalkulieren, um dadurch das Ergebnis positiv zu beeinflussen.

Andererseits können bestimmte „Fehler" aber auch gewollt und allgemein akzeptiert sein. Das betrifft insbesondere Ungenauigkeiten in Bezug auf Rechengrößen, bei denen die Arbeit zu ihrer Ermittlung dem Nutzen für das Unternehmen nicht gerecht wird. Dieser Umstand verdeutlicht die Notwendigkeit für die Praxis, dass auch die Kosten- und Erlösrechnung „sich rechnen muss".

WELT online
4. Oktober 2002

Skandal-Manager des Enron-Konzerns in Handschellen

Anklage wegen Betrugs und Verletzung der Wertpapiergesetze

Im Skandal um den Bankrott gegangenen US-Energiehändler Enron hat die US-Justiz den ehemaligen Finanzchef Andrew Fastow wegen Wertpapierbetrugs und Verschwörung angeklagt. Fastow wurde in Houston festgenommen und in Handschellen vor Gericht gebracht. Die Wertpapier- und Börsenaufsicht (SEC) verklagte den 40-Jährigen gleichzeitig wegen Betrugs und Verletzung der Wertpapiergesetze. „Er hat das Geschäft eines der größten Unternehmen der Welt systematisch und umfangreich korrumpiert", sagte der stellvertretende Justizminister Larry Thompson in Washington. „Er hat Geld gestohlen, um sich selbst, seine Familie und seine Freunde zu bereichern." Fastow ist erst der zweite, aber ranghöchste Enron-Manager, der im Zusammenhang der Firmenpleite angeklagt ist. Er war im vergangenen Jahr als Finanzchef von Enron entlassen worden. Die Enron-Pleite gilt als der größte Konkurs in der Geschichte der USA.

Abb. 1.8. Im Gegensatz zum externen werden Fehler im internen Rechnungswesen wesentlich seltener publik

1.5 Systeme der Kosten- und Erlösrechnung

Im Hinblick auf den zeitlichen Bezug der Kosten- und Erlösrechnung werden **Planrechnungen** und **Istrechnungen** unterschieden. Letztere stellen Istzustände dar und sind somit vergangenheitsbezogen. Sie sind Grundlage der folgenden Kapitel. Planrechnungen, deren Grundzüge in Kapitel 3 skizziert werden, sind hingegen zukunftsorientiert und sollen Geschäftsvorfälle und -situationen antizipieren. Allerdings werden sie in der Praxis nicht nur als reines Planungsinstrument eingesetzt, sondern dienen zudem der Verhaltenssteuerung.

Dieser Umstand weist bereits auf die Verknüpfung von Plan- und Istrechnungen hin. In der Regel werden den Planrechnungen im Nachhinein entsprechende Istrechnungen gegenüber gestellt. Ziel ist es, Abweichungen zu identifizieren und deren Gründe zu analysieren. Es ist naheliegend, dass eine solche Analyse nur dann sinnvoll durchgeführt werden kann, wenn die Kosten- und Erlösgrößen in den gleichen Strukturen aufgearbeitet wurden. Andernfalls ist die notwendige Vergleichbarkeit nicht gewährleistet.

Im Hinblick auf den Umfang der Rechensysteme kann in **reine Kostenrechnungen** und **Erfolgsrechnungen** unterschieden werden. Bei Letzteren werden die Kosten eines Bezugsobjektes den damit verbundenen Erlösen gegenübergestellt und es ergeben sich entsprechende Gewinngrößen. Dieser Ansatz erscheint sinnvoll und lässt die Frage aufkommen, warum man in dem reinen Kostenrechnungssystem auf die Berücksichtigung der Erlösseite verzichtet. Die Antwort ergibt sich in den meisten Fällen durch die fehlende Möglichkeit einer sinnvollen Erlösermittlung. So kann es für ein Unternehmen von Interesse sein, eine Plan- und Istrechnung für die Kosten einer Kostenstelle „Gebäudeheizung" zu erstellen. Mit der Abschätzung der von dieser Kostenstelle erwirtschafteten Erlöse würde man sich aber schwer tun.

Ebenfalls auf den Umfang der Rechensysteme bezieht sich die Unterscheidung in **Vollkostenrechnung** und **Teilkostenrechnung**. Während bei Ersterer alle Kosten eines Unternehmens den gewählten Bezugsobjekten zugeordnet werden, findet bei den Systemen der Teilkostenrechnung nur ein bestimmter Teil der Kosten Berücksichtigung. Eine Möglichkeit besteht darin, nur jene Kosten zu berücksichtigen, die einem Bezugsobjekt verursachungsgerecht zugeordnet werden können. Das folgende Beispiel möge diese Unterscheidung verdeutlichen.

Eine Schiffswerft baut drei Passagierschiffe pro Jahr, die zwar relativ groß, aber in Ausstattung, Motorleistung etc. nicht identisch sind. Das Unternehmen möchte die Kosten je Schiff ermitteln. Angenommen, die Motoren der

Abb. 1.9. Welche Kosten sind einem Schiff verursachungsgerecht zurechenbar? [wo]

Schiffe werden von der Werft nicht selbst hergestellt, sondern von einem Motorenhersteller gekauft. In diesem Fall könnten die Kosten für die drei Motoren den jeweiligen Bezugsobjekten „Schiff 1“, „Schiff 2“, „Schiff 3“ verursachungsgerecht zugeordnet werden. Dementsprechend würden sie sowohl im System einer Vollkosten- als auch einer Teilkostenrechnung Eingang finden. Anders liegt der Fall, wenn man die Kostenposition „Gehalt des Vorstandsvorsitzenden“ betrachtet. Kann es den drei unterschiedlichen Schiffen ebenfalls verursachungsgerecht zugeordnet werden? Wohl nicht. Im Rahmen der Vollkostenrechnung würde man einen Schlüssel finden, auch diese Gehaltskosten den drei Bezugsobjekten zuzurechnen. In der Teilkostenrechnung würde man hingegen davon absehen, diese Gehaltskosten den Schiffen zuzuordnen.

1.6 Generelle Einteilungen von Kosten und Erlösen

Kosten lassen sich nach verschiedenen Prinzipien einteilen. Die Basis für eine Einteilung in **Einzel- und Gemeinkosten** ergibt sich aus dem sogenannten **Verursachungsprinzip**. Es besagt in seiner allgemeinen Form, dass einem Bezugsobjekt nur jene Kosten zugeordnet werden sollten, die von diesem verursacht wurden. Wenn ein entsprechender Zusammenhang zwischen Kostenentstehung und Bezugsobjekt besteht, spricht man von Einzelkosten, ist dieser nicht gegeben, von Gemeinkosten.

Würde man als Bezugsobjekt das Gesamtunternehmen wählen, wären alle Kosten Einzelkosten, denn gäbe es dieses Unternehmen nicht, würde es auch keine Kosten verursachen. Zieht man als Bezugsobjekte einzelne Produkte heran, wie etwa im obigen Beispiel die drei Schiffe der Werft, können hingegen keineswegs alle Kosten als Einzelkosten bezeichnet werden. Vielmehr stellen zum Beispiel die Gehaltskosten des Vorstandsvorsitzenden Gemeinkosten dar, da sie sich den jeweiligen Schiffen nicht eindeutig verursachungsgerecht zuordnen lassen.

Benutzt man die Begriffe Einzel- und Gemeinkosten, ist es daher erforderlich anzugeben, für welches Bezugsobjekt man die Aussage trifft. Dabei hat es sich in Literatur und Praxis durchgesetzt, dass man sich auf Produkte bezieht, soweit keine weitere Angabe zum Bezugsobjekt gemacht wird. Man würde also im obigen Werft-Beispiel lediglich von Einzelkosten sprechen, wenn man die Kosten den jeweiligen Schiffen zuordnen kann. Für Produktgemeinkosten wiederum kann es sein, dass sie anderen Bezugsobjekten, wie Kostenstellen oder Prozessen, direkt zugerechnet werden können. In solchen Fällen würde man von Kostenstelleneinzelkosten oder Prozesseinzelkosten reden.

Im Abschnitt 1.5 wurde darauf hingewiesen, dass im Rahmen der Vollkostenrechnung Schlüssel für eine Zuordnung der Gemeinkosten existieren. Diese Ansätze können zum Beispiel auf dem **Tragfähigkeitsprinzip** beruhen, nach dem ein Bezugsobjekt proportional zu dessen wirtschaftlichem Erfolg mit Kosten belastet wird. Ihm folgend würde man beispielsweise festlegen, dass einem Schiff, das viel Gewinn verspricht, entsprechend mehr Gemeinkosten (zum Beispiel das Vorstandsgehalt) angelastet werden als einem weniger gewinnträchtigen Schiff.

Ein anderer Ansatz zur Kostenverteilung besteht in der Anwendung des sogenannten **Durchschnittsprinzips**, nach dem den Bezugsobjekten jeweils der gleiche Anteil der Gemeinkosten zugeordnet wird. Dies würde im Rahmen einer produktbezogenen Vollkostenrechnung in der Werft bedeuten, dass die Gesamtsumme des Vorstandsgehalts durch drei geteilt werden würde und die Kosten in jeweils gleicher Höhe von den drei Schiffen zu tragen wären. Diese Vorgehensweise macht übrigens auch deutlich, weshalb im Rechnungswesen Produkte oft als Kostenträger bezeichnet werden.

Eine begriffliche Besonderheit bei der Einteilung der Kosten nach ihrer verursachungsgerechten Zuordenbarkeit stellen die sogenannten unechten Gemeinkosten beziehungsweise unechten Einzelkosten dar. Um **unechte Gemeinkosten** handelt es sich, wenn Kosten im Hinblick auf ein bestimmtes Bezugsobjekt zwar verursachungsgerecht erfasst werden könnten, dies aber aus Effizienzgründen nicht getan wird – die Arbeit der exakten Zuordnung würde dem Nutzen einer höherer Genauigkeit des Rechnungssystems nicht gerecht werden. Bei den **unechten Einzelkosten** liegt ein strenger Kausalitätszusammenhang zwischen Entstehung der Kosten und Existenz eines Bezugsobjekts zwar nicht vor, dennoch werden sie aus Praktikabilitätsgründen wie Einzelkosten behandelt.

Das, was für Kosten gilt, trifft entsprechend auch auf Erlöse zu. Es werden **Einzel- und Gemeinerlöse** unterschieden. Erstere lassen sich einem Produkt verursachungsgerecht zuordnen, Letztere nicht. Werden von der Werft alle drei Schiffe separat verkauft, könnten die Erlöse den Produkten problemlos zugeordnet werden und würden Einzelerlöse darstellen. Werden die Schiffe hingegen im Paket mit einem pauschalen Gesamtpreis an eine Reederei verkauft, wäre eine produktbezogene Erlösermittlung nicht möglich. In diesem Fall müsste, ähnlich wie bei den Gemeinkosten, ein Verteilungsschlüssel gefunden werden, etwa indem die Erlöse dem Durchschnittsprinzip entsprechend auf alle Schiffe gleich verteilt würden.

Das zweite hier vorzustellende Einteilungskriterium für Kosten- und Erlösgrößen im internen Rechnungswesen basiert auf deren Abhängigkeit vom Prozess der Leistungserstellung. Man spricht in diesem Zusammenhang von **variablen und fixen Kosten** beziehungsweise **variablen und fixen Erlösen**. Definitionsgemäß verändern sich variable Größen in Abhängigkeit von der Leistungs- beziehungsweise Ausbringungsmenge, das heißt der Anzahl der verkauften beziehungsweise hergestellten Produkte, fixe Größen hingegen nicht.

In einem Call Center etwa fallen für die Nutzung der Telefonanlage sowohl fixe als auch variable Kosten an. Muss für die Bereitstellung der Anlage eine Grundpauschale entrichtet werden, entstehen dem Call Center dadurch Fixkosten. Die einzelnen Gespräche hingegen verursachen üblicherweise variable Kosten, deren Gesamthöhe sich nach der Anzahl und Dauer der einzelnen Gespräche richtet. Die Telefongesellschaft wiederum, die dem Call Center die Anlage bereitstellt, erzielt dadurch Erlöse. Und zwar stellt aus ihrer Perspektive die für die Bereitstellung der Anlage entrichtete Grundpauschale einen fixen Erlös dar. Durch die nach Zeiteinheiten bemessenen Telefongebühren entstehen für die Telefongesellschaft variable Erlöse.

Bezogen auf den Produktionsprozess entstehen variable Kosten dadurch, dass produziert wird, das heißt in Abhängigkeit von der Beschäftigung. Dabei steigen sie mit jeder Erhöhung der Produktionsmenge. Bei Fixkosten hingegen handelt es sich um Bereitstellungskosten, die unabhängig davon anfallen, beispielsweise durch die Investition in Maschinen oder Büroausstattungen, die Miete von Geschäftsräumen oder Gehälter von Verwaltungsangestellten. Nach diesem Begriffsverständnis ist die Höhe der Fixkosten also immer konstant, ganz gleich, wie viel ein Unternehmen produziert. Dementsprechend blieben Fixkosten auch dann unverändert, wenn ein Unternehmen nichts mehr herstellen würde. Dies wird für die Rechenvorgänge in den folgenden Kapiteln auch vorausgesetzt, allerdings muss diese Annahme im Hinblick auf ihre Gültigkeit in der Praxis relativiert werden. Tatsächlich hätte ein dauerhafter Produktionsstillstand irgendwann auch Auswirkungen auf die Fixkosten eines Unternehmens: Sei es, dass es zu einem bestimmten Zeitpunkt zu Kündigungen fest angestellter Mitarbeiter käme oder letztendlich gar zur Schließung des Unternehmens. Ebenso wie bei der Einteilung in Einzel- und Gemeinkosten das entsprechende Bezugsobjekt mit angegeben werden sollte, ist bei der Unterscheidung in fixe und variable Kosten der gültige Zeitrahmen festzulegen. Dabei soll für die folgenden Ausführungen die **Konvention** gelten, einen **Monat** als relevanten Zeitraum zugrunde zu legen. Kosten also, die innerhalb eines Monats veränderbar sind, gelten als variabel. Kosten, die in diesem Zeitraum unverändert bleiben, werden als fix angesehen.

Es mag zunächst irritierend sein, in der Literatur ist es aber üblich, Leistungs- beziehungsweise Ausbringungsmengen terminologisch mit „Beschäftigung" gleichzusetzen. Insofern werden variable Kosten beziehungsweise Erlöse auch als „beschäftigungsabhängig", fixe Kosten als „beschäftigungsunabhängig" bezeichnet. Mit „Beschäftigung" ist dabei die Auslastung von Produktionskapazitäten gemeint. Entsprechend wird mit dem Begriff „Beschäftigungsgrad" eines Unternehmens dessen prozentuale Auslastung der Kapazitäten verstanden. Wenn also beispielsweise die maximal herstellbare Menge eines Produktes bei 200 Stück pro Periode liegt, tatsächlich in diesem Zeitraum aber lediglich 100 Stück produziert werden, würde man von einem Beschäftigungsgrad von 50 Prozent sprechen.

Eine weitere Relativierung eines engen Verständnisses von Fixkosten ergibt sich durch die Existenz sogenannter **sprungfixer Kosten**. Dadurch wird der Umstand beschrieben, dass manche Kosten zwar nicht steigen, solange die Ausbringungsmenge sich im Rahmen einer gewissen Spannbreite bewegt; wird jedoch ein bestimmter Punkt überschritten, ergibt sich ein Fixkostensprung. Als Beispiel möge man sich eine Fließbandproduktion vorstellen, bei der durch eine erhöhte Fließgeschwindigkeit und einen intensiveren Einsatz der Mitarbeiter die Ausbringungsmenge bis zu einem bestimmten Grad gesteigert werden kann. Ist dieser Grad erreicht, wäre auch eine geringe Steigerung der Produktion mit der Anschaffung eines neuen Fließbands und der Einstellung neuer Mitarbeiter verbunden. Daraus ergäbe sich eine sprunghafte Erhöhung der Fixkosten (vgl. Abb. 1.10). Eine solche Steigerung der fixen Kosten kann bei einem späteren Rückgang der Ausbringung üblicherweise nicht wieder rückgängig gemacht werden – zumindest nicht kurzfristig. Man spricht diesbezüglich von **remanenten Kosten**, deren Wesen oft mit der griffigen Formulierung „nach oben immer, nach unten nimmer" umschrieben wird.

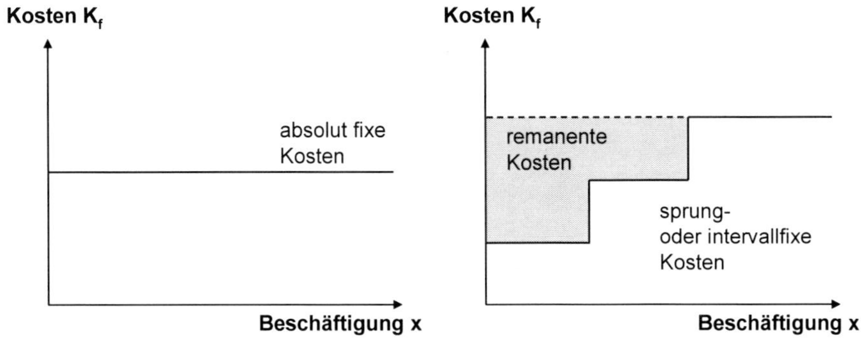

Abb. 1.10. Funktionsverlauf fixer und sprungfixer Kosten

Die beschäftigungsabhängigen Kostenänderungen können sich unterschiedlich darstellen. Vielfach wird von einem **proportionalen** Verlauf ausgegangen, das heißt, eine Steigerung der variablen Kosten würde im selben Verhältnis erfolgen wie eine Steigerung der Ausbringungsmenge. Mit einer solchen linearen Beziehung lässt sich zwar leicht rechnen, in der Praxis findet sie sich aber selten. Stattdessen wird man dort häufig auf einen **degressiven** Verlauf stoßen. Das bedeutet, dass die variablen Kosten in geringerem Maße zunehmen als die Erhöhung der Produktion. Der Grund hierfür kann beispielsweise in Mengenrabatten bei einzukaufenden Materialien liegen. Je mehr man kauft, desto eher ist ein Lieferant bereit, den Stückpreis seiner Produkte zu senken. Darüber hinaus ist es möglich, dass die variablen Kosten mit zunehmender Produktion überproportional steigen. Man spricht in diesem Fall von einem **progressiven** Kostenverlauf. Ein Beispiel stellen etwa Überstunden der Mitarbeiter dar, die – wenn sie bezahlt werden – für ein Unternehmen teurer sind als normale Arbeitsstunden.

Über den sogenannten **Reagibilitätsgrad**, der das Verhältnis der relativen Kostenänderung zur relativen Beschäftigungsänderung ausdrückt, können die verschiedenen Arten der variablen Kosten leicht von einander abgegrenzt werden. Abbildung 1.11 verdeutlicht die möglichen Kostenverläufe sowie die sich dabei ergebenden Reagibilitätsgrade.

Die sich jeweils bei unterschiedlichen Beschäftigungsgraden ergebenden Summen fixer und variabler Kosten sind die Basis der Gesamtkostenfunktion eines Unternehmens. In ihrer einfachsten, der linearen Form handelt es sich um eine stetig steigende Gerade, die die y-Achse in Höhe der Fixkosten schneidet. Etwas realistischer ist ein s-förmiger Verlauf, der mathematisch eine ganzrationale Funktion dritten Grades darstellt (vgl. Abb. 1.12). Wegen der Fixkostensprünge in verschiedensten Unternehmensbereichen und dem unterschiedlichen Verlauf einzelner variabler Kostenarten – man

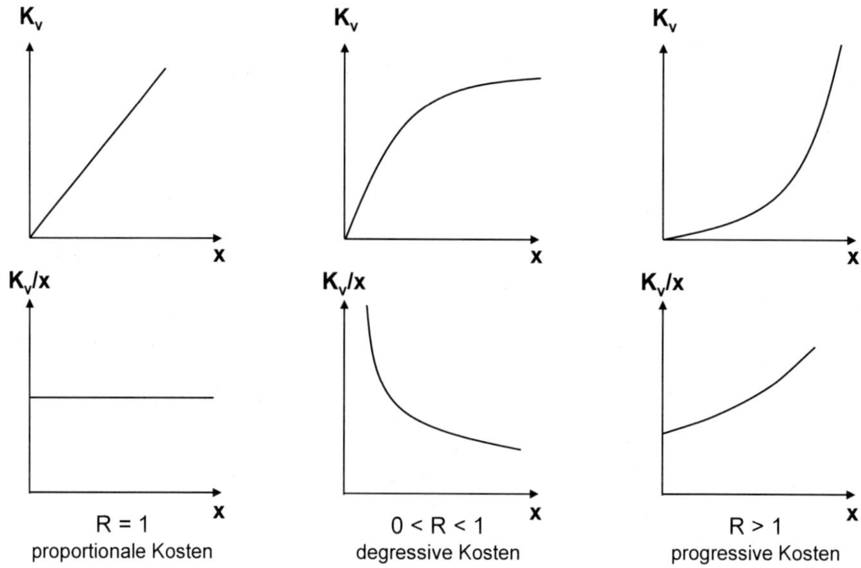

$$R = \frac{\text{prozentuale Kostenänderung}}{\text{prozentuale Beschäftigungsänderung}}$$

Legende: K_v – variable Kosten, x – Ausbringungsmenge, R – Reagibilitätsgrad

Abb. 1.11. Funktionsverlauf proportionaler, degressiver und progressiver variabler Kosten

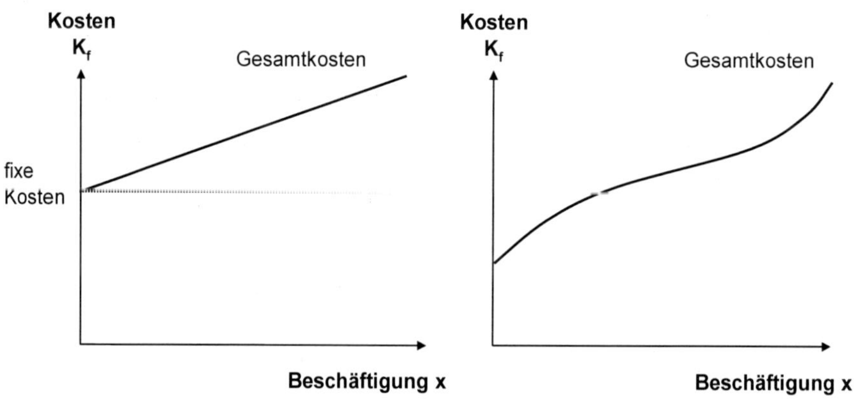

Abb. 1.12. Lineare und s-förmige Gesamtkostenfunktion

denke nur an die jeweiligen Preismodelle beim Einkauf unterschiedlicher Materialien – weisen Gesamtkostenfunktionen in der Praxis aber gewöhnlich einen noch wesentlich komplexeren Verlauf auf.

Teilt man die Gesamtkosten durch die Gesamtmenge der produzierten Güter, erhält man die sogenannten **Stückkosten**. Mit diesem Begriff wird in Literatur und Praxis viel gearbeitet, doch es ist Vorsicht geboten, aus der Höhe der Stückkosten voreilig Managemententscheidungen abzuleiten.

Es gilt, sich klarzumachen, dass die Gesamtkosten normalerweise immer auch Fixkosten enthalten. Da diese in ihrer Gesamthöhe konstant bleiben, sinken die sogenannten **stückfixen Kosten**. Würde etwa bei Fixkosten von 100.000 € nur ein Stück produziert, entfielen die gesamten 100.000 € Fixkosten auf dieses Produkt. Werden 1.000 Stück produziert, entfallen 100 € stückfixe Kosten auf ein Stück, bei einer Produktion von 5.000 Stück nur noch 20 €. Insofern können Stückkosten nicht nur durch Kosteneinsparungen gesenkt werden, sondern üblicherweise auch durch eine entsprechende Erhöhung der Ausbringungsmenge. Der Freude über die zusätzlichen – auf dem Papier nun kostengünstiger erscheinenden – Produkte kann jedoch schnell Ernüchterung folgen, wenn sich dafür auf dem wirklichen Absatzmarkt keine Kunden finden. Abbildung 1.13 stellt den Verlauf von stückfixen Kosten in Abhängigkeit von der Beschäftigung grafisch dar.

In engem Zusammenhang mit den variablen Kosten stehen die sogenannten **Grenzkosten**. Damit wird jene Kostensteigerung bezeichnet, die durch die Produktion der jeweils letzten Ausbringungseinheit verursacht wird.

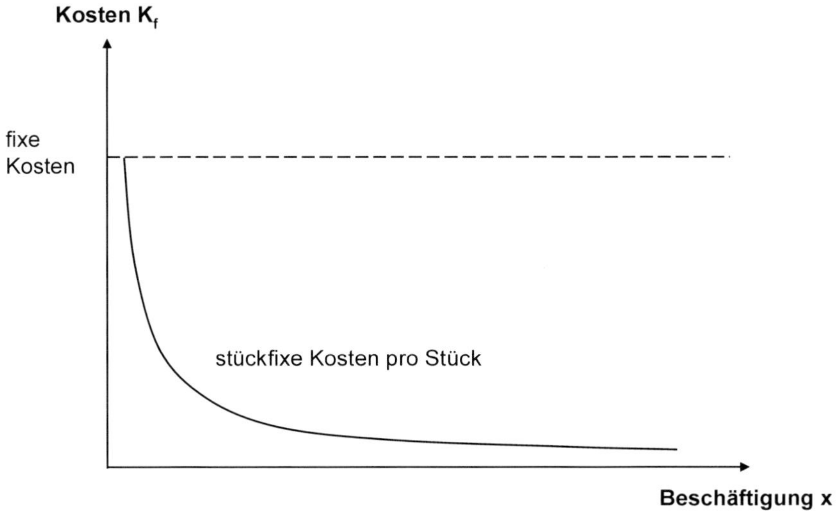

Abb. 1.13. Funktionsverlauf stückfixer Kosten

Es handelt sich somit um variable Stückkosten, deren Höhe insbesondere in den Ansätzen zur Planrechnung eine wichtige Rolle spielen. Mathematisch stellen die Grenzkosten die Steigung der Gesamtkostenkurve dar.

Die Einteilung in fixe und variable Größen gilt nicht nur für Kosten, sondern lässt sich wie gesagt ebenso im Hinblick auf die Erlösseite anwenden. Dafür erinnern wir noch einmal an das Beispiel des Telekommunikationsunternehmens, bei dem als „Ausbringungsmenge" die Gesprächsminuten angesehen werden. Durch die Telefongespräche der Kunden erzielt das Unternehmen variable Erlöse; diese steigen mit zunehmender Ausbringungsmenge. Dahingegen stellen die Grundgebühren eines Anschlusses fixe Erlöse dar, da sie auch dann entstehen, wenn ein Kunde kein Gespräch führt, das heißt wenn das Telekommunikationsunternehmen ihm gegenüber eine Ausbringungsmenge von Null produziert.

Die Einteilung in variable und fixe Kosten eines Unternehmens ist in der Praxis von großer Relevanz. Angesichts zunehmender Turbulenzen in der Weltwirtschaft nehmen Schwankungen der Absatzmengen zu, was für viele Betriebe eine große Herausforderung darstellt. Häufig wurde sogar beklagt, dass viele Industrienationen kein Kostenproblem, sondern ein Fixkostenproblem hätten. Seit den 1990iger Jahren haben deswegen viele Untenehmen versucht, ihre Kosten nicht nur zu reduzieren sondern vorrangig zu variabilisieren, zum Beispiel durch eine outputbezogene Bezahlung von Lieferanten. Gleichzeitig wurde in manchen Branchen versucht, Fixerlöse einzuführen beziehungsweise deren Anteil an den Gesamterlösen zu erhöhen. Die Preispolitik von Telekommunikationsunternehmen kann hierbei als Beispiel herangezogen werden. Diese senken oftmals die Gesprächsgebühren, während sie die Anschlussgebühren erhöhen.

Eine weitere Einteilung betrifft die Unterscheidung zwischen **relevanten** und **irrelevanten** Kosten beziehungsweise Erlösen. Diese Einteilung findet in der Literatur weniger Berücksichtigung als die Unterscheidung von Einzel- und Gemeinkosten beziehungsweise -erlösen und die Unterscheidung von fixen und variablen Größen. Sie ist für die Praxis jedoch von herausragender Bedeutung. Mit ihr werden die kosten- und erlösbezogenen Auswirkungen einer unternehmerischen Entscheidung verdeutlicht. Eine solche Entscheidung kann beispielsweise die Einführung eines neuen Produktmodells oder auch dessen Einstellung sein. In solchen Fällen werden zwei Alternativen verglichen, nämlich entweder „die Entscheidung wird getroffen" oder „die Entscheidung wird nicht getroffen". Dabei werden jene Kosten und Erlöse als relevant angesehen, die durch die jeweilige Entscheidung beeinflusst werden können. Irrelevante Kosten beziehungsweise Erlöse entziehen sich dieser Einflussnahme. Relevante Kosten stellen also quasi entscheidungsbezogene Einzelkosten dar, deren Verursachung noch disponierbar ist. Kosten, die etwa mit der Entscheidung „Einführung eines neuen Produktmodells" in Zusammenhang stehen, aber bereits realisiert wurden, gelten im Hinblick auf die zu treffende Entscheidung demnach als irrelevant. Man sieht sie in diesem Fall als bereits „versunken" an und spricht vielfach auch von **Sunk Costs.** Gleichwohl können derartige Kosten durchaus von hoher Relevanz für das Gesamtunternehmen sein.

WELT online
2. April 2002

Smart streicht ein Drittel der Stellen

Harter Sparkurs beim Kleinwagenhersteller – Roadster wird eingestellt – Gewinnprognose gesenkt

Der Autokonzern DaimlerChrysler will seine verlustreiche Kleinwagenmarke Smart sanieren. 2007 soll die Marke Geld verdienen. Laut Betriebsrat werden rund 700 der insgesamt 2.150 Stellen gestrichen, 600 davon in der Smart-Zentrale in Böblingen, der Rest am Produktionsstandort im französischen Hambach.

Der geplante Smart-Geländewagen „Formore" wird trotz jahrelanger Planung nicht gebaut, der erfolglose Roadster Ende kommenden Jahres eingestellt. DaimlerChrysler hatte sogar geprüft, die Produktion einzustellen. Die Marke abzuwickeln hätte aber mehr gekostet als die Sanierung, sagte Mercedes-Chef Eckhard Cordes. Die Restrukturierung wird allein dieses Jahr 1,2 Mrd. Euro kosten.

Abb. 1.14. Welche Kosten sind bei einer Sanierungsentscheidung relevant?

Die Thematik relevanter und irrelevanter Kosten spielte eine wichtige Rolle, als im April 2005 bei DaimlerChrysler (heute: Daimler) zu entscheiden war, ob man die Smart-Modellfamilie angesichts der in den ersten Jahren erwirtschafteten Verluste weiter produziert.

Abschließend sei noch der Unterschied zwischen **primären und sekundären Kosten** erläutert. Als primär werden solche Kosten bezeichnet, die für den Verbrauch solcher Güter und Dienstleistungen anfallen, die das Unternehmen von außen bezogen hat. Primäre Kosten entstehen zum Beispiel dann, wenn eingekaufte Materialien verbraucht werden, die Leistung eines externen Unternehmensberaters in Anspruch genommen wird oder Maschinen produktionsbedingt an Wert verlieren und dafür eine Abschreibung vorgenommen wird. **Sekundäre Kosten** hingegen fallen für innerbetriebliche Leistungen an, also für solche Güter oder Dienstleistungen, die im Unternehmen selbst erstellt und auch verbraucht werden. Beispiele hierfür sind Seminare, die von der Abteilung Personalentwicklung durchgeführt werden oder der Einbau selbst vorproduzierter Teile in PKWs oder Reparaturen, die von angestellten Technikern durchgeführt werden. Sekundäre Kosten setzen sich immer aus primären Kosten zusammen, wie zum Beispiel Kosten für Gehälter oder Materialien. Solche primären Kosten werden in der Kostenartenrechnung erfasst, die Gegenstand des folgenden Kapitels ist. Die Ermittlung sekundärer Kosten für innerbetriebliche Leistungen erfolgt dann in weiterführenden Schritten, zum Beispiel in der Kostenstellenrechnung.

Die wichtigsten Charakteristika der vier dargestellten generellen Einteilungen der Kosten- und Erlösgrößen sind in der folgenden Abbildung 1.15 zusammengefasst.

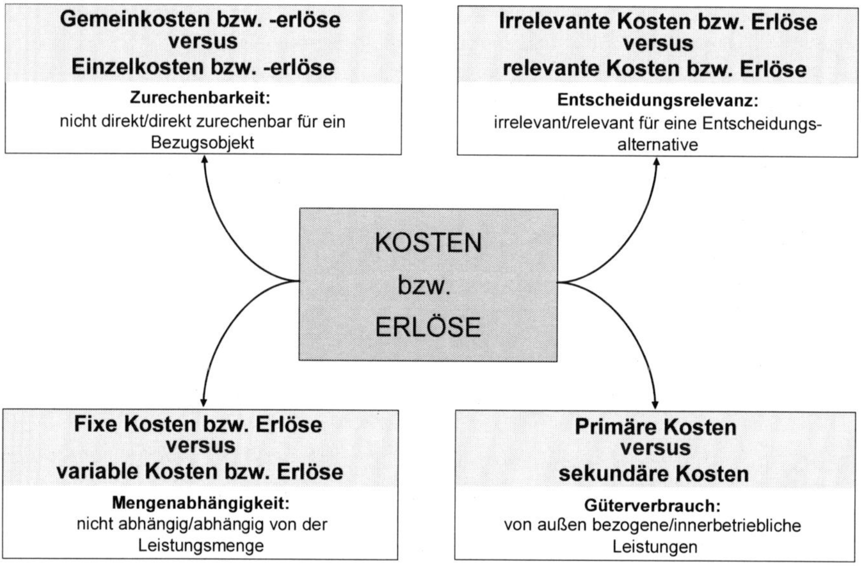

Abb. 1.15. Generelle Einteilungen von Kosten und Erlösen

1.7 Erste Rechenanwendungen

Auf der Basis der bislang eingeführten Begriffe und Systematisierungen lassen sich bereits erste wichtige Analyseinstrumente bilden, mit denen die Kosten- und Erlösrechnung Managemententscheidungen wirksam unterstützen kann. Dabei steht zunächst wiederum die Frage nach dem Erfolg betrieblicher Aktivitäten im Mittelpunkt. Wie bereits dargestellt ergibt sich der Erfolg generell aus der Differenz von Erlösen und Kosten, wobei sich diese Größen wiederum aus unterschiedlichen Variablen zusammensetzen.

In der einfachsten Form errechnen sich die Erlöse durch die Multiplikation von Preis je Leistungseinheit (LE) und Menge der Leistungseinheiten. Grafisch lässt sich dieser Zusammenhang durch eine stetig steigende Gerade darstellen, die durch den Ursprung eines Koordinatensystems verläuft (vgl. Abb. 1.16).

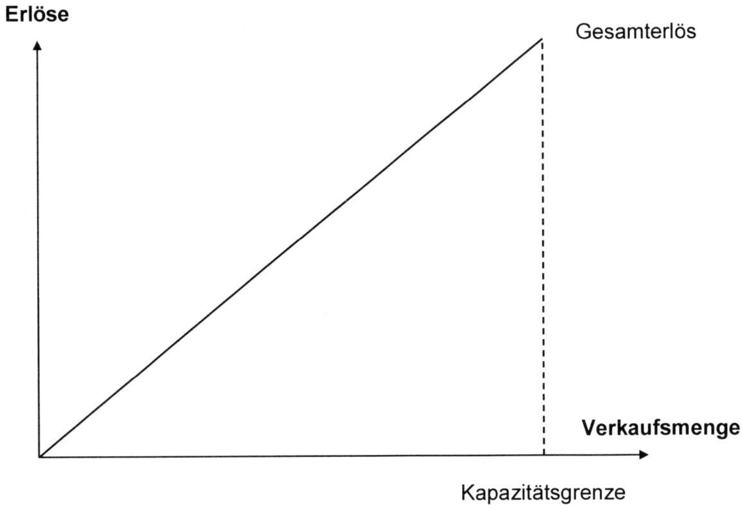

Abb. 1.16. Lineare Erlösfunktion

Die Menge der Leistungseinheiten ist ebenfalls für die Gesamtkosten von Bedeutung. Dies gilt allerdings nur für die variablen Kostenbestandteile. Ihre Höhe ergibt sich aus der Multiplikation der variablen Kosten je Leistungseinheit mit der Menge der Leistungseinheiten. Somit steigen die variablen Kosten in ihrer Gesamtheit mit zunehmender Menge und sinken bei abnehmender Menge. Die Fixkosten hingegen ändern sich definitionsgemäß nicht mit der Produktionsmenge und fallen auch an, wenn nichts produziert wird. Geht man vereinfachend davon aus, dass keine sprungfixen Kosten existieren und die variablen Kosten proportional zur Menge steigen, lassen sich Erlös- und Kostenfunktion entsprechend Abbildung 1.17 in Zusammenhang bringen.

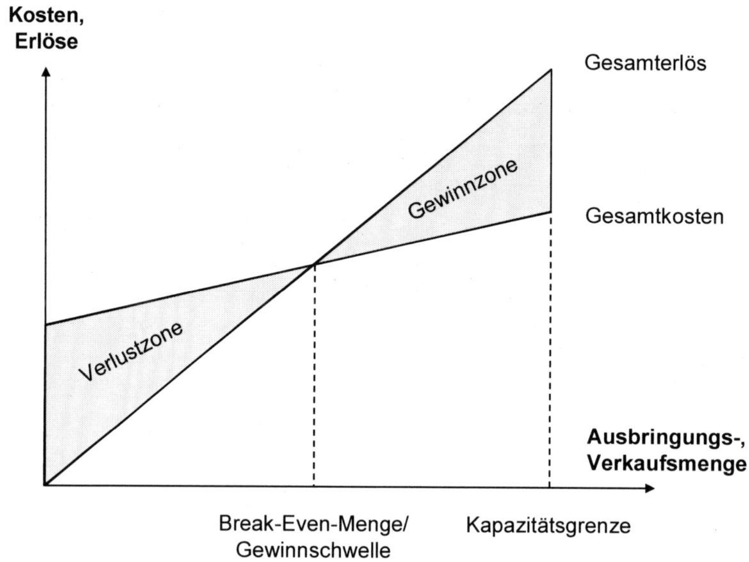

Abb. 1.17. Zusammenführung linearer Erlös- und Kostenfunktion

Am Schnittpunkt der Erlös- und der Gesamtkostenfunktion sind Erlöse und Kosten gleich hoch. An dieser Stelle, die man auch als **Break-Even-Punkt** bezeichnet, beträgt der Gewinn Null. Ist es dem Unternehmen möglich, mehr Leistungseinheiten (als die Break-Even-Menge) zu produzieren und abzusetzen, würde es Gewinn erwirtschaften. Darum redet man bei diesem Punkt auch von der Gewinnschwelle. Als Formel lässt sich dieser Zusammenhang folgendermaßen darstellen:

$$\text{Fixkosten} + \text{variable Kosten pro LE} \cdot \text{Break-Even-Menge}$$
$$= \text{Preis pro LE} \cdot \text{Break-Even-Menge}$$

In diesem Rahmen durchgeführte Rechenoperationen nennt man **Break-Even-Analyse**. Durch Variierung der unterschiedlichen Modellelemente können dabei eine Reihe von Aussagen abgeleitet werden, die für das Management von Interesse sind. Das soll an einem Beispiel verdeutlicht werden.

Ein Student hat die Geschäftsidee, an einem Verkaufsstand in einem Shopping-Center frisch gepressten Fruchtsaft in Plastikbechern zu verkaufen. Er geht von variablen Stückkosten (vor allem für Obstverbrauch und Plastikbecher) von 1 € pro Becher aus und von monatlichen Fixkosten in Höhe von 1.200 € (Miete für den Verkaufsstand 1000 €, Miete für Saftpressen 200 €; von dem Vorliegen weiterer Kostenelemente wird hier zur Vereinfachung des Beispiels abgesehen). Als Preis plant der Student 2,50 € anzusetzen und möchte nun wissen, wie viele Becher mit Fruchtsaft bis zum Erreichen der Gewinnschwelle verkauft werden müssen.

Durch Umformung der obigen Gleichung kommt er zu folgendem Ergebnis:

Break-Even-Menge
= Fixkosten : (Preis – variable Stückkosten)
= 1.200 € : (2,50 € – 1,00 €)
= 800 Becher

Der Student befürchtet, nicht mehr als 600 Becher pro Monat verkaufen zu können und möchte deswegen herausfinden, wie hoch der Preis sein müsste, um bei dieser Menge die Gewinnschwelle zu erreichen.

Durch Umformung der obigen Gleichung kommt er zu folgendem Ergebnis:

Break-Even-Preis
= (Fixkosten : Break-Even-Menge) + variable Stückkosten
= (1.200 € : 600 Becher) + 1,00 € pro Becher
= 3,00 € pro Becher

Sollte der Student sich für diese Preissetzung entscheiden und im Monat sogar wider Erwarten 650 Becher verkauft haben, lässt sich mit den bekannten Größen auch der Erfolg, das heißt Gewinn beziehungsweise Verlust seines kleinen Betriebes wie folgt errechnen:

Erfolg
= Erlöse – Kosten
= (Preis pro LE · Menge LE) – (Fixkosten + variable Kosten pro LE · Menge LE)
= (3 € · 650 Becher) – (1.200 € + 1 € pro Becher · 650 Becher)
= 100 €

Die Break-Even-Analyse ist ein leicht handhabbares Instrument. Das liegt an der Einfachheit der ihr zugrunde liegenden Annahmen und zwar insbesondere dann, wenn, wie oben dargestellt, die gesamten Erlöse und Kosten des Unternehmens gegenübergestellt werden. Doch aus ihren Annahmen ergeben sich auch die Schwächen dieses Analyseinstruments. So wurde bereits oben darauf hingewiesen, dass ein streng proportionaler Verlauf der variablen Kosten unrealistisch ist. Auch die Möglichkeit zur quasi unendlichen Steigerung der produzierten und abgesetzten Menge, zumal ohne das Auftreten sprungfixer Kosten, ist in der Praxis kaum zu erwarten. Darüber hinaus ist die im Modell unterstellte Proportionalität der Erlösfunktion unwahrscheinlich, beispielsweise wegen der Existenz von Mengenrabatten und anderer preislicher Sonderkonditionen. Schließlich ist auch zu beachten, dass sich das Modell nur in Bezug auf eine Produktart anwenden lässt, innerhalb derer alle Leistungseinheiten gleich sind.

Falls ein Unternehmen mehrere Produktarten herstellt, müssen darum Menge, Preis und Kosten pro Produktart jeweils separat betrachtet werden. Ein besonderes Problem ergibt sich dann, wenn bestimmte Kosten nicht unmittelbar verursachungsgerecht einer Produktart zuzuordnen sind, der Gewinn im Rahmen einer Vollkostenrechnung jedoch pro Produktart ermittelt werden soll.

Zur Verdeutlichung sei noch einmal das Beispiel mit den Fruchtsäften aufgegriffen. Angenommen, der Student beschließt nach einigen Wochen, neben dem Saft an seinem Stand auch noch Sekt zu verkaufen. Dafür kauft er andere Becher und natürlich Sektflaschen. Die dafür anfallenden Kosten lassen sich, wenn er den Gewinn des Sektgeschäfts ermitteln möchte, der Produktart „Sekt" unmittelbar verursachungsgerecht zuordnen. Aber was ist mit der Standmiete? In Bezug auf die beiden Produktarten „Saft" und „Sekt" handelt es sich hierbei um Gemeinkosten, das heißt eine unmittelbar verursachungsgerechte Zuordnung auf die beiden Produktarten ist nicht möglich. Da im Rahmen einer Vollkostenrechnung alle Kosten den jeweiligen Bezugsobjekten zuzuordnen sind, muss der Student deswegen einen Verteilungsschlüssel bilden. So könnte er etwa jeder Produktart die Standmiete zu gleichen Teilen anlasten oder, dem Tragfähigkeitsprinzip folgend, die Kosten entsprechend der erzielten Umsätze je Produktart verteilen.

Eine Alternative zu dieser Vorgehensweise bietet die Teilkostenrechnung. Nach ihrer Logik würden in Bezug auf das hier gewählte Beispiel von den Erlösen einer der beiden Produktarten nur deren Einzelkosten abgezogen. Die problematische, weil „nicht gerechte" Aufteilung der Gemeinkosten unterbliebe. Die in diesem Fall gebildete Differenz aus Erlösen und Einzelkosten wird jedoch nicht Gewinn genannt, sondern **Deckungsbeitrag**. Diese Bezeichnung ergibt sich aus dem Umstand, dass mit diesem Betrag noch die Gemeinkosten zu decken sind. Erst wenn man von den ermittelten Deckungsbeiträgen alle im Unternehmen angefallenen Gemeinkosten abzieht, hat man den Unternehmenserfolg ermittelt.

Angenommen die Kosten für Sektbecher und -flaschen beliefen sich auf 1.000 € pro Monat und es wären in dieser Periode 400 Becher Sekt à 4 € verkauft worden, dann lässt sich der Deckungsbeitrag der Produktart „Sekt" wie folgt ermitteln:

Deckungsbeitrag
= Erlöse – Einzelkosten
= (Preis pro LE · Menge LE) – (Einzelkosten Produktart „Sekt")
= (4 € · 400 Becher) – 1.000 €
= 600 €

Angenommen in Bezug auf den Saftverkauf könnten die gleichen Rechengrößen wie oben zugrunde gelegt werden, dann lässt sich der Deckungsbeitrag der Produktart „Saft" wie folgt ermitteln:

Deckungsbeitrag
= Erlöse – Einzelkosten
= (Preis pro LE · Menge LE) – (Einzelkosten Produktart „Saft")
= (Preis pro LE · Menge LE) – (Kosten für Becher, Obst sowie für die Saftpresse)
= (3 € · 650 Becher) – (650 € + 200 €)
= 1.100 €

Beträgt die Standmiete 1.000 € und fallen keine weiteren Gemeinkosten an – was unrealistisch ist, aber für die Vereinfachung des Beispiels angenommen wurde – kann der Unternehmensgewinn wie folgt errechnet werden:

Unternehmensgewinn
= Deckungsbeiträge je Produktart – produktartbezogene Gemeinkosten
= 600 € + 1.100 € – 1.000 €
= 700 €

Die Deckungsbeiträge mögen als Indikator für den generellen Erfolg oder Misserfolg einer Produktart herangezogen werden, sie sind aber keineswegs als Erfolgsgrößen im Sinne von Gewinn zu verstehen. Vielmehr geben sie dem Manager des Verkaufsstands im obigen Beispiel die wichtige Information, wie viel Geld er zur Verfügung hat, um die Gemeinkosten der Standmiete zu decken.

Im Rahmen der Teilkostenrechnung können also Deckungsbeiträge für unterschiedliche Bezugsobjekte ermittelt werden und sich beispielsweise auf ein einzelnes Produkt, eine Produktart oder den Teilbetrieb eines Unternehmens beziehen. Im Fall homogener Produkte kann von dem Deckungsbeitrag pro Stück auf den Deckungsbeitrag der entsprechenden Produktart geschlossen werden. Vermarktet ein Unternehmen mehrere Produktarten, können deren Deckungsbeiträge zum unternehmensbezogenen Gesamtdeckungsbeitrag aufsummiert werden.

Darüber hinaus muss im Rahmen der Teilkostenrechnung der Bildung von Deckungsbeiträgen keineswegs immer die Unterscheidung von Einzel- und Gemeinkosten zugrunde liegen. Vielmehr spricht man ebenfalls von

Deckungsbeträgen, wenn die Differenz aus Erlösen und variablen Kosten gebildet wird. Dieser Ansatz wird dann auch als **Direct Costing** bezeichnet und kann, wie oben gezeigt, eine geeignete Basis darstellen, um den Zusammenhang zwischen Mengen- und Kostenveränderungen zu erfassen.

Einzelkosten und variable Kosten können zwar in gleicher Höhe anfallen, doch das muss keineswegs der Fall sein. Besonders deutlich wird dies bei dem Vorliegen der sogenannten Kuppelproduktion, das heißt dann, wenn ein Einsatzstoff (zum Beispiel Weintrauben) mit der Herstellung von zwei Produktarten verbunden ist (zum Beispiel Wein und Grappa). Der Verbrauch des Einsatzstoffes ist dann variabel, denn er variiert entsprechend der Ausbringungsmenge, lässt sich einer Produktart aber nicht unmittelbar verursachungsgerecht zuordnen.

Direct Costing bietet sich dann an, wenn keine Einzelkosten für ein einzelnes Produkt bestimmt werden können, wie beispielsweise bei dem Beispiel des Saftverkaufs. So steigen die Kosten für den Verbrauch des Obstes bei zunehmendem Saftverkauf und sind daher variabel. Allerdings dürften sie sich einem einzelnen Becher Saft kaum unmittelbar verursachungsgerecht zurechnen lassen, da der Student sie nicht einzeln pro Kundenbestellung einkaufen wird. Insofern impliziert die obige Annahme, dass ein Becher variable Kosten von 1 € aufweist (übrigens eine produktbezogene Zurechnung variabler Produktgemeinkosten).

In Tabelle 1.1 sind die deckungsbeitragsbezogenen Rechengrößen für das Direct Costing und die Einzelkostenrechnung noch einmal gegenübergestellt.

Der Logik der Teilkostenrechnung folgend können im Hinblick auf bestimmte betriebliche Entscheidungen auch Deckungsbeiträge auf der Basis **relevanter Kosten und Erlöse** gebildet werden. Mit Hilfe eines solchen Ansatzes erhält man beispielsweise wichtige Informationen zur Beantwor tung von Fragen, ob zusätzliche Mitarbeiter in der Verkaufsabteilung eingestellt werden sollten oder sich die Weiterführung einer Produktneuentwicklung lohnt. Der Student aus dem obigen Beispiel könnte auf dieser Grundlage analysieren, ob sich die Anmietung eines weiteren Verkaufsstands lohnt. Dazu würde er die relevanten Erlöse, die sich durch das Betreiben des neuen Stands erzielen lassen, den dadurch entstehenden relevanten Kosten gegenüberstellen. Die Differenz, der Deckungsbeitrag der Entscheidung, kann folgendermaßen interpretiert werden: Ein **positiver Deckungsbeitrag** bedeutet, dass noch ein Betrag verbleibt, der zur Deckung

Tabelle 1.1. Rechengrößen der Deckungsbeitragsrechnung nach Direct Costing und Einzelkostenrechnung

	Direct Costing	Einzelkostenrechnung
Stückdeckungsbeitrag =	Stückerlös bzw. Preis – variable Kosten pro Stück	Stückerlös bzw. Preis – Einzelkosten pro Stück
Deckungsbeitrag einer Produktart	Stückdeckungsbeitrag · Anzahl der verkauften Produkte	Stückdeckungsbeitrag · Anzahl der verkauften Produkte
Gesamtdeckungsbeitrag einer Periode	Summe aller Deckungsbeiträge	Summe aller Deckungsbeiträge
Periodenerfolg =	Gesamtdeckungsbeitrag – Fixkosten	Gesamtdeckungsbeitrag – Gemeinkosten
Gewinnschwelle bei	Gesamtdeckungsbeitrag = Fixkosten	Gesamtdeckungsbeitrag = Gemeinkosten

entscheidungsirrelevanter Kosten zur Verfügung steht. Ein **negativer Deckungsbeitrag** hingegen zeigt an, dass die durch die Entscheidung ausgelösten Kosten höher sind als die dadurch erzielbaren Erlöse. Aus Sicht der Kosten- und Erlösrechnung beziehungsweise der Teilkostenrechnung wird man dazu tendieren, eine Entscheidungsalternative mit negativem Deckungsbeitrag abzulehnen.

Kernsätze zu Kapitel 1

- Das Rechnungswesen stellt Vorgänge und Zustände eines Unternehmens in Geldeinheiten dar; im Gegensatz zum externen Rechnungswesen ist das interne Rechnungswesen vorrangig an unternehmensinterne Adressaten gerichtet.
- Dabei handelt es sich üblicherweise um vertrauliche Informationen, mit denen unter anderem die Frage beantwortet werden soll, wie erfolgreich das Geschäft eines Unternehmens unter normalen Umständen in einer betrachteten Periode wirklich ist.
- Kosten sind definiert als betriebsbedingter, bewerteter Güterverbrauch, wobei der Begriff „Güter“ auch Dienstleistungen umfasst.

Erlöse hingegen werden als die betriebszweckbezogene, bewertete Güterentstehung verstanden.

- Im ersten Arbeitsschritt der Kosten- und Erlösrechnung werden die Rechengrößen gesammelt, im zweiten systematisiert und verrechnet, im dritten interpretiert und zur Unternehmenssteuerung eingesetzt.
- Als Systeme der Kosten- und Erlösrechnung werden Plan- und Ist-Rechnungen unterschieden, reine Kosten- und Erfolgsrechnung sowie Voll- und Teilkostenrechnung.
- Kosten und Erlöse lassen sich in variable und fixe Größen einteilen, in relevante und irrelevante, in primäre und sekundäre sowie in Gemeinkosten und Einzelkosten beziehungsweise -erlöse.
- Mit der Errechnung der Break-Even-Menge kann bestimmt werden, wie viele Produkte verkauft werden müssten, um einen Gewinn zu erwirtschaften.
- Im Rahmen der Deckungsbeitragsrechnung erfolgt keine Zurechnung von Gemein- beziehungsweise Fixkosten auf einzelne Produkte. Der Deckungsbeitrag ist der Erlösanteil, der zur Deckung der nicht zugerechneten Kosten verwendet werden kann.

Interview mit Ulrich Plett (Ernst & Young)

Wie schätzen Sie die Bedeutung der Kosten- und Erlösrechnung in modernen Unternehmen ein?

In den vergangenen Jahrzehnten hat das Rechnungswesen in den Unternehmen stark an Einfluss gewonnen. Gerade vor dem Hintergrund einer wertorientierten Unternehmensführung werden immer mehr Entscheidungen zahlenbasiert getroffen. Hinzu kommt, dass variable Vergütungssysteme verstärkt an entsprechende Kennzahlen gekoppelt wurden und diese somit auch bei vielen Mitarbeitern hohe Aufmerksamkeit genießen.

Gilt die steigende Bedeutung für das externe und interne Rechnungswesen in gleichem Maße?

Eine verlässliche Finanzbuchhaltung und die gesetzlich erforderlichen Jahresabschlüsse sind nach wie vor die wesentlichen Grundlagen der

Finanzberichterstattung jedes Unternehmens. Diese zentralen Elemente des externen Rechnungswesens werden aus Kostengründen heutzutage zunehmend in eigene oder durch Dritte betriebene Shared-Service-Center – zum Teil auch im Ausland – verlagert. Einzig der Konzernabschluss – bei börsennotierten Unternehmen nach internationalen Rechnungslegungsstandards (IFRS) – genießt die gleiche Bedeutung wie vorher.

Das unternehmensinterne Controlling hingegen ist die Kür und dient als zentrale Grundlage unternehmerischer Entscheidungen. Dabei ist zu berücksichtigen, dass externes und internes Rechnungswesen an ihrer Datenbasis immer enger miteinander verwoben werden.

Inwiefern findet diese Angleichung statt?

In den meisten Unternehmen wird inzwischen auf ein und dieselbe Datenbasis zurückgegriffen. So werden beispielsweise bei den Abschreibungen und Zinsen die identischen Summen und Methoden für das externe wie interne Rechnungswesen verwendet. Das geschieht unter anderem auch deshalb, um die zunehmende Datenkomplexität in den IT-Systemen noch abbilden und von ihren Nutzern noch handhaben zu können. Auf Grundlage der gleichen Datenbasis werden dann jedoch im internen und externen Bereich unterschiedliche Strukturierungen und Allokationen durchgeführt, weil die Zahlen der internen Berichterstattung an andere Fragestellungen geknüpft werden.

Welche Fragen interessieren das Management heute besonders?

Die für einen Jahresabschluss relevante Grundlage der rechtlichen Einheit geht nur noch selten mit der Einteilung der Unternehmen nach Geschäftsbereichen konform, ganz gleich ob diese Segmente, Divisionen, Profit Center oder Business Units heißen. Deren Ergebnis oder besser gesagt das Ergebnis vor Zinsen, Steuern und Abschreibungen (EBIT oder EBITDA) zieht das Management für die Unternehmenssteuerung heran. Man möchte einen detaillierteren Einblick haben und wissen, welche Deckungsbeiträge oder Profite mit welchen Leistungsangeboten oder bei welchen Kundengruppen erwirtschaftet werden. Gerade in letzter Zeit interessiert sich das Management auch besonders für die Entwicklungen und Steuerung der einzelnen Bereiche aus der Perspektive ihrer Cash-Wirkung. Das hat mit der aktuellen Krise zu tun, in der Liquidität für viele Unternehmen zum kritischen Faktor geworden ist.

Das sind Informationen, die aber nicht nur das Management interessieren.

Ja, tatsächlich sind alle Stakeholder, vor allem aber die Kapitalmärkte (Aktionäre) gleichermaßen wie Banken zunehmend an den Zahlen der Finanzlage und des internen Rechnungswesens interessiert. Eine Unternehmensleitung gibt die Vertraulichkeit dieser Informationen zwar nicht gern preis, aber viele können sich diesem Druck, der noch durch die umfangreichen Angabepflichten nach den internationalen Rechnungslegungsvorschriften verstärkt wird, derzeit nicht entziehen.

Weiterführende Literatur zu Kapitel 1

- Zum Überblick zu Definitionen des Begriffs „Rechnungswesen“ vgl. Nadig (2000)
- Zu Aufgaben des internen Rechnungswesens vgl. Schweitzer/Küpper (2003)
- Zu Unterschieden und Gemeinsamkeiten von externem und internem Rechnungswesen vgl. Plinke/Rese (2006)
- Zum Ablauf des internen Rechnungswesens vgl. Franz/Kajüter (2002)
- Zu Systemen des internen Rechnungswesens vgl. Nadig (2000)
- Zu Einteilungen von Kosten und Erlösen vgl. Plinke/Rese (2006)
- Zum Vergleich von Voll- und Teilkostenrechnung vgl. Hoitsch (2002)

2 Kosten- und Erlösartenrechnung

Grundlegend für alle weiteren Schritte der Kosten- und Erlösrechnung ist zunächst einmal eine systematische Bestandsaufnahme aller Kosten und Erlöse. Dies gilt beispielsweise für die Studentin, die nach dem Erfolg ihrer Maklertätigkeit fragt (vgl. Abschnitt 1.2). Solch eine Bestandsaufnahme wird desto komplexer, je größer ein Betrieb ist und je mehr Produkte oder Dienstleistungen angeboten werden.

Abb. 2.1. Welche Kosten fallen bei einem Hotelbetrieb an? [ds]

Ein Hotel in Brandenburg bietet seinen Gästen verschiedene Pauschalarrangements an. Sie können zwischen einer einfachen Übernachtung mit Frühstück oder Halbpension wählen. Im Restaurant kann mittags und abends auch à la carte gegessen werden. Zudem gibt es Veranstaltungsräume, in denen Hochzeiten oder andere Feiern ausgerichtet werden. Durch all diese Angebote kann das Hotel Erlöse erzielen. Die Frage ist, wie viele und welche? Und welche Kosten sind mit dem Hotelbetrieb und seinen Leistungen verbunden? In der Küche werden beispielsweise täglich einige Kilogramm Kartoffeln, Fleisch und Gemüse verbraucht. Dort arbeiten eine Küchenchefin, drei Köche auf verschiedenen Posten sowie zwei wechselnde Aushilfen in der Spülküche. Gas, Strom und Wasser sind nötig, um den Betrieb aufrecht zu erhalten. All das bringt einen betriebszweckbezogenen Güterverbrauch mit sich, verursacht also Kosten. Zudem nutzen sich Gasherde, Elektroöfen, Friteuse und Kühlhaus mit der Zeit ab. Liegt nicht auch hier ein Verbrauch von Gütern vor?

Um solch eine Bestandsaufnahme geht es in der Kostenarten- und der Erlösartenrechnung. Ihre zentralen Fragen sind, welche Kosten im Unternehmen in welcher Höhe angefallen sind und welche Leistungen in welcher

O. Plötner et al., *Kosten- und Erlösrechnung*, Springer-Lehrbuch, 2nd ed.,
DOI 10.1007/978-3-642-11920-0_2, © Springer-Verlag Berlin Heidelberg 2010

Höhe erbracht beziehungsweise welche Erlöse in welcher Höhe erzielt wurden.

Im Folgenden wird zunächst die Kostenartenrechnung betrachtet. Dafür gilt es, die erste Frage näher zu beleuchten.

2.1 Kostenartenrechnung: Ansatz und Ablauf

An die Frage, welche Kosten in welcher Höhe angefallen sind, sind zwei eng miteinander verbundene Aufgaben der Kostenartenrechnung gekoppelt: Die im Unternehmen angefallenen Kosten sollen vollständig erfasst und dokumentiert sowie nach geeigneten Gesichtspunkten sortiert beziehungsweise gegliedert werden.

Folglich übernimmt die Kostenartenrechnung zwei wichtige Funktionen: eine Informationsfunktion und eine Zulieferfunktion.

Die **Informationsfunktion** erfüllt die Kostenartenrechnung bereits, indem sie die Höhe und die Struktur der Kosten transparent macht. Auf dieser Basis lassen sich vergleichende Kostenstrukturanalysen durchführen. Wird die Kostenstruktur des Unternehmens regelmäßig erfasst, so zeigt sich, in welchem Größenverhältnis Kostenarten zueinander stehen und ob sich im Zeitvergleich Kostentrends ausmachen lassen. Zudem können regionale oder auch internationale Betriebs- und Branchenvergleiche angestellt werden.

Überdies hat die Kostenartenrechnung eine **Zulieferfunktion**, denn sie leistet eine wichtige Vorarbeit für alle weiteren Schritte der Kosten- und Erlösrechnung. Die Information darüber, welche Kosten in welcher Höhe angefallen sind, ist notwendig, um weitere Fragen beantworten zu können, zum Beispiel wo und wofür diese Kosten angefallen sind oder wie innerbetriebliche Leistungen zu bewerten sind. In diesem Sinn ist sie zum Beispiel für die Kostenstellen-, Produkt- und auch die Erfolgsrechnung eine vorbereitende Rechnung.

Im Rahmen der Kostenartenrechnung geht es zunächst nur um primäre Kosten. Es wird also ausschließlich der Verbrauch von Gütern und Dienstleistungen bewertet, die das Unternehmen von außen bezogen hat. Sowohl im Hinblick auf die Kostenerfassung, als auch im Hinblick auf die Gliederung von Kostenarten, gilt es dabei, bestimmte Grundsätze zu beachten.

Die ersten **Grundsätze der Kostenerfassung** betreffen deren **Periodisierung** und **Normalisierung**. So müssen für alle Schritte der Kostenrechnung die Daten zunächst periodengerecht aufbereitet werden. Das bedeutet, bereits in der Kostenartenrechnung werden jeweils die Daten herausgefiltert, die sich auf den aktuellen Abrechnungszeitraum beziehen. Je nach Zweck der Betrachtung kann dies zum Beispiel das Geschäftsjahr, ein Monat, eine Woche oder ein Tag sein. In der Kostenrechnung werden überdies nicht immer genau die Verbrauchsmengen und Preise angesetzt, die tatsächlich angefallen sind. Vielmehr ist es für Zwecke der Wirtschaftlichkeitskontrolle und Kalkulation zum Teil sinnvoll, Daten zu normalisieren. Denn es soll, wie in Kapitel 1 dargestellt, ja die „normale“ Geschäftstätigkeit beurteilt werden. Darum gilt es, außergewöhnliche Einflüsse auf die Kostenhöhe zu erkennen und auszuschalten. So werden zum Beispiel außerordentliche Abschreibungen aufgrund von Katastrophen kostenrechnerisch nicht berücksichtigt. Für Kostentreiber, die starken Schwankungen unterliegen (man denke an den Ölpreis oder an Forderungsausfälle) kann es sinnvoll sein, Durchschnittswerte anzusetzen. Andere Anpassungen zum Zweck der Normalisierung werden vorgenommen, um Unterschiede zwischen Unternehmen auszugleichen, die zum Beispiel durch die Rechtsform (insb.: kalkulatorischer Unternehmerlohn), die Kapitalstruktur (insb.: kalkulatorische Zinsen) oder durch Eigentumsverhältnisse (insb.: kalkulatorische Miete) zustande kommen.

Welcher **Grundsatz der Gliederung von Kostenarten** angewendet wird, richtet sich nach der jeweiligen Funktion, die bei der Datenaufbereitung im Vordergrund steht. Solche Gliederungsprinzipien schließen einander nicht aus, sondern werden – wiederum je nach Zweck – in verschiedener Hinsicht miteinander kombiniert.

Ein grundlegendes Gliederungsprinzip stellt die Einteilung der Kosten nach der Art der verbrauchten Einsatzfaktoren dar. Danach können zum Beispiel Personalkosten, Materialkosten, Zinsen (Kapitalkosten) und Abschreibungen (anteilige Kosten für einen langfristigen Güterverbrauch) unterschieden werden. Weiterhin können Kosten nach Funktionsbereichen gegliedert werden. So werden beispielsweise Beschaffungskosten, Kosten der Materialstelle, Fertigungskosten, Vertriebskosten und Verwaltungskosten unterschieden. Diese Art der Gliederung ist unter anderem notwendig, um die Kostenstellenrechnung vorzubereiten, die in Kapitel 3 dargestellt wird. Einen ebenso vorbereitenden Zweck hat eine weitergehende Gliederung nach der Art der Zurechenbarkeit auf verschiedene Bezugsobjekte. Dazu wird für einzelne Kostenarten wie Personalkosten oder Abschreibungen festgehalten, ob sie, sagen wir, für Produkte, Produktarten oder Kostenstellen, Einzel- oder Gemeinkosten darstellen, ob sie sich also solchen Bezugsobjekten direkt oder nur mittelbar zurechnen lassen. Welche Bezugsobjekte dabei betrachtet werden, hängt davon ab, wie die weiteren Schritte der Kostenrechnung (z.B. Kostenstellen-, Prozess- und Produktrechnung) ausgestaltet sind. Die Zurechnung selbst, ob direkt oder mittelbar, erfolgt dann in diesen weiterführenden Schritten. Sie ist nicht mehr Angelegenheit der Kostenartenrechnung.

Eine weitere wichtige Unterscheidung im Hinblick auf die Art der Kostenerfassung betrifft die Kategorien **Grundkosten** und **kalkulatorische Kosten** (zu diesen Begriffen vgl. Abschnitt 1.3). Dies ist allerdings kein Gliederungsprinzip, nach dem Kosten klassifiziert werden. Vielmehr geht es dabei um eine verfahrenstechnische Frage, nämlich darum, ob die entsprechenden Daten für das interne und externe Rechnungswesen gleich oder unterschiedlich aufbereitet werden. So stellt ein großer Teil des betriebszweckbezogenen Güterverbrauchs gleichzeitig und in gleicher Höhe (Zweck-)Aufwand und (Grund-)Kosten dar. Die entsprechenden Daten werden aufbereitet und sowohl dem internen als auch externen Rechnungswesen zur Verfügung gestellt. Kalkulatorische Kosten hingegen werden gesondert und nur für kostenrechnerische Zwecke ermittelt. Bei Anderskosten, denen ein Aufwand in anderer Höhe gegenüber steht, ist eine Umrechnung beziehungsweise andere Berechnung als für das externe Rechnungswesen notwendig. Bei Zusatzkosten, denen kein Aufwand gegenübersteht, muss ein Vergleichsmaßstab gefunden werden, der ihren Ansatz ermöglicht.

Die vom Unternehmen unterschiedenen Kostenarten werden schließlich in einem **Kostenartenplan** dokumentiert und systematisiert. Zur Orientierung dienen hier in der Regel die in der Buchhaltung verwendeten Kontenpläne. Diese wiederum werden nach Maßgabe von Kontenrahmenplänen, die Unternehmensverbände wie der BDI zur Verfügung stellen, unternehmensspezifisch ausgestaltet. Solche Kontenrahmenpläne sehen unter anderem verschiedene Kontenklassen für aufwandsgleiche und aufwandsverschiedene Kosten vor und enthalten Gliederungsvorschläge für verschiedene Kostenarten. So sieht der vom BDI herausgegebene Gemeinschaftskontenrahmen der Industrie (GKR) die Kontenklasse 4 für primäre Kosten vor und enthält die in Abbildung 2.2 wiedergegebene Gliederung von Kostenarten.

Im Folgenden wird die Erfassung ausgewählter Kostenarten erörtert, und zwar solcher, die sich nach der Art der verbrauchten Einsatzfaktoren unterscheiden lassen. Dabei werden jeweils auch Aspekte angesprochen, die die anderen oben erwähnten Unterscheidungen betreffen. Vor allem wird erläutert, inwiefern für die jeweiligen Kostenarten spezielle kalkulatorische Erfassungsmethoden angewandt werden.

4	Primäre Kosten
40	Verbrauch an Rohstoffen, bezogenen Fertigteilen und Handelswaren
41	Verbrauch an Hilfs- und Betriebsstoffen
42	Bezogene Leistungen und auswärtige Bearbeitung
43	Löhne und Gehälter
44	Sozialkosten und sonstige Personalkosten
45	Raumkosten, Mieten, Pachten, Leasing
46	Steuern, Gebühren, Beiträge, Versicherungsprämien
...	

Abb. 2.2. Gliederung von Kostenarten nach dem Gemeinschaftskontenrahmen

2.2 Erfassung ausgewählter Kostenarten

2.2.1 Materialkosten

Materialkosten fallen immer dann an, wenn materielle Güter bei der Erstellung eines Produktes oder einer Dienstleistung bearbeitet, gebraucht oder verbraucht werden. Je nach dem Umfang, in dem bestimmte Güter üblicherweise benötigt werden, werden einzelne Materialkostenarten zum Beispiel nach Art und Qualität der Stoffe weiter untergliedert. In Industrieunternehmen zählen dazu vor allem Rohstoffe, Hilfsstoffe und Betriebsstoffe, in Handelsunternehmen überwiegen die weiterveräußerten Waren.

Zu diesen Arten von Gütern im Einzelnen: **Rohstoffe** beziehungsweise Materialien sind ein wesentlicher Bestandteil eines Produktes, wie Papier bei der Buchherstellung oder Fleisch in der Restaurantküche. Abhängig von der Art der Materialien und der Produktion können durch ihren Verbrauch Produkteinzelkosten oder -gemeinkosten entstehen. **Hilfsstoffe** sind ein Nebenbestandteil des Produktes, wie Leim für die Bindung eines Buches oder Gewürze zum Zubereiten eines Gerichtes. Üblicherweise entstehen durch den Verbrauch von Hilfsstoffen unechte Gemeinkosten; denn meist ist es zu aufwändig zu ermitteln, wie viel davon genau für ein Produkt verbraucht wird. Zum Teil ist dies auch gar nicht möglich: In dem Fall entstehen echte Gemeinkosten. **Betriebsstoffe** sind für den Produktionsprozess notwendig, gehen aber nicht direkt in die Produkte oder Dienstleistungen ein, wie Heizöl, Strom, Reinigungsmittel, Dienstkleidung oder Büromaterialien. Durch ihren Verbrauch entstehen grundsätzlich Produktgemeinkosten, häufig auch Kostenstellengemeinkosten. Als **Handelswaren** werden Güter bezeichnet, die eingekauft werden, um sie anschließend wieder zu veräußern. Sie werden dafür nicht weiterverarbeitet, sondern lediglich um einzelne Serviceleistungen wie Beratung und Lieferung „angereichert". Mit dem Verkauf von Handelswaren sind daher typischerweise Produkteinzelkosten verbunden.

Aufgabe der Kostenartenrechnung ist nun, den Verbrauch solcher Güter mengen- und wertmäßig zu erfassen. Dadurch steht sie in engem Zusammenhang mit der Finanzbuchhaltung, der Lagerbuchhaltung und der Fertigungsplanung.

Die **Mengenerfassung** erfolgt im Rahmen der Lagerhaltung. Sie ist auch für die Finanzbuchhaltung notwendig und muss stets durch die gesetzlich vorgeschriebene Inventur überprüft werden. Bei der **wertmäßigen Erfassung** hingegen kann in der Kostenrechnung von den für das externe Rechnungswesen aufbereiteten Daten abgewichen werden. Es muss also entschieden werden, welche Preise angesetzt werden sollen. Als Wertansatz kommen zum Beispiel der Anschaffungspreis, ein Festpreis oder der Wiederbeschaffungspreis in Betracht. Herstellkosten kommen in diesem Fall nicht in Betracht, da Materialkosten im Rahmen der Kostenartenrechnung nur für von außen bezogene Güter bestimmt werden (zur Ermittlung von Herstellkosten vgl. Kapitel 6). Der Anschaffungspreis umfasst neben dem Einkaufspreis auch die Ausgaben für Fracht, Verpackung oder Versicherung, und er wird durch Preisnachlässe vermindert. Festpreise können gewählt werden, um Preisschwankungen auszugleichen. Der Ansatz eines Wiederbeschaffungspreises dient, insbesondere angesichts stark steigender Preise, der Substanzerhaltung.

Werden die Güter einzeln gelagert oder verbraucht, ist eine Einzelbewertung möglich. Wenn aber mit Materialien aus mehreren Lieferungen zu unterschiedlichen Preisen gearbeitet wird, muss auf ein **Sammelbewertungsverfahren** zurückgegriffen werden. Bei den folgenden vier Verfahren wird jeweils eine bestimmte Verbrauchsfolge unterstellt und die Bewertung der im Einzelnen verbrauchten Mengen daran ausgerichtet.

1. Beim **LIFO-Verfahren** (last in, first out) geht man davon aus, dass die zuletzt hinzugekommenen Materialien als erste verbraucht werden. Denken Sie an Berge von Kies, bei denen die benötigten Mengen immer nur von oben abgetragen werden können.

2. Beim **FIFO-Verfahren** (first in, first out) wird unterstellt, dass die am längsten lagernden Materialien als erste verbraucht werden. Eine solche Verbrauchsfolge ist typisch für verderbliche Waren wie Lebensmittel.
3. Beim **HIFO-Verfahren** (highest in, first out) nimmt man an, dass die Materiallieferung mit dem höchsten Preis als erste verbraucht wird.
4. Beim **LOFO-Verfahren** (lowest in, first out) wird unterstellt, dass die Materiallieferung mit dem niedrigsten Preis als erste verbraucht wird.

Abb. 2.3. Die Lagerung von Kies – ein typischer Fall für das LIFO-Verfahren [ma]

Wie die für LIFO und FIFO angeführten Beispiele zeigen, liegen manchmal produktionstechnische oder andere wirtschaftliche Gründe für eine solche Verbrauchsfolge vor. In anderen Fällen, wie dem Verbrauch von Heizöl, das in Tanks gelagert wird, ist es gar nicht möglich festzustellen, welche Lieferung wann verbraucht wird. In solchen Fällen entscheidet man sich für eine kostenrechnerisch zweckdienliche Variante.

Um Preisschwankungen auszugleichen, können auch Durchschnittspreise angesetzt werden. So kann der **gewogene Durchschnitt** des Materialverbrauchs bestimmt werden. Der Wert des gelagerten Materials und der Wert der Materiallieferung werden dann addiert und durch die gesamten Mengeneinheiten geteilt.

In Abbildung 2.4 ist beispielhaft gegenübergestellt, wie sich diese verschiedenen Wertansätze und Methoden bei einer Sammelbewertung auswirken: LIFO und HIFO führen bei steigendem Preis typischerweise dazu, die Materialkosten höher zu bewerten, als es bei den anderen Methoden der Fall wäre. Sie werden häufig angewandt, um Preissteigerungen zu antizipieren und zu einem niedrigeren Periodenerfolg zu kommen. Die anderen Verfahren wirken meist gegenteilig: Bei steigendem Preis wird der Verbrauch niedriger bewertet, dafür ergibt sich ein höherer Periodenerfolg.

Materialkosten stellen meistens Grundkosten dar, da diese Daten für das interne und externe Rechnungswesen gleichermaßen erhoben werden. Allerdings können in der Kostenartenrechnung andere Bewertungsansätze

Lagerbewegungen im Dezember		
Anfangsbestand	100 kg à 1 €	
Zugang	50 kg à 2 €	
Verbrauch	70 kg	
Bewertungsverfahren	**Bewertung des Verbrauchs von 70 kg**	
Gewogener Durchschnitt	(100 kg · 1 €/kg + 50 kg · 2 €/kg) : 150 kg = 1,33 €/kg	93,33 €
LIFO (last in, first out)	50 kg · 2 €/kg + 20 kg · 1 €/kg =	120,00 €
FIFO (first in, first out)	70 kg · 1 €/kg =	70,00 €
HIFO (highest in, first out)	50 kg · 2 €/kg + 20 kg · 1 €/kg =	120,00 €
LOFO (lowest in, first out)	70 kg · 1 €/kg =	70,00 €

Abb. 2.4. Vergleich der Sammelbewertungsverfahren an einem Beispiel

oder -methoden gewählt werden als für die Finanzbuchhaltung. Dies kann für eine kostenbasierte Preiskalkulation oder die Ermittlung des kalkulatorischen Betriebserfolgs zweckdienlich sein. In solchen Fällen stellen die entsprechenden Materialkosten Anderskosten dar.

2.2.2 Arbeitskosten: Personalkosten und kalkulatorischer Unternehmerlohn

Den Begriff **Arbeitskosten** wählen wir hier als Oberbegriff für alle Kosten, die durch den betriebszweckbedingten „Verbrauch" von Arbeitskraft entstehen: für Personalkosten und den sogenannten kalkulatorischen Unternehmerlohn.

Über **Personalkosten** gibt die Lohn- und Gehaltsrechnung Aufschluss. Dort werden alle Arbeitsentgelte der Beschäftigten erfasst. Deren Art und Höhe richtet sich nach einer ganzen Reihe rechtlicher und freiwilliger Bestimmungen (z.B. Steuerrecht, Sozialrecht, Tarifvertragsregelungen, Betriebsvereinbarungen). Das Arbeitsentgelt für Beschäftigte kann zeit- oder mengenbezogen vereinbart sein. **Zeitbezogene Entgeltformen**, wie Gehälter oder Stundenlöhne, haben keinen klaren Bezug zur Arbeitsmenge. Es wird eine zu leistende Arbeitszeit vereinbart und bezahlt. **Mengenbezogene Entgeltformen** stellen beispielsweise Stück- oder Akkordlöhne dar. Zu ihrer Berechnung wird ein vereinbarter Lohnsatz pro Stück mit der tatsächlich geleisteten Menge multipliziert. Neben diesen Entgeltformen gibt es **weitere Entgeltbestandteile**. So können zusätzlich zu einem Grundentgelt Zulagen vereinbart werden, beispielsweise Feiertags- oder Nachtarbeitszuschläge, Prämien für ein erreichtes Umsatzsoll, für Kostenersparnisse oder Qualitätsverbesserungen. Bestandteil des Entgelts sind zudem Personalnebenkosten. Dazu zählen zunächst Sozialkosten, nämlich gesetzlich geregelte Zusatzleistungen (wie Sozialversicherungs- und Berufsgenossenschaftsbeiträge), tarifvertraglich vereinbarte (wie Urlaubsgeld und Beihilfen) und freiwillige betriebliche Zusatzleistungen (wie betriebliche Altersvorsorge). Auch Kosten wie Nebenkosten, Abfindungen, Anwerbungs- oder Weiterbildungskosten zählen dazu.

In der Kostenartenrechnung müssen diese Entgeltdaten wiederum periodengerecht aufbereitet werden. So wird zum Beispiel Urlaubsgeld auf das Jahr verteilt und Vorschüsse oder Nachzahlungen werden der betreffenden Periode zugerechnet. Zum Zweck der Normalisierung können in der Kostenrechnung auch andere Entgelthöhen als die tatsächlich gezahlten angesetzt werden. So können für eine Gruppe von Mitarbeiterstellen durchschnittliche Kosten angesetzt werden, um tarifbedingte Schwankungen auszugleichen oder auch individuelle Unterschiede in der Entgelthöhe, die beispielsweise aufgrund von Alter oder Betriebszugehörigkeit auftreten.

Zudem gilt es, die Entgeltdaten nach ihrer Zurechenbarkeit auf Bezugsobjekte wie Produkte, Prozesse oder Kostenstellen zu systematisieren. Dabei kann einem Auftrag oder einem Produkt nur ein kleiner Bestandteil der Personalkosten direkt zugerechnet werden. In Industriebetrieben treten solche **Personaleinzelkosten** insbesondere in der Fertigung auf. Es sind vor allem Stück- und Akkordlöhne, die sich nicht nur einzelnen Fertigungskostenstellen zuordnen lassen, sondern auch Produkteinzelkosten darstellen. Sie werden auch als **Fertigungslöhne** bezeichnet. In Dienstleistungsbetrieben trifft dies beispielsweise auf das Entgelt für Aushilfen zu, die in regelmäßigen Abständen für spezielle Kundenaufträge beschäftigt und bezahlt werden (wie Servicekräfte für ein Festbankett).

Alle weiteren Personalkosten stellen Produktgemeinkosten dar. Sie lassen sich zum Teil bestimmten Funktionsbereichen zuordnen. Dies gilt unter anderem für sogenannte (zeit- oder mengenbezogene) **Hilfslöhne**, die für unterstützende Tätigkeiten gezahlt werden, wie Arbeitsvorbereitung, Reparaturen oder Reinigung der Arbeitsräume. Es gilt ebenso für Gehälter, Zulagen und Personalnebenkosten. So stellen das Gehalt der Vertriebsleiterin, ihre Umsatzprämie und die Nebenkosten, die auf ihr Entgelt entfallen, Vertriebseinzelkosten dar. Einem bestimmten Auftrag oder einem Produkt lassen sich diese Personalkosten jedoch nicht direkt zurechnen. Für die **Personalgemeinkosten** müssen dann jeweils in weiteren Schritten der Kostenrechnung Schlüsselgrößen bestimmt werden, nach denen diese Arbeitskosten Prozessen, Produkten oder Dienstleistungen zugerechnet werden können. Als eine solche Schlüsselgröße kann beispielsweise die Arbeitszeit herangezogen werden, die für bestimmte Arbeitsgänge aufgewendet wird.

Zu den Arbeitskosten zählt überdies der **kalkulatorische Unternehmerlohn**. Der typische Fall dafür sind leitend tätige Inhaber von Personengesellschaften. In Kapitalgesellschaften sind Geschäftsführer per Arbeitsvertrag angestellt, für sie fallen „normale" Personalkosten an. Einzelunternehmer hingegen dürfen kein arbeitsvertragliches Entgelt beziehen, da sie den dafür benötigten Arbeitsvertrag mit sich abschließen würden. Ihre Arbeitskraft wird allein durch den Gewinn entgolten, den sie selber erwirtschaften. Allerdings wenden sie, ebenso wie andere Geschäftsführer, ihre Arbeitskraft auf; darum ist es zweckmäßig, dies auch in der Kostenrechnung abzubilden. Dazu wird der kalkulatorische Unternehmerlohn angesetzt. Für seine Höhe wird das Gehalt von Geschäftsführern in vergleichbaren Unternehmen herangezogen.

Der Ansatz eines kalkulatorischen Unternehmerlohns entspricht zunächst dem Grundsatz der Normalisierung. Denn nur bei einer Berücksichtigung der aufgewendeten Arbeitskraft als Kosten kann die Kostenstruktur einer Personengesellschaft mit der anderer Unternehmen verglichen werden. Außerdem könnten diese Unternehmer bei der Wahl einer anderen Rechtsform ein Gehalt für die Geschäftsführung beziehen; ebenso könnten sie anderen Unternehmen ihre Arbeitskraft gegen Entgelt anbieten. Daraus, dass sie darauf verzichten, entgeht ihnen aus dem Einsatz ihrer Arbeitskraft also ein Nutzen. Aus diesem Grund spricht man bei kalkulatorischem Unternehmerlohn auch von **Opportunitätskosten**, also Kosten für einen entgangenen Nutzen.

Die unentgeltliche Mithilfe von Familienmitgliedern oder anderen Personen kann ebenso in der Kostenartenrechnung erfasst werden. Und auch in weiteren Fällen kann es sinnvoll sein, Arbeitskosten anzusetzen, die den „Verbrauch der Arbeitskraft" realistisch widerspiegeln – beispielsweise, wenn für die Mithilfe anderer Personen oder für die eigene leitende Tätigkeit in einer GmbH in der Gründungsphase aus Liquiditätsgründen ein vergleichsweise niedriges Entgelt gezahlt wird.

Wie gezeigt, können Arbeitskosten sowohl Grundkosten als auch kalkulatorische Kosten darstellen. Personalkosten sind zum großen Teil Grundkosten. Wenn jedoch Abgrenzungen vorgenommen werden oder man mit anderen Entgelthöhen rechnet, treten auch hier Anderskosten auf.

Der kalkulatorische Unternehmerlohn stellt typischerweise Zusatzkosten dar, da ihm kein entsprechender Aufwand gegenübersteht. In manchen Fällen aber handelt es sich um eine kostenrechnerische Korrektur der Personalkosten, und damit nicht um Zusatz-, sondern um Anderskosten.

2.2.3 Abschreibungskosten

Über Abschreibungskosten wird die langfristige „normale", regelmäßige Wertminderung von betriebsnotwendigen Gegenständen des abnutzbaren Anlagevermögens erfasst und über die Zeit ihrer Nutzung verteilt.

Zwei wichtige Unterschiede zum externen Rechnungswesen sind damit bereits benannt: Für das externe Rechnungswesen wird eine bilanzielle oder pagatorische Abschreibung für alle abnutzbaren Gegenstände des Anlagevermögens ermittelt. Die Kostenrechnung hingegen betrachtet nur **betriebsnotwendige abnutzbare Gegenstände**. Wertminderungen ungenutzter Gebäude oder privat genutzter Fahrzeuge werden folglich nicht berücksichtigt. Außerdem werden in der Kostenrechnung nur **regelmäßige Wertminderungen** erfasst. Ursachen dafür sind unter anderem der Verschleiß durch Gebrauch, technischen Fortschritt oder natürliche Einwirkungen. So wird eine Maschine durch ständigen Einsatz abgenutzt. Eine Computeranlage verliert schnell an Wert, da nach kurzer Zeit leistungsfähigere Rechner auf dem Markt sind. Gebäude können durch Verwitterung an Wert verlieren. Für außerordentliche Wertminderungen, die zum Beispiel durch Brandstiftung oder Naturkatastrophen entstehen, werden im externen Rechnungswesen außerordentliche Abschreibungen vorgenommen. Diese werden intern nicht als Abschreibungskosten erfasst. Sofern es sich dabei um unregelmäßige, aber vorhersehbare Risiken handelt (wie Überschwemmungen in Küstengebieten), können sie als kalkulatorische Wagnisse berücksichtigt werden (vgl. dazu Abschnitt 2.2.7). Die im externen Rechnungswesen möglichen Sonderabschreibungen (für Steuervergünstigungen) werden in die Kostenrechnung nicht übernommen.

Diese beiden Punkte – Gegenstand und Ursachen für Abschreibungen – begründen, warum die Gesamtsumme der pagatorischen Abschreibungen in der Regel von der Summe der Abschreibungskosten im internen Rechnungswesen abweicht. Weitere Unterschiede können sich aus der **Ermitt-**

lung der Abschreibungsbeträge für einzelne Anlagegegenstände ergeben. Maßgeblich für diese Unterschiede ist die Festlegung

1. der Abschreibungssumme,
2. der Nutzungsdauer bzw. des Nutzenpotenzials und
3. der Abschreibungsmethode.

Im externen Rechnungswesen sind nach Handelsgesetzbuch (HGB) die Anschaffungs- und Herstellungskosten zur Festlegung der Abschreibungssumme bindend. Im internen Rechnungswesen kann jedoch davon abgewichen werden; hier existieren zur Bestimmung der **Abschreibungssumme** keine rechtlichen Einschränkungen. Ein Grund, von der extern maßgeblichen Abschreibungssumme abzuweichen, ist das Ziel der **Substanzerhaltung**. Es kommt insbesondere dann in Betracht, wenn vorhersehbar ist, dass Preise von Anlagegütern im Lauf der Zeit steigen oder auch sinken. Die Abschreibungssumme wird dann so angesetzt, dass sie der Summe entspricht, die am Ende der Nutzungsdauer eines Anlagegutes benötigt wird, um es durch ein neues zu ersetzen.

Zunächst wird also das Preisniveau beobachtet: Wird es als konstant eingeschätzt, werden wie im externen Rechnungswesen die Anschaffungs- beziehungsweise Herstellkosten angesetzt. Bei vorhersehbaren Preisänderungen wird ein entsprechend niedrigerer oder höherer **Wiederbeschaffungswert** geschätzt. Wird ein **Liquidationserlös** erwartet – zum Beispiel weil das Anlagegut vor Ende der maximalen Nutzungsdauer verkauft werden soll oder weil es am Ende der Nutzung noch einen Schrottwert hat – so wird dieser geschätzte Betrag vom Wiederbeschaffungswert abgezogen.

Ein selbstständiger Taxifahrer will Abschreibungskosten für ein am Anfang dieses Jahres neu gekauftes Kraftfahrzeug der Marke Mercedes-Benz ermitteln. Er stellt folgende Rechnung auf:

Beschaffungspreis des Mercedes (incl. Überführung)	101.000 €
+ Taxieinbauten	5.000 €
= Anschaffungskosten	106.000 €
+ Preissteigerung in den nächsten 5 Jahren	12.000 €
= Wiederbeschaffungswert (Abschreibungsbasis)	118.000 €
– Liquidationserlös in 5 Jahren	18.000 €
= Abschreibungssumme	100.000 €

Abb. 2.5. Wie hoch sind die Abschreibungskosten für ein Taxi? [pk]

Zur Festlegung der **Nutzungsdauer** ist maßgeblich, wie lange ein Anlagegut tatsächlich betrieblich genutzt werden soll. Anhaltspunkte für eine maximal mögliche Nutzungsdauer geben Erfahrungswerte, Angaben der Hersteller oder die AfA-Tabellen (Absetzung für Abnutzung, kurz AfA, bezeichnet nach dem Bundesministerium der Finanzen die steuerrechtlichen Abschreibungen). Zum Teil lässt sich das **Nutzenpotenzial** in technischen Nutzeneinheiten schätzen (wie die maximale Kilometerleistung eines Fahrzeugs, die maximale Ausbringung einer Maschine in Stück oder in Tonnen bis zu deren Abnutzung). Oft jedoch hat man nur zeitliche Richtwerte einer maximal möglichen Nutzung. Entscheidend ist jedoch nicht die maximal mögliche, sondern die tatsächlich geplante Dauer und Intensität der Nutzung eines Anlagegutes.

Um das Beispiel des Taxis wieder aufzugreifen: Bei guter Pflege ist ein derartiger Mercedes 15 Jahre oder länger nutzbar. Nach etwa 7 Jahren jedoch wird er reparaturanfällig. Die AfA-Tabellen sehen eine Nutzungsdauer von 6 Jahren vor. Laut Schwacke-Liste (www.schwacke.de), einer privat erstellten Auflistung von geschätzten Gebrauchtwagenwerten, fällt der Gebrauchtwagenpreis in den ersten Jahren der Nutzung besonders stark.

Ein Taxi wird durch seine Nutzung stärker in Anspruch genommen als Privat-PKWs. Von daher ist es unternehmerisch sinnvoll, dass der Taxifahrer eine kürzere Nutzungsdauer ansetzt als in Richttabellen vorgesehen. Nach 5 Jahren kann noch ein annehmbarer Liquidationswert erzielt werden und die Reparaturanfälligkeit wird sich in dieser Zeit in Grenzen halten. All das sind wirtschaftlich begründete Argumente dafür, dass der Taxifahrer eine Nutzungsdauer von 5 Jahren plant.

An **Abschreibungsmethoden** stehen grundsätzlich Varianten der zeitbedingten Abschreibung (lineare, degressive und progressive Abschreibung) sowie die nutzenbedingte Abschreibung zur Verfügung. Aus der Anwendung dieser Methoden ergeben sich jeweils unterschiedliche **Abschrei-**

bungsbeträge in einer Periode (die anzusetzenden Abschreibungskosten) und daraus resultierende **Restwerte** in der betreffenden Periode sowie, dadurch bedingt, ein unterschiedlicher Verlauf der Wertminderung über die Nutzungsdauer. In Tabelle 2.1 sind die entsprechenden Wirkungen der möglichen Abschreibungsmethoden vergleichend gegenübergestellt.

Tabelle 2.1. Wirkungen der verschiedenen Abschreibungsmethoden

Abschreibungs-methode	**Verlauf Abschreibungsbeträge**	**Verlauf Restwert**
linear		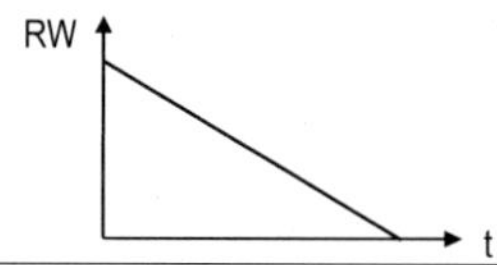
degressiv	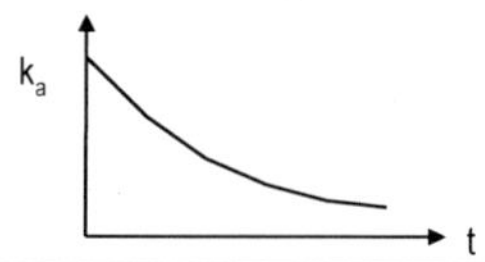	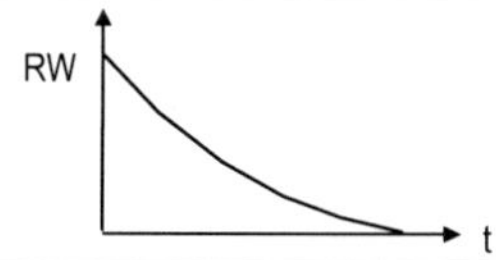
progressiv	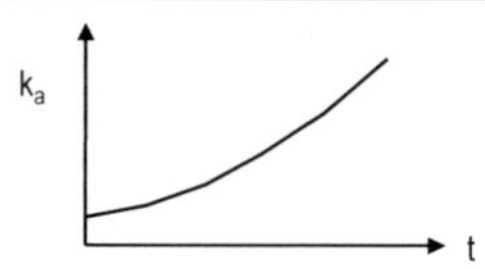	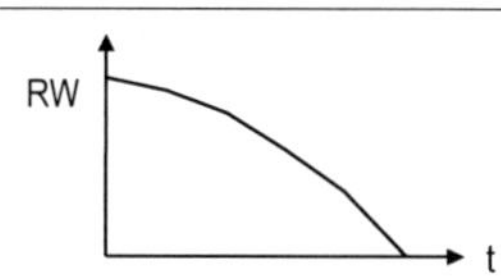
nutzenbedingt		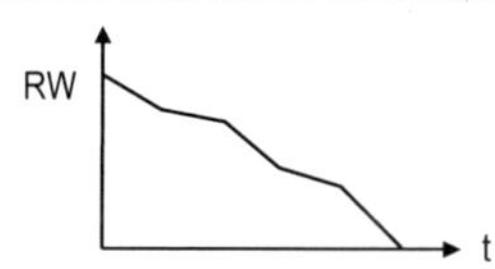

Legende: k_a: Abschreibungsbetrag, RW: Restwert, t: Zeitverlauf

Gemessen an den Zwecken der Kostenrechnung kommt insbesondere zwei Verfahren eine besondere Bedeutung zu:

1. Da bei der **linearen** Methode gleichbleibende Abschreibungsbeträge angesetzt werden, entspricht sie dem Grundsatz der Normalisierung der Kostenrechnung. Gleichbleibende Abschreibungskosten sind zum Beispiel zu Zwecken der Kalkulation vorteilhaft.
2. Die **nutzenbedingte** Abschreibung hingegen bewirkt, dass die ermittelten Abschreibungskosten die Wertminderung des Anlagegutes möglichst realistisch widerspiegeln. Insofern ist sie zum Beispiel gut geeignet, um einen realistischen Betriebserfolg zu ermitteln.

Diese Argumentation scheint sich auch in der tatsächlichen Anwendung dieser Methoden in der unternehmerischen Praxis zu spiegeln. So ergab eine Ende der 1990er Jahre durchgeführte Befragung von Industrieunternehmen, dass in der überwiegenden Zahl der befragten Unternehmen die lineare Abschreibungsmethode verwendet wird (65,1 % von 153 befragten Unternehmen). Auch die nutzenbedingte Abschreibung wurde (in weit weniger Fällen) genannt. Die Varianten der degressiven und vor allem der progressiven Abschreibung kamen hingegen verschwindend wenig zum Einsatz. Im Übrigen wichen etliche der befragten Unternehmen (knapp 40 %) bei der Ermittlung der kalkulatorischen Abschreibung gar nicht von den extern verwendeten Methoden ab (vgl. Währisch 2000).

Aus diesen Gründen ist die folgende Darstellung der Rechentechnik auf diese beiden Abschreibungsmethoden beschränkt. Dabei wird erneut das Beispiel des Taxifahrers aufgegriffen.

Bei der **linearen Abschreibung** wird die Abschreibungssumme gleichmäßig auf die jeweiligen Rechnungsperioden verteilt. Der Abschreibungsbetrag errechnet sich also wie folgt:

$$\text{Abschreibungsbetrag} = \frac{\text{Abschreibungssumme}}{\text{Nutzungsdauer}}$$

Für den Taxifahrer ergibt sich bei Anwendung dieser Methode der folgende Abschreibungsplan:

	Abschreibung	Restwert
1. Jahr	20.000	80.000
2. Jahr	20.000	60.000
3. Jahr	20.000	40.000
4. Jahr	20.000	20.000
5. Jahr	20.000	0

Der Vorteil der linearen Abschreibung liegt nicht nur in ihrer einfachen Berechnung. Die Erfassung konstanter Abschreibungskosten entspricht wie gesagt auch dem grundlegenden Normalisierungsprinzip. Für Ziele der Kalkulation oder des Betriebsvergleichs kann dies zweckmäßig sein.

Die **nutzenbedingte Abschreibung** errechnet sich wie folgt:

$$\text{Abschreibungsbetrag} = \frac{\text{Abschreibungssumme}}{\text{Nutzenpotenzial}} \cdot \begin{array}{c}\text{tatsächliche Nutzung}\\ \text{in der aktuellen Periode}\end{array}$$

Dabei wird als Nutzenpotenzial die über die gesamte Nutzungsdauer mögliche Menge an Nutzeneinheiten des Abschreibungsgegenstands betrachtet – in unserem Beispiel: die Anzahl an Kilometern, die das Taxi in 5 Jahren fahren wird.

Im Beispiel wurde die Abschreibungssumme des Taxis auf 100.000 € geschätzt. Bei einem geschätzten Nutzenpotenzial des Taxis von 200.000 km in 5 Jahren ergibt sich folglich eine Abschreibung pro km von 0,50 €. Je nachdem, wie viele Fahrten in den einzelnen Jahren tatsächlich anfallen, unterscheiden sich also die jährlichen Abschreibungsbeträge. Die Entwicklung der Restwerte am Ende des Jahres spiegelt dann die tatsächliche Nutzung des Taxis wider. Nach Ablauf der 5 Jahre könnten sich die Abschreibungskosten beispielsweise wie folgt verhalten haben:

	Gefahrene km	**Abschreibung**	**Restwert**
1. Jahr	25.000	12.500	87.500
2. Jahr	40.000	20.000	67.500
3. Jahr	25.000	12.500	55.000
4. Jahr	80.000	40.000	15.000
5. Jahr	30.000	15.000	0

Allerdings wurde für dieses Beispiel vereinfachend angenommen, dass der Taxifahrer das Nutzenpotenzial (200.000 km in 5 Jahren) richtig eingeschätzt hat. Das wird nur in seltenen Fällen so sein. Ein Nachteil dieser Methode ist also, dass üblicherweise entweder ein Restwert verbleibt oder mehr als die geplante Summe abgeschrieben wird. Dem Vorteil der Methode, dass ein relativ realistischer Werteverzehr erfasst wird, steht allerdings zudem der Nachteil gegenüber, dass die jährlichen Abschreibungskosten nicht planbar sind.

Abschreibungskosten gelten generell als fixe Kosten, auch wenn (wie bei der nutzenbedingten Abschreibung) mit variablen Beträgen gerechnet wird. Der Grund ist, dass sie einen von seiner „Natur“ her fixen Investitionsaufwand periodisch verteilen. Zudem sind alle eingehenden Plandaten – Abschreibungssumme, Nutzungsdauer, Verlauf der Abnutzung – Schätzgrößen, die mit großen Unsicherheiten behaftet sind.

Insbesondere kalkulatorische Abschreibungen, die auf Wiederbeschaffungswerten beruhen, sind als Anderskosten anzusehen. In einigen Fällen sind Abschreibungskosten aber auch Grundkosten, nämlich dann, wenn es keine wirtschaftlichen Gründe gibt, von den in der Finanzbuchhaltung erfassten pagatorischen Abschreibungen abzuweichen (oder wirtschaftliche Gründe dagegen sprechen).

Insgesamt betrachtet sind die folgenden Kriterien bei der Ermittlung der Abschreibungskosten, dem Ansatz der Abschreibungssumme und der Nutzungsdauer sowie der Wahl der Methode maßgeblich:

1. Das **Rechnungsziel**: Steht eher das Normalisierungsprinzip oder die möglichst realistische Einschätzung des Werteverzehrs im Vordergrund?
2. Das Ziel der **Substanzerhaltung** sollte immer beachtet werden: Werden die gesamte Abschreibungssumme oder die jährlichen Abschreibungskosten zu niedrig angesetzt, ist das folgenschwerer als ein zu hoher Ansatz.
3. Die **Wirtschaftlichkeit** der Kostenrechnung: Auch der durch die einzelnen Verfahren verursachte Zeitaufwand sollte in die Entscheidung mit einbezogen werden.

2.2.4 Kapitalkosten: Kalkulatorische Zinsen

Die in der Kostenartenrechnung angesetzten kalkulatorischen Zinsen sollen die Kosten erfassen, die durch die langfristige Nutzung von Kapital für die Geschäftstätigkeit entstehen. Damit unterscheiden sie sich entschieden von dem in der Finanzbuchhaltung erfassten Zinsaufwand. Dieser bemisst sich dem Grundsatz der Pagatorik folgend anhand des Zahlungsstroms, das heißt der tatsächlichen Zinszahlungen, wie sie für die bestehenden Kredite geleistet werden. Zinsaufwand entsteht also lediglich durch Fremdkapital. Kalkulatorische Zinsen hingegen werden auf das **gesamte** betriebsnotwendige Kapital berechnet, ungeachtet dessen, wie dieses finanziert wurde.

Das lässt sich zum einen über das Normalisierungsprinzip begründen. Es wird eine Vergleichbarkeit mit anderen Unternehmen angestrebt, unabhängig von der spezifischen Kapitalstruktur und der veränderlichen Zinshöhe für Fremdkapital. Zum anderen liegen der Erfassung kalkulatorischer Zinsen Opportunitätsüberlegungen zugrunde. Das in die Geschäftstätigkeit investierte Kapital hätte nämlich auch anders angelegt werden können, beispielsweise in einer womöglich sichereren Geldanlage.

Beides begründet auch die Wahl des kalkulatorischen Zinssatzes, aus dem sich die Zinskosten errechnen. Dazu orientiert man sich am Kapitalmarktzins für möglichst risikoarme langfristige Geldanlagen (wie Bundesanleihen). Die Zinskosten werden wie folgt errechnet:

Kalkulatorische Zinsen = gesamtes betriebsnotwendiges Kapital · kalkulatorischer Zinssatz

Wie aber wird das gesamte betriebsnotwendige Kapital bestimmt?

Die Höhe dieser Berechnungsgrundlage wird in mehreren Schritten aus der Unternehmensbilanz hergeleitet. Deren Struktur ist in Abbildung 2.6 dargestellt.

Bilanz	
Aktiva (Mittelverwendung)	**Passiva (Mittelherkunft)**
Nicht abnutzbares Anlagevermögen	Eigenkapital
Abnutzbares Anlagevermögen	Langfristiges Fremdkapital
Umlaufvermögen	Kurzfristiges Fremdkapital
Bilanzsumme	**Bilanzsumme**

Abb. 2.6. Struktur der Bilanz

Die zentrale Frage lautet nun: Wie viel betriebsnotwendiges Kapital „steckt" im Unternehmen? Oder: Wie viel Kapital ist in der betrachteten Periode (meist ein Jahr) im Unternehmen gebunden, um die Geschäftstätigkeit aufrecht zu erhalten? Dabei geht es nicht um die Kapitalstruktur des Unternehmens, die auf der Passivseite der Bilanz abgebildet ist. Statt der Mittelherkunft wird vielmehr die Mittelverwendung betrachtet, und damit die Aktivseite der Bilanz. Denn diese bildet ab, in welchen Vermögensgegenständen das Kapital des Unternehmens gebunden ist. Allerdings können auch diese Werte nicht unverändert übernommen werden, da zunächst geprüft werden muss, wie viel Vermögen betriebsnotwendig ist. Zudem wird die Bilanz zu einem bestimmten Stichtag erstellt. Sie enthält also zeitpunktbezogene Werte. Zur Berechnung der Zinskosten werden jedoch zeitraumbezogene Größen benötigt. Die Frage ist, wie viel Kapital in der laufenden Periode gebunden ist und nicht an einem bestimmten Stichtag. Abbildung 2.7 enthält eine Übersicht dazu, welche Veränderungen aus diesen Gründen notwendig sind. Die entsprechenden Schritte werden im Folgenden einzeln erläutert.

In einem ersten Schritt müssen alle **betriebsnotwendigen Vermögensgegenstände** identifiziert werden. Einen Ausgangspunkt dazu bietet die Bilanz. Zu dem gesamten Vermögen gehören laut Bilanz alle aktivierten Gegenstände des Anlage- und des Umlaufvermögens. Allerdings kann es auch Vermögensgegenstände geben, die für die Geschäftstätigkeit genutzt, aber nicht (mehr) bilanziert werden. Dies kann Gegenstände betreffen, die nach geltenden Regelungen im Jahr ihrer Anschaffung voll abgeschrieben

Schritt 1: Betriebsnotwendige Vermögensgegenstände identifizieren	
	Ausgangspunkt: Gesamtes Vermögen laut Bilanz
	Hinzunehmen: In der Bilanz nicht ausgewiesenes betriebsnotwendiges Vermögen
	Weglassen: Nicht betriebsnotwendiges Vermögen
Schritt 2: Betriebsnotwendiges Vermögen bestimmen	
	Wert der betriebsnotwendigen Vermögensgegenstände
+/–	Modifikationen: In periodische, zeitraumbezogene Werte umrechnen
	Aufsummieren: In der Periode gebundenes betriebsnotwendiges Vermögen
Schritt 3: Gesamtes betriebsnotweniges Kapital bestimmen	
	In der Periode gebundenes betriebsnotwendiges Vermögen
=	Vorläufiges betriebsnotwendiges Kapital
–	Abzugskapital
=	Gesamtes betriebsnotwendiges Kapital
Schritt 4: Kalkulatorische Zinsen bestimmen	
	Gesamtes betriebsnotwendiges Kapital
·	Kalkulatorischer Zinssatz
=	Kalkulatorische Zinsen

Abb. 2.7. Schema zur Ermittlung der kalkulatorischen Zinsen

werden können, obwohl sie längerfristig im Unternehmen genutzt werden. Derzeit gilt dies für Güter bis zu einem Wert von 150 €, also beispielsweise für einzelne Einrichtungsgegenstände der Büroausstattung. Solche Vermögenswerte werden zum betriebsnotwendigen Vermögen hinzugezählt. Weggelassen werden hingegen solche Vermögensgegenstände, die zwar in der Bilanz ausgewiesen sind, aber nicht betrieblich genutzt werden. Beispiele dafür sind ungenutzte Grundstücke, nicht betriebszweckbezogene Geldanlagen, privat genutzte Fahrzeuge sowie anderweitig vermietete Gebäude.

In einem zweiten Schritt sind in Bezug auf die einzelnen Vermögensgegenstände Modifikationen vorzunehmen, um die zeitpunktbezogenen Werte der Bilanz zu periodisieren. Das Grundprinzip ist dabei, Durchschnittswerte zu ermitteln. Das betrifft alle Vermögensgegenstände, die im Laufe der Zeit Wertschwankungen unterliegen.

Das nicht abnutzbare Anlagevermögen, zu dem zum Beispiel Grundstücke zählen, zeichnet sich üblicherweise dadurch aus, dass sein Wert über alle Nutzungsperioden hinweg gleich bleibt. Modifikationen sind daher selten erforderlich. Eine Besonderheit könnte sich allerdings durch außerplanmäßige beziehungsweise außerordentliche Abschreibungen ergeben, die für das Anlagevermögen im externen Rechnungswesen angesetzt wurden.

Beispielsweise könnte eine solche Abschreibung vorgenommen worden sein, weil sich in Folge von Lärmbelästigung der Marktwert des Geschäftsgrundstücks verringert hat, nachdem neben dem Grundstück eine neue S-Bahnlinie errichtet wurde. In solch einem Fall muss analog zum abnutzbaren Anlagevermögen vorgegangen werden.

Das abnutzbare Anlagevermögen unterliegt im Laufe seiner Nutzung Wertminderungen. Dazu gehören unter anderem Gebäude, Maschinen und Fahrzeuge. Für solche Gegenstände muss das durch sie durchschnittlich gebundene Vermögen bestimmt werden. Die aussagekräftigsten Ergebnisse im Hinblick darauf, wie viel Kapital in der betrachteten Periode gebunden ist, liefert die sogenannte **verfeinerte Restwertmethode**. Dazu werden die pagatorischen Restbuchwerte der entsprechenden Anlagegegenstände betrachtet. Angesetzt wird der Durchschnittswert der jeweiligen Periode, der sich aus dem Restbuchwert der letzten und dem Restbuchwert der aktuellen Periode ergibt.

Das Umlaufvermögen umfasst solche Vermögensbestandteile, die nur kurzfristig im Unternehmen gebunden sind (wie Materialien oder Kassenbestände). Dazu kann ebenso über die verfeinerte Restwertmethode der Durchschnittswert der betrachteten Periode ermittelt werden. Dies liefert allerdings nur einen Näherungswert, da die Bestände des Umlaufvermögens auch in der betrachteten Periode in der Regel starken Schwankungen unterworfen sind. Falls möglich – zum Beispiel bei einer wochen- oder tagesgenauen Lagerbuchhaltung – können auch gleitende Durchschnittswerte ermittelt und angesetzt werden.

Sind für alle betriebsnotwendigen Vermögensgegenstände die erforderlichen Modifikationen vorgenommen worden, werden deren Werte addiert. Das Ergebnis ist die Summe des gesamten in der Periode gebundenen **betriebsnotwendigen Vermögens**, das über betriebsnotwendiges Kapital finanziert worden ist.

Nach diesem Zwischenergebnis wird für den dritten Schritt der Blick auf die Passivseite der Bilanz gerichtet, auf das Kapital, mit dem das Unternehmen arbeitet. Das bislang ermittelte Ergebnis entspricht nämlich nur dem vorläufigen betriebsnotwendigen Kapital, da nicht die gesamte Summe langfristig genutzt werden kann, um die Geschäftstätigkeit aufrecht zu erhalten. Daher wird sie noch um das sogenannte **Abzugskapital** vermindert. So wird der Teil des Kapitals genannt, der dem Unternehmen nur sehr kurzfristig und zinsfrei zur Verfügung steht. Insbesondere handelt es sich dabei um Anzahlungen von Kunden (z.B. für noch zu liefernde Waren) und um Verbindlichkeiten aus Lieferungen und Leistungen, die das Unternehmen begleichen muss.

Wird das vorläufige betriebsnotwendige Kapital um das Abzugskapital vermindert, ergibt sich das gesamte betriebsnotwendige Kapital. Als vierter und letzter Schritt wird dieses mit dem kalkulatorischen Zinssatz multipliziert, um die kalkulatorischen Zinsen, also die Zinskosten der gesamten betrachteten Periode, zu berechnen.

Ein Grund für den Ansatz von Abzugskapital ist, dass das betriebsnotwendige Vermögen sich in kurzer Frist um diesen Betrag verringern wird – nämlich dann, wenn das Unternehmen die Leistungen erbringt, für die es Anzahlungen erhalten hat, beziehungsweise dann, wenn das Unternehmen die Rechnungen begleicht, für die es Lieferungen oder Leistungen erhalten hat. Insofern handelt es sich bei den entsprechenden Beträgen nicht um Kapital, das längerfristig dazu genutzt wird, die Geschäftstätigkeit aufrecht zu erhalten.

Ein weiterer Grund ist, dass eine solche Doppelberechnung von Zinsen beziehungsweise eine Dopplung von Kosten vermieden werden soll. Das betrifft insbesondere Lieferantenkredite, die als Verbindlichkeiten aus Lieferungen und Leistungen erfasst sind. Wenn nämlich Materiallieferungen nicht sofort gezahlt werden, wird darauf verzichtet, einen Skontoabzug in Anspruch zu nehmen. Das gelagerte Material ist dann sozusagen verzinst, da es zum entsprechend höheren Preis beschafft wurde. Der höhere Preis kommt dadurch zustande, dass Lieferanten in der Regel in den Angebotspreis einen Aufschlag für Skonto mit einkalkulieren (vgl. dazu Abschnitt 5.5). Dieser höhere Preis wiederum geht bei Verbrauch des Materials als Materialkosten in die Kostenartenrechnung ein. Insofern verhindert der Abzug entsprechender Beträge eine Doppelberechnung von Kosten.

Zu ergänzen ist noch, dass sich in ähnlicher Weise auch die Zinskosten für einen einzelnen Vermögensgegenstand, also beispielsweise eine Maschine oder ein Fahrzeug, bestimmen lassen. Das ist zum Beispiel im Rahmen der Kostenstellenrechnung erforderlich. Dabei ist dann ebenso von pagatorischen Werten auszugehen, nämlich den Anschaffungskosten beziehungsweise den pagatorischen Restbuchwerten des jeweiligen Gegenstandes, und die oben erläuterten Modifikationsprinzipien werden angewendet. Abzugskapital hingegen bleibt dann außer Betracht.

Ein Unternehmen weist am Ende des Geschäftsjahres 2007 die folgende Bilanz aus. Der Zinssatz für langfristige Kapitalanlagen beträgt derzeit 4%. Die kalkulatorischen Zinsen sollen bestimmt werden.

Bilanz Geschäftsjahr 2007					
Aktiva	2006	2007	Passiva	2006	2007
Grundstück	100.000 €	100.000 €	Eigenkapital	51.000 €	62.000 €
Maschine	50.000 €	45.000 €	Rückstellungen	23.000 €	20.000 €
BGA	50.000 €	30.000 €	Verbindlichkeiten gegenüber Kreditinstituten	178.000 €	165.000 €
Forderungen aus Lieferungen und Leistungen	20.000 €	40.000 €	Verbindlichkeiten aus Lieferungen und Leistungen	20.000 €	15.000 €
Wertpapiere	50.000 €	15.000 €			
Bank	12.000 €	32.000 €			
Bilanzsumme	272.000 €	262.000 €	Bilanzsumme	272.000 €	262.000 €

Schritt 1: Betriebsnotwendige Vermögensgegenstände identifizieren

Alle Vermögensgegenstände außer den Wertpapieren sind betriebsnotwendig. Bei den Wertpapieren kann davon ausgegangen werden, dass diese nicht für das operative Kerngeschäft benötigt werden.

Schritt 2: Betriebsnotwendiges Vermögen bestimmen

Vermögensgegenstand	Berechnung	Ergebnis
Grundstück		100.000 €
Maschine	(50.000 € + 45.000 €) : 2 =	47.500 €
BGA	(50.000 € + 30.000 €) : 2 =	40.000 €
Forderungen aus Lieferungen und Leistungen	(20.000 € + 40.000 €) : 2 =	30.000 €
Bank	(12.000 € + 32.000 €) : 2 =	22.000 €
Betriebsnotwendiges Vermögen		239.500 €

Schritt 3: Gesamtes betriebsnotwendiges Kapital bestimmen

	Berechnung	Ergebnis
betriebsnotwendiges Vermögen	s.o.	239.500 €
Abzugskapital	(20.000 € + 15.000 €) : 2 =	17.500 €
Betriebsnotwendiges Kapital	244.500 € – 17.500 € =	222.000 €

Schritt 4: Kalkulatorische Zinsen bestimmen

Betriebsnotwendiges Kapital: 222.000 € Kalkulatorischer Zinssatz: 4 %		
	Berechnung	Ergebnis
Kalkulatorische Zinsen	222.000 € · 0,04 =	8.880 €

Die kalkulatorischen Zinsen für das Jahr 2007 betragen demnach 8.880 €.

2.2.5 Kosten für Abgaben und Steuern

Abgaben und Steuern werden vom Staat aus gesellschaftspolitischen Gründen erhoben. Sie sind immer dann in die Kostenrechnung aufzunehmen, wenn sie einen betriebszweckbezogenen Charakter aufweisen. Dies kann bei **Abgaben** wie Abwasser- und Rundfunkgebühren der Fall sein oder bei **Verkehrssteuern**, zu denen unter anderem die Grunderwerbssteuer und KFZ-Steuern zählen.

Als unumstrittene Konvention gilt, die **Umsatzsteuer** nicht kostenrechnerisch zu erfassen. Denn für (abzugsberechtigte) Unternehmen stellt sie einen durchlaufenden Posten dar.

Eine weitere Konvention ist, **Gewinnsteuern** (wie Einkommens- bzw. Körperschaftssteuer) und **Substanzsteuern** (wie Vermögenssteuer) nicht in die Kostenrechnung aufzunehmen. Diese Steuern sind zur Verfolgung des Betriebszwecks nicht notwendig, sondern werden erst im Fall seiner Erfüllung erhoben. Wie im Hinweiskasten näher ausgeführt wird, können insbesondere aus entscheidungsorientierter Sicht auch Gründe dafür angeführt werden, derartige Steuern als Kosten anzusetzen. Ein solcher entscheidungsorientierter Kostencharakter müsste jedoch für jeden Einzelfall geprüft werden. Daher wird in den weiteren Ausführungen und den Übungsaufgaben an der Konvention festgehalten, Gewinn- und Substanzsteuern nicht als Kosten zu betrachten.

Legt man die hier verwendete Definition von Kosten als „betriebszweckbezogener Güterverbrauch" zugrunde, ist bei einigen Steuern beziehungsweise Abgaben wie den Kfz-Steuern ersichtlich, warum Steuern Kosten darstellen. So stellt das Recht, die Straßen zu nutzen, eine Dienstleistung dar, da die verbraucht wird. Wird aber der Betriebszweckbezug geprüft, kommt man zu der oben dargelegten Unterscheidung zwischen kostenrelevanten Verkehrs- und Verbrauchssteuern und kostenrechnerisch nicht anzusetzenden Gewinn- und Substanzsteuern.

Aus entscheidungsorientierter Sicht kann man zu einem anderen Ergebnis gelangen. In dem Fall fragt man danach, welche Steuern betriebliche Entscheidungen beeinflussen. Als Entscheidungsgrundlage müssen die Ziele, die bei der Planung und Steuerung von Unternehmen eine Rolle spielen, berücksichtigt werden. Ein wichtiges Ziel für viele Unternehmen ist, den Gewinn nach Steuern zu vergrößern. Insofern können alle Steuern, außer durchlaufender Posten (Umsatzsteuer), entscheidungsrelevant sein – auch Gewinn- und Substanzsteuern. Dies würde wiederum dafür sprechen, auch sie als Kosten anzusetzen (vgl. ausführlicher dazu Schweitzer/Küpper 2003, S. 121 f.).

2.2.6 Mietkosten

Wenn Geschäftsräume gemietet sind, also Mietaufwand anfällt, ist er als Mietkosten in die Kostenartenrechnung aufzunehmen. In anderen Fällen kann für die Nutzung von Räumen eine **kalkulatorische Miete** angesetzt werden. Das käme dann in Betracht, wenn, wie im Beispiel der Maklerin aus Kapitel 1, keine Mieten anfallen, da die Geschäftsräume unentgeltlich zur Verfügung gestellt wurden, oder wenn die Geschäftsräume sich im Eigentum des Unternehmens befinden und dafür keine Abschreibungskosten angesetzt werden. Um die Höhe der kalkulatorischen Miete zu bestimmen, werden ortsübliche Sätze herangezogen.

Der Ansatz einer kalkulatorischen Miete folgt wiederum dem Grundsatz der Normalisierung. Für einen Betriebsvergleich ist es zweckmäßig, den „Zufall" einer nicht zu zahlenden Miete herauszurechnen. Zudem hätten, im Fall von Eigentum, die Räume auch anderweitig vermietet werden können. Es entsteht also, ähnlich wie bei dem kalkulatorischen Unternehmerlohn, ein entgangener Nutzen. Auch Opportunitätsgründe sprechen demnach dafür, eine kalkulatorische Miete anzusetzen. Aus ähnlichen Gründen kann es auch sinnvoll sein, eine tatsächlich zu zahlende Miete in der Kostenartenrechnung nach oben oder nach unten zu korrigieren – wenn zum Beispiel die langjährig genutzten Geschäftsräume mit geringem Mietpreis in naher Zukunft gegen Geschäftsräume in einer hochpreisigen In-Lage getauscht werden sollen.

Abb. 2.8. Sollte für das KaDeWe-Gebäude kalkulatorische Miete angesetzt werden? [kdw]

Das KaDeWe in der Tauentzienstraße in Berlin wurde 1907 eröffnet. Nach den für das externe Rechnungswesen maßgeblichen Regelungen ist dieses Gebäude seit vielen Jahrzehnten voll abgeschrieben. Befindet es sich im Eigentum der Betreiber, fällt auch keine Miete an. Dennoch hat diese Immobilie einen hohen Wert, der betriebszweckbezogen zum Betreiben des Kaufhauses genutzt wird. Das sollte in der Kostenrechnung berücksichtigt werden. Um Abschreibungskosten anzusetzen, müsste geschätzt werden, wie lange die Immobilie genutzt werden soll und welche Summe notwendig ist, sie wiederzubeschaffen. Dies dürfte enorme Schätzprobleme mit sich bringen. Die Alternative ist, eine kalkulatorische Miete zu berücksichtigen, die sich an vergleichbaren Objekten orientiert. Auch das ist keine einfache Aufgabe. In jedem Fall werden die Kosten der Nutzung dieser Immobilie die Gesamtkosten des Unternehmens erheblich in die Höhe treiben.

Befindet sich ein Gebäude im Eigentum des Unternehmens, so muss beachtet werden, dass Kosten nicht doppelt erfasst werden sollten. Gebäude gehören schließlich zum abnutzbaren Anlagevermögen; darum werden in der Regel Abschreibungen darauf vorgenommen. Sowohl Mietkosten als auch Abschreibungskosten auf ein Gebäude beziehen sich auf dessen betriebszweckbezogenen Gebrauch. Zwei Kostenarten für den gleichen Sachverhalt anzusetzen, wäre kostenrechnerisch nicht sinnvoll. Was könnte nun dafür sprechen, statt Abschreibungskosten eine kalkulatorische Miete anzusetzen? Ein Grund kann sein, dass das Gebäude aufgrund seines Alters bereits vollständig abgeschrieben wurde und darum auch Richtwerte für den Ansatz von Abschreibungskosten fehlen. Aus einem ähnlichen Grund kann aber auch bei neueren Gebäuden oder Geschäftsräumen entschieden werden, statt der im externen Rechnungswesen angesetzten Abschreibungen intern eine kalkulatorische Miete zu verrechnen. Für eine kalkulatorische Abschreibung ist es schließlich notwendig, eine (substanzerhaltende) Abschreibungssumme und die Nutzungsdauer möglichst realistisch einzuschätzen. Beides kann insbesondere bei Immobilien äußerst schwierig sein. Eine ortsübliche Miete zu schätzen, wird in vielen Fällen einfacher sein und darum kostenrechnerisch leichter zu handhaben.

Wie gezeigt, können Mietkosten sowohl aufwandsgleich (Grundkosten), als auch aufwandsverschieden (Anderskosten) sein und – im Fall der kalkulatorischen Miete für unentgeltlich genutzte Geschäftsräume – Zusatzkosten darstellen.

2.2.7 Wagniskosten

Die Unternehmenstätigkeit erfordert stets eine Übernahme von Wagnissen beziehungsweise Risiken. Dabei lassen sich ein allgemeines Unternehmerrisiko und spezielle Risiken unterscheiden. Dass sich Produkte beispielsweise schlecht verkaufen und dadurch eine Insolvenz droht, gehört zum allgemeinen Unternehmerrisiko, das mit der Aufnahme einer Geschäftstätigkeit eingegangen wird. Mit **speziellen Risiken** ist die Gefahr solcher Verluste gemeint, die relativ vorhersehbar sind und sich auf einzelne Aspekte der Geschäftstätigkeit beziehen. Das allgemeine Unternehmerrisiko begründet keine Kostenart, sondern ist über den Gewinn abgedeckt. Es sind spezielle Risiken der Geschäftstätigkeit, die als kalkulatorische Wagniskosten in der Kostenrechnung berücksichtigt werden. Das Ziel ist es, solche betriebszweckbezogenen Verluste, die zwar regelmäßig, aber in unregelmäßigen

Abständen und unterschiedlicher Höhe auftreten, zu periodisieren und normalisieren. Ebenso können vorhersehbare, bislang noch nicht eingetretene Verluste auf diese Weise kostenrechnerisch antizipiert werden.

Aufschluss darüber, mit welchen speziellen Risiken zu rechnen ist, geben die **Wagniskonten**, in denen in der Finanzbuchhaltung eingetretene Verluste als außerordentlicher Aufwand erfasst werden. Die dort erfassten Aufwandsposten sind daraufhin zu prüfen, ob sie als kostenrelevant angesehen werden können. Das Kriterium ist dabei die Wahrscheinlichkeit, mit der sie erneut auftreten werden. Zu solchen kostenrelevanten Wagnisarten zählen insbesondere die folgenden vier:

1. Das **Beständewagnis** bezieht sich auf die Gefahr der Verminderung von Lagerbeständen (z.B. durch Verderb, Diebstahl oder Schwund).
2. Das **Anlagenwagnis** betrifft das Risiko von Verlusten durch außerordentliche Schäden an Anlagegütern (z.B. durch wiederkehrendes Hochwasser oder Brände von gefährdeten Gebäuden).
3. Das **Fertigungswagnis** berücksichtigt die Gefahr von Mehrkosten (z.B. durch Fehlproduktion oder Gewährleistungserfordernisse).
4. Das **Forderungswagnis** bezeichnet das Risiko von Forderungsverlusten (z.B. durch Zahlungsunfähigkeit von Kunden oder durch Wechselkursschwankungen).

Einige Größen, die zu ähnlichen Verlusten führen können und die man im externen Rechnungswesen als Aufwand verbucht, werden jedoch nicht als Wagniskosten angesetzt. Das sind beispielsweise Preisschwankungen der Lagerbestände. Kostenrechnerisch sollten sie bei den Materialkosten einkalkuliert werden. Ähnliches gilt für das Risiko von Verlusten durch Fehleinschätzungen bei der pagatorischen Abschreibung oder von Verlusten beim Verkauf von Anlagegütern. Deren Wertveränderungen sollten bei der Ermittlung der Abschreibungskosten antizipiert und einkalkuliert werden. Treten doch Fehleinschätzungen auf, so wäre es kostenrechnerisch nicht sinnvoll, sie durch einen weiteren Kostenaufschlag zu korrigieren.

Um die Höhe der Wagniskosten zu bestimmen, werden üblicherweise Durchschnittswerte aus mehreren Perioden gebildet und ein **Wagnissatz** ermittelt.

Ein Restaurant hat während der letzten 3 Jahre Fassbier für 500.000 € eingekauft, das auch vollständig verkauft wurde. Allerdings lassen sich die Fässer nicht vollständig leeren und daher entsteht beim Zapfen ein Schankverlust. Dieser Schankverlust oder Schwund lässt sich für das Fassbier der letzten 3 Jahren auf 15.000 € beziffern. Daraus lässt sich ein Wagnissatz für das bevorratete Bier ermitteln:

$$\frac{15.000\,€}{500.000\,€} \cdot 100 = 3\%$$

Wird im nächsten Monat Bier im Wert von 10.000 € eingekauft, sollten Wagniskosten in Höhe von 10.000 € · 3 % = 300 € angesetzt werden.

Fehlen entsprechende Daten, kann auf Erfahrungswerte anderer Betriebe oder entsprechende Statistiken zurückgegriffen werden. Im Fall von Risiken, für die eine Versicherung abgeschlossen werden könnte (wie Forderungsausfälle oder Brände), kann die Versicherungsprämie als Richtwert herangezogen werden. Hat das Unternehmen solche Risiken versichert, sind keine Wagniskosten anzusetzen. Vielmehr werden dann die gezahlten Versicherungsprämien als aufwandsgleiche Versicherungskosten erfasst.

Wagniskosten stellen je nachdem, ob ihnen in der betrachteten Periode ein Aufwand in anderer Höhe gegenübersteht oder nicht, Anderskosten oder Zusatzkosten dar. Die mit ihnen in einem sachlichen Zusammenhang stehenden Versicherungskosten sind Grundkosten.

2.3 Erlösartenrechnung

In Analogie zu den Kosten können auch Erlöse nach verschiedenen Kriterien gegliedert werden. In Tabelle 2.2 sind mögliche **Gliederungskriterien** mit den jeweiligen Ausprägungen und einigen Beispielen zusammengestellt.

Sie sehen, dass die Aufgliederung von Erlösarten weitgehend analog zur Einteilung von Kostenarten vorgenommen wird. Auch hier kann die Gliederung nach der Art des Gutes als ein grundlegendes Prinzip der Gliederung angesehen werden. Welche weitere Art der Gliederung vorgenommen wird, ist wiederum abhängig vom verfolgten Rechnungsziel. Auf die Gliederung nach Erlösstellen werden wir im nächsten Kapitel zurückkommen: Sie ist für eine bereichsbezogene Erfolgsermittlung notwendig.

Im Hinblick auf die **Erlöserfassung** sind – wie bei der Kostenerfassung – eine Ermittlung der Leistungsmengen und eine Bewertung dieser Mengen

Tabelle 2.2. Mögliche Gliederungen von Erlösarten

Gliederungskriterium	Ausprägungen und Beispiele
Art des Gutes	Erlöse aus dem Verkauf von Produkten, aus Vermietung, aus Beratungstätigkeiten, aus Kundendienstleistungen usw.
Bezugsgröße	Erlös pro Stück, pro Vertrag, pro Monat usw.
Zurechenbarkeit	Gemein- und Einzelerlöse (vgl. Abschnitt 1.6)
Abhängigkeit von der Absatzmenge	Fixe und variable Erlöse (vgl. Abschnitt 1.6)
Erlösbereiche bzw. -stellen	Profit-Center, Kundengruppen, Produktgruppen usw.
Erlösträger	Produkt A, B, C, z.B. Seife, Shampoo, Körperlotion Hauptprodukte versus Nebenprodukte, in einem Hotel z.B. Erlöse aus Beherbergung und Verpflegung versus Erlöse aus dem Verkauf von Tageszeitungen und Souvenirs
Art der Erfassung	Grund-, Anders- und Zusatzerlöse (vgl. Abschnitt 1.3)

erforderlich. Im Unterschied zur Kostenartenrechnung erfolgt die Erlöserfassung, insbesondere im Hinblick auf Umsatzerlöse, allerdings um einiges enger an die Prinzipien des externen Rechnungswesens angelehnt. So haben Anders- und Zusatzerlöse sehr viel weniger Praxisrelevanz als ihre Gegenstücke in der Kostenrechnung. Darum sei hier nur kurz auf Ansätze der Erlöserfassung eingegangen.

Für **innerbetriebliche Leistungen** sind keine Preise verfügbar. Ihre Bewertung erfolgt auf der Grundlage der Kosten, die sie verursacht haben. Zu innerbetrieblichen Leistungen zählen insbesondere solche Leistungen, die eine Kostenstelle an andere Kostenstellen abgibt, wie Reparaturleistungen, Kantinenessen oder Kinderbetreuung. Ihr Verbrauch durch andere Kostenstellen verursacht dort sekundäre Kosten, deren Bewertung und Verrechnung im Rahmen der Betriebsabrechnung erfolgt. Diese lernen Sie im Kapitel 3 kennen. Auch vorproduzierte und gelagerte Fertig- oder Zwischenprodukte gehören dazu. Für deren Bewertung ist eine Kostenkalkulation notwendig, die im Rahmen von Kapitel 5 näher beleuchtet wird.

Zur Erfassung von **Verkaufsleistungen** stehen in der Finanzbuchhaltung Daten zur Verfügung. Maßgeblich dafür sind die für Produkte oder Dienstleistungen erzielten (Netto-)Preise beziehungsweise Umsatzerlöse. Zu erfassen beziehungsweise in Abzug zu bringen sind hierbei auch Erlösschmälerungen, wie sie durch Skonti und Rabatte (vgl. dazu Abschnitt 5.5), Preisnachlässe (Boni), die die Kundenbindung stärken sollen, oder Gewährleistungen entstehen.

Insgesamt gilt es, ebenso wie im Rahmen der Kostenerfassung, Erlöse periodengerecht aufzubereiten und ihre Aufgliederung je nach Zweck der weiterführenden Rechnungen vorzunehmen.

Typischerweise wird der Kostenseite in der Kosten- und Erlösrechnung generell ein größeres Gewicht beigemessen und sie wird sehr viel differenzierter betrachtet. Diese Schieflage können Sie auch unseren Ausführungen entnehmen, und zwar bereits in diesem Abschnitt zur Erlösartenrechnung. Der Grund ist, dass eine eingehende Betrachtung von speziellen Problemen der Erlös- und Leistungsrechnung den Rahmen einer Einführung in die Thematik sprengen würde. Dazu gehört zum Beispiel die Analyse von Gemeinerlösen und ihrem Bezug zu Einzel- und Gemeinkosten oder die Bewertung von nicht-monetären Leistungen, wie sie die Universität oder eine gemeinnützige Organisation wie Greenpeace erbringen. Eine knappe Einführung in die besondere Problematik der Erlös- und Leistungsrechnung finden Sie unter anderem bei Weber (2004, S. 226 ff.).

Kernsätze zu Kapitel 2

- Die Kostenartenrechnung erfüllt sowohl eine Informationsfunktion für interne und externe Vergleiche als auch eine Zulieferfunktion für weitere Schritte der Kosten- und Erlösrechnung.
- Allerdings können die wertmäßige Erfassung und der generelle Ansatz von der Finanzbuchhaltung verschieden sein. In dem Fall handelt es sich um Anders- oder Zusatzkosten beziehungsweise Anders- oder Zusatzerlöse.
- Der Ansatz kalkulatorischer Kosten soll in vielen Fällen eine bessere innerbetriebliche und zwischenbetriebliche Vergleichbarkeit gewährleisten. Darum wird der Grundsatz der Normalisierung angewandt. Das gilt unter anderem für kalkulatorischen Unternehmerlohn und kalkulatorische Miete.

- Zudem erfolgt ihr Ansatz aus Opportunitätsüberlegungen. Über kalkulatorische Miete oder auch kalkulatorische Zinsen wird der entgangene Nutzen erfasst, der durch die Nutzung von eigenen Gebäuden oder Eigenkapital für die Geschäftstätigkeit entsteht.
- Im Rahmen der kalkulatorischen Abschreibungen folgt der Ansatz eines Wiederbeschaffungswertes dem Substanzerhaltungsprinzip. So wird sichergestellt, dass das Unternehmen die Anlagegüter dauerhaft erhalten kann.
- Kalkulatorische Zinsen sollen die Kosten erfassen, die durch die Nutzung des gesamten für die Geschäftstätigkeit genutzten Kapitals entstehen.
- Kalkulatorische Wagnisse sollen die speziellen Risiken, die das Unternehmen eingeht, ausgleichen.

Interview mit Dr. B. Peter Utzig (ESMT)

Bitte geben Sie uns einen kurzen Überblick über die ESMT.

Die ESMT setzt sich aus drei operativen Gesellschaften zusammen, die konsolidiert ungefähr 20 Millionen Euro Umsatz erwirtschaften. Die Geschäftsbereiche umfassen MBA, EMBA und Executive Education-Programme. Weiterhin beschäftigen wir uns in der Competition Analysis mit Wettbewerbsregulierungsfragen und beraten Unternehmen in derartigen Fragestellungen.

Welche Kostenarten sind für eine Business School besonders relevant?

Besonders relevant sind für uns die Personalkosten, da diese die höchste Kostenart darstellen. An zweiter Stelle sind die Materialkosten, bei uns die sogenannten Programm(einzel-)kosten (Teaching fees, Catering, Lehrmaterial, programmgebundene Reisekosten etc.) zu nennen. Kosten für Veranstaltungsräume sind der drittgrößte Kostenblock; diese sind für die ESMT aufgrund ihres sehr repräsentativen Campus von besonderer Bedeutung. Danach folgen IT- und Marketingkosten.

Spielen in Ihrer Kostenrechnung kalkulatorische Kosten eine Rolle?

Ja, kalkulatorische Kosten sind für uns bei den Mietkosten sehr relevant. Hierbei greifen wir einerseits auf Räume zurück, die uns gehören, andererseits mieten wir aber auch Räume dazu. In dem Fall, wenn wir Mieten zahlen, setzen wir natürlich die Mietaufwendungen an. Wenn wir das Gebäude selbst besitzen, arbeiten wir mit kalkulatorischen Mietkosten, die Vergleichsmieten entsprechen. Diese Vorgehensweise ist notwendig, da wir sonst bestimmte Bereiche bevorzugen würden. Daneben gibt es Räume, die derzeit sehr günstig für uns sind, bald aber ersetzt werden müssen und dann vergleichsweise teuer werden. Auch hierbei kann nur durch den Ansatz von kalkulatorischen Mietkosten sichergestellt werden, dass diese Kostenart die operativen Ergebnisse im Periodenvergleich oder im Benchmark mit Wettbewerbern nicht durch Veränderungen zu stark verzerrt.

Setzen Sie kalkulatorische Zinskosten an?

Nein, wir verwenden keine kalkulatorischen Zinskosten, da das gebundene Kapital der ESMT in Form von Grundstücken und Gebäuden von untergeordneter Bedeutung ist und kurzfristig kaum beeinflusst werden kann. Es käme daher durch den Ansatz von kalkulatorischen Zinsen lediglich zu einer Belastung bestimmter Bereiche, ohne dass dies zu einem Informationsgewinn oder verbesserten Steuerungsmöglichkeiten führen würde.

Weiterführende Literatur zu Kapitel 2

- Zu Kostenarten vgl. Rautenberg (2002)
- Zu Leistungs- bzw. Erlösarten vgl. Schweitzer/Küpper (2003) sowie Weißenberger (2002)
- Zu speziellen Problemen der Erlös- und Leistungsrechnung vgl. Weber (2004)
- Zur Erfassung kalkulatorischer Kosten vgl. Franz (1992) sowie Plinke/Rese (2006)
- Zur Bedeutung kalkulatorischer Kosten für die Unternehmenspraxis vgl. Währisch (2000)

3 Kosten- und Erlösstellenrechnungen

In dem Brandenburger Hotel aus Kapitel 2 ist nun bekannt, welche Erlöse erzielt wurden und welche Kosten im Einzelnen entstanden sind: Personalkosten, Energiekosten, Abschreibungskosten und so weiter. Jedoch stellt sich noch immer die Frage, wie diese Erlöse und Kosten einzelnen Bereichen zugerechnet werden können. Wie soll zum Beispiel der aus den Pauschal-Arrangements erzielte Umsatz verteilt werden? Darin sind Erlöse aus Beherbergung sowie aus Speisen und Getränken miteinander verknüpft. Welcher Anteil der Pauschalarrangements soll den einzelnen Erlösbereichen zugerechnet werden? Und wie hoch sind die Kosten einzelner Bereiche? Mit welchen Preisen die Kosten für Lebensmittel und Getränke zu bewerten sind, ist anhand der Daten aus der Buchhaltung leicht zu erfassen. Allerdings entstehen diese Kosten zum Teil durch die Bewirtung der Restaurantgäste und zum Teil durch den Veranstaltungsbereich. Wie können die Kosten darauf verteilt werden? Und wie werden innerbetriebliche Leistungen bewertet? Welche Kosten entfallen beispielsweise auf die Reinigung von Hotelzimmern und anderen Räumen des Hotels?

Durch die Gliederung von Kosten und Erlösen im Rahmen der Kosten- und Erlösartenrechnung wurden für solche Fragen vorbereitende Schritte unternommen. Die Beantwortung der Fragen erfolgt jedoch erst im Rahmen der auf Kosten- und Erlösstellen bezogenen Bereichsrechnungen, um die es im Folgenden geht.

3.1 Aufgaben und Ziele der Stellenrechnungen

Im Einzelnen werden in diesem Kapitel die Kostenstellenrechnung, die Bereichserfolgsrechnung und die Plankostenstellenrechnung vorgestellt.

Zunächst zur „grundlegenden" Bereichsrechnung, der **Kostenstellenrechnung:** Ähnlich wie bei der Kostenartenrechnung geht es erneut um eine Bestandsaufnahme. Kosten werden erfasst, dokumentiert und weiterführend gegliedert. Dabei geht es insbesondere um die Kosten, die in der Kostenartenrechnung als Produkt- beziehungsweise Kostenträgergemeinkosten identifiziert wurden. Im Unterschied zur Kostenartenrechnung ist

O. Plötner et al., *Kosten- und Erlösrechnung*, Springer-Lehrbuch, 2nd ed.,
DOI 10.1007/978-3-642-11920-0_3, © Springer-Verlag Berlin Heidelberg 2010

die zentrale Frage: Wo (in welchen betrieblichen Teilbereichen) sind diese Kosten in welcher Höhe entstanden?

Ebenso im Unterschied zur Kostenartenrechnung geht es im Hinblick auf die Kostenerfassung und Dokumentation nicht mehr nur um primäre, sondern auch um sekundäre Kosten. Im Rahmen der Kostenstellenrechnung werden nämlich die innerbetrieblichen Leistungen bewertet, die ein Teilbereich des Betriebs an andere abgibt. Bezogen auf die weiterführende Gliederung geht es um die Verrechnung der Produktgemeinkosten: Diese Kosten werden zum einen auf einzelne Teilbereiche aufgeteilt, zum anderen auf strategisch wichtige Betriebsbereiche umgelegt, die ihre Leistungen an den Markt abgeben.

Mit ihrer spezifischen Aufgabe der Kostenverrechnung übernimmt die Kostenstellenrechnung (ähnlich wie die Kostenartenrechnung) zwei wichtige Funktionen, nämlich eine Informations- und eine Zulieferfunktion.

Zur **Informationsfunktion** der Kostenstellenrechnung: Zunächst wird für die jeweils betrachtete Periode (meist ein Monat) ermittelt, wie viele Produktgemeinkosten in einzelnen Teilbereichen angefallen sind. Werden die ihnen zurechenbaren Einzelkosten hinzugenommen, lassen sich vergleichende Analysen der Bereichsgemeinkosten durchführen. Durch einen Zeitvergleich können wiederum Kostentrends, diesmal in betrieblichen Teilbereichen, erkannt werden. Gleichermaßen können Kostenkontrollen durchgeführt werden, indem die Einhaltung der Soll-Vorgaben geprüft wird.

Zur **Zulieferfunktion** der Kostenstellenrechnung: Die Kostenstellenrechnung ist unter anderem notwendig, um eine Bereichserfolgsrechnung durchzuführen. Dazu werden die im jeweiligen betrieblichen Teilbereich erbrachten Leistungen beziehungsweise die erzielten Erlöse den dafür angefallenen Kosten gegenüber gestellt (vgl. Abschnitt 3.4). Darüber hinaus leistet sie für weitere sich anschließende Schritte Vorarbeit, speziell für die Kalkulation im Rahmen der Produktrechnung (vgl. Kapitel 5). Die Einzelkosten, die einem Produkt oder Auftrag direkt zugerechnet werden können, sind leicht zu ermitteln – beispielsweise aus entsprechenden Aufzeichnungen der Kostenartenrechnung. Gemeinkosten müssen dagegen zunächst noch zurechenbar gemacht werden. Diese Aufgabe übernimmt die Kostenstellenrechnung.

Eine weitere Art der Bereichsrechnung stellen wir im letzten Abschnitt dieses Kapitels vor. Dabei handelt es sich um die **Plankostenstellenrechnung**. Sie ergänzt die oben angesprochene Kostenkontrolle. Auf der Grundlage einer reinen Kostenstellenrechnung ist es nämlich kaum möglich, Ursachen möglicher Soll-Ist-Differenzen zu bestimmen. Das vermag jedoch die Plankostenstellenrechnung. Ihr Ziel ist also eine genauere Wirtschaftlichkeitskontrolle. Für einzelne Kostenstellen werden dabei mithilfe von Plandaten Soll-Ist-Vergleiche angestellt. Als Ergänzung zur zentralen Frage der Kostenstellenrechnung wird in der Plankostenstellenrechnung daher gefragt: Warum weichen die tatsächlich angefallenen Kosten von den geplanten Kosten ab?

Abbildung 3.1 gibt einen Überblick über die in diesem Kapitel dargestellten Bereichsrechnungen, ihre Verzahnung untereinander und mit anderen Schritten der Kosten- und Erlösrechnung.

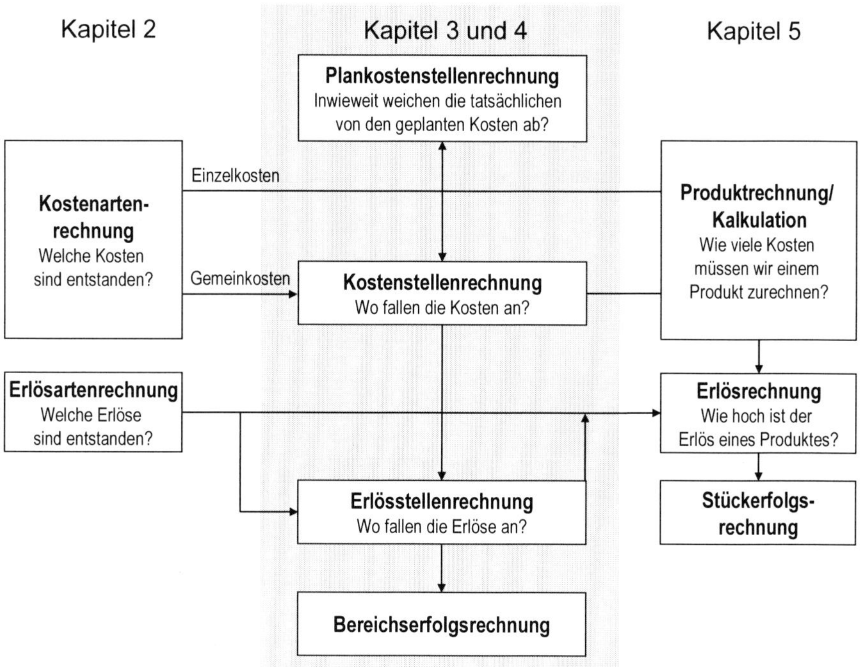

Abb. 3.1. Überblick über wesentliche Zusammenhänge der Kosten- und Erlösrechnung (in Anlehnung an Nadig 2000, S. 28)

3.2 Die Bestimmung von Bereichen: Kosten- und Erlösstellen

Auszug aus dem Prüfbericht eines staatlichen Krankenhauses

„... Der Kostenstellenplan des SKH (ein staatliches Krankenhaus) war durch die Bildung zu vieler Kostenstellen, z.B. allein 58 Vorkostenstellen

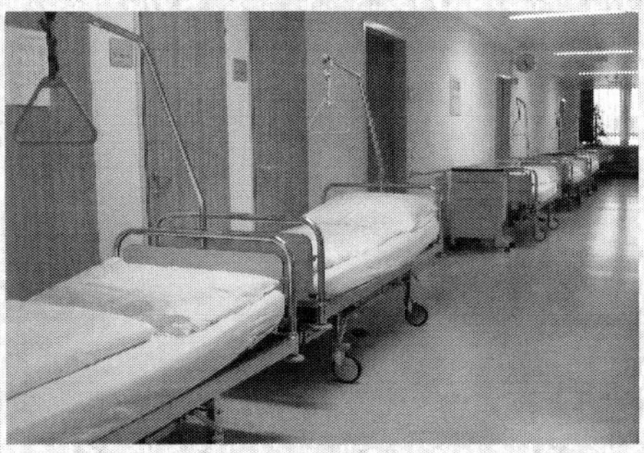

Abb. 3.2. Welche Kosten- und Erlösstellen hat ein Krankenhaus? [er]

bei der Kostenstellengruppe 90, unübersichtlich. Dabei waren die zahlreichen Kostenstellen häufig nicht eindeutig voneinander abgrenzbar. Eine konsequente und verursachungsgerechte Zuordnung von Kosten und Erlösen war dadurch z.T. nicht erfolgt. So wurden Erträge auf Hilfskostenstellen gebucht.

Aussagefähige Leistungsstatistiken fehlten in allen Bereichen des SKH, u.a. Raumverzeichnis, Laborstatistik, Wäschestatistik, Erfassung der Leistungen in den Ambulanzen. Damit war auch die Erarbeitung von Verteilerschlüsseln für eine sachgerechte Zuordnung der Kosten zu Erlösen nur eingeschränkt möglich.

Die vom Controlling erstellten Unterlagen und Auswertungen genügten insgesamt nicht der Anforderung, für die Krankenhausleitung ein wichtiges Führungsinstrument zur Steuerung des Betriebsergebnisses zu sein ..." (SRH 2000, S. 197).

Die Beurteilung der Kosten- und Erlösrechnung in diesem Prüfbericht ist eindeutig. Die Krankenhausleitung täte wohl gut daran, darauf ein wenig mehr Mühe zu verwenden. Insbesondere lassen die angesprochenen Defizite erkennen, wie wichtig es ist, Kosten- und Erlösstellen genau zu bestimmen und zwar nicht nur im Hinblick auf operative Ziele (wie die Durchführung der Betriebsabrechnung), sondern auch im Hinblick auf die strategischen Ziele der Organisationssteuerung.

In unseren Ausführungen ist in der Regel von (privatwirtschaftlichen) Unternehmen die Rede. Die Erfordernisse und Grundprinzipien der Kosten- und Erlösrechnung betreffen jedoch ebenso öffentliche Einrichtungen, seien es Universitäten, Stadtverwaltungen oder wie hier ein staatliches Krankenhaus.

Wie nun lassen sich Kosten- und Erlösstellen bestimmen? Und was unterscheidet Vorkostenstellen von anderen? Darum geht es in diesem Abschnitt.

Zunächst zur ersten Frage: Unter Kosten- und Erlösstellen werden, grob gesagt, überschaubare betriebliche Bereiche verstanden, in denen ähnliche oder zusammenhängende Tätigkeiten ausgeführt werden beziehungsweise in denen ähnliche Produkte erstellt oder Leistungen erbracht werden.

Als **Kostenstelle** gelten dabei Bereiche, in denen Kosten entstehen und denen zum Teil auch Kosten anderer Bereiche zugerechnet werden können. Diese können nach unterschiedlichen Kriterien voneinander abgegrenzt werden. Zu den wichtigsten gehören erstens funktionale Gesichtspunkte und zweitens Kostenverantwortlichkeit.

1. Nach **funktionalen Gesichtspunkten** werden gleiche Arbeitsgänge zusammengefasst, die teils auch am gleichen Ort ausgeführt werden (wie Fertigung, Verwaltung, Vertrieb).
2. Nach der **Kostenverantwortlichkeit** werden Zuständigkeitsbereiche eines Kostenstellenleiters zusammengefasst. Je nach Größe und Struktur der Organisation können solche Bereiche Arbeitsgruppen, Abteilungen bis zu Teilbetrieben umfassen (wie Arbeitsgruppen in der Fertigung, Institut einer Universität, Studio eines Fitnessunternehmens).

Die Abgrenzungen einzelner Kostenstellen können also sehr weit gefasst sein, sie können aber auch sehr feine Unterteilungen treffen bis hin zu einzelnen Arbeitsplätzen, wie zum Beispiel eine Maschine in der Fertigung. Je feiner die Unterteilung ist, desto mehr Transparenz und Genauigkeit erhofft man sich von der Kostenverrechnung. Allerdings steigen mit zunehmender Untergliederung auch die Kosten der Kostenrechnung und es kann zu unerwünschten Nebeneffekten kommen, wie das oben zitierte Beispiel zeigt. Welche Schneidung von Kostenstellen zweckdienlich ist, kann letztlich nur unternehmensspezifisch beantwortet werden. Um eine wirksame Kostenkontrolle durchführen zu können, sollte jedoch immer das Kriterium der Verantwortlichkeit beachtet werden.

Neben solchen grundlegenden Abgrenzungen einzelner Kostenstellen werden diese zusätzlich für Zwecke der Betriebsabrechnung und der Erfolgsermittlung systematisiert. Im Hinblick auf abrechnungstechnische Gesichtspunkte unterscheidet man dabei End- und Vorkostenstellen. Die auf **Endkostenstellen** (wie Fertigungsstellen eines Industriebetriebs oder die Kreditberatung der Sparkasse) erbrachten Leistungen sind von unmittelbarer Bedeutung für die Produkte des Unternehmens. Ihre Kosten werden nicht mehr auf andere Kostenstellen, sondern auf Produkte weiterverrechnet. Die Leistungen von **Vorkostenstellen** (wie Kantine oder Reparaturstelle) sind dagegen für die verkauften Produkte nur von mittelbarer Bedeutung; vielmehr werden sie innerbetrieblich genutzt. Entsprechend werden die Kosten zunächst nur auf andere Kostenstellen verrechnet.

Abb. 3.3. Eine Mitarbeiterkantine erbringt innerbetriebliche Leistungen [es]

Grundsätzlich kann jede Kostenstelle, die keine reine Verrechnungsstelle darstellt, auch als **Leistungs-** beziehungsweise **Erlösstelle** angesehen werden. Denn auch in Kostenstellen wie Reparatur, Kantine oder Verwaltung werden Leistungen erbracht. Allerdings sind solche innerbetrieblichen Leistungen von Produkten oder Dienstleistungen zu unterscheiden, die nach außen abgegeben oder für die Umsatzerlöse erzielt werden.

Mit Blick auf marktfähige Leistungen werden Erlösstellen zum Teil nach anderen Kriterien als Kostenstellen abgegrenzt oder es werden mehrere Kostenstellen zu einer Erlösstelle beziehungsweise einem Profit-Center zusammengefasst. Mögliche Gliederungskriterien umfassen Produktarten oder -gruppen, Absatzgebiete, Filialen, Werke oder Kundengruppen. Ein wichtiges Kriterium ist – wie bei der Abgrenzung von Kostenstellen – das der Verantwortlichkeit. Denn ein Ziel der Definition von Erlösstellen beziehungsweise Profit-Centern ist das der Bereichserfolgskontrolle, und diese kann nur dann wirksam durchgeführt werden, wenn Verantwortlichkeiten klar zugeteilt sind.

Profit-Center sind also Stellen, die neben einer Kostenverantwortung auch Verantwortung für Erlöse tragen. Je nach der unternehmensspezifischen Aufgliederung von Kosten- und Erlösstellen kann eine Erlösstelle mehrere Kostenstellen umfassen. Beispiele sind die organisatorisch nach Produktsparten gegliederten Unternehmen im Anlagen- und Maschinenbau. Erlös- und Kostenstellen können aber auch zusammenfallen. So können in einem Hotel die Umsatzbereiche Beherbergung sowie Speisen und Getränke als Profit-Center und zugleich Endkostenstellen definiert werden.

3.3 Der Ablauf der Kostenstellenrechnung: Die Betriebsabrechnung

3.3.1 Funktion und Aufbau des Betriebsabrechnungsbogens

Die Kostenstellenrechnung soll Kosten nach ihrer Entstehung auf die verschiedenen betrieblichen Teilbereiche zurechnen und zwischen ihnen verrechnen. Diese Zu- und Verrechnung von Kosten wird als Betriebsabrech-

BAB Monat _________							
Kostenstellen	Vorkostenstellen			Endkostenstellen			Summen
Kostenarten	Strom	Wasser	Reparatur	Material	Fertigung	Verwal-tung und Vertrieb	
primäre Kostenarten: Arbeitskosten							
Heizkosten							
Abschreibungskosten							
Kapitalkosten							
Mietkosten							
Wagniskosten							
...							
Summe der primären Gemeinkosten							
Leistungsverrechnung (sekundäre Kosten): Umlage Strom							
Umlage Wasser							
Umlage Reparatur							
Summe der primären und sekundären Gemeinkosten							

Abb. 3.4. Aufbau eines Betriebsabrechnungsbogens

nung bezeichnet und erfolgt mithilfe des Betriebsabrechnungsbogens (BAB). In Abbildung 3.4 sehen Sie das tabellarische Grundgerüst eines BABs: In den Spalten sind die einzelnen Vorkostenstellen gefolgt von Endkostenstellen aufgeführt, in den Zeilen die verschiedenen Gemeinkostenarten.

Wie Sie der Abbildung entnehmen können, besteht ein BAB aus zwei Hauptteilen, in denen die beiden wesentlichen Schritte der Betriebsabrechnung erfolgen:

1. Im oberen Teil erfolgt die Zurechnung der primären Produktgemeinkosten auf die einzelnen Kostenstellen und
2. im unteren Teil die innerbetriebliche Leistungsverrechnung, bei der die Kosten der Vorkostenstellen auf die Endkostenstellen verrechnet werden.

Im BAB werden grundsätzlich nur Produktgemeinkosten verrechnet. Oft werden aber unten noch zusätzliche Zeilen angefügt, in denen zum Beispiel Materialeinzelkosten und Lohneinzelkosten der Fertigungsstellen aufgeführt sind. Dies dient dann weiteren Schritten, die sich an die Betriebsabrechnung anschließen. Dazu gehören die Kalkulation zur Bestimmung der Kosten, die ein Produkt tragen soll (vgl. dazu Kapitel 5), oder die Kostenkontrolle, um die es später in diesem Kapitel noch gehen wird.

Es mag veraltet wirken, dass wir hier die „Papier- und Bleistiftvariante" der Betriebsabrechnung erläutern. Schließlich erfolgen solche Abrechnungen in der Regel IT-gestützt. Aber auch die für die Betriebsabrechnung genutzte Software muss zunächst betriebsspezifisch angepasst werden. Es müssen beispielsweise Kostenstellen definiert und Formeln zur Zu- und Verrechnung von Kosten eingegeben werden. Mit anderen Worten: Es ist unerlässlich, die zugrunde liegende Systematik zu verstehen; und unser Ziel ist es, diese schrittweise zu vermitteln.

3.3.2 Schritt 1: Die Zurechnung der primären Kosten auf Kostenstellen

Im oberen Teil des BABs erfolgt der erste Schritt der Betriebsabrechnung. Hier werden die in der Kostenartenrechnung ermittelten und bereits zu diesem Zweck vorsortierten Produktgemeinkosten auf die einzelnen Kostenstellen verteilt, die zuvor definiert wurden.

Teilweise handelt es sich dabei um **Kostenstelleneinzelkosten**, also Produktgemeinkosten, die den Kostenstellen direkt zugerechnet werden können. Dazu gehören beispielsweise Gehälter für die Beschäftigten dieser Kostenstelle, kalkulatorische Abschreibungen und Zinsen für Maschinen oder Fahrzeuge, die in einer Kostenstelle genutzt werden.

Kostenstellengemeinkosten hingegen können oder sollen nur indirekt zugerechnet werden. Im ersten Fall handelt es sich um echte Gemeinkosten, im zweiten um unechte (vgl. dazu Abschnitt 1.6). Für sie werden zweckmäßige Schlüsselgrößen benötigt, die diese Kosten möglichst plausibel zurechnen lassen. Tabelle 3.1 zeigt einige Beispiele für mögliche Schlüsselgrößen.

Die Heizkosten betrugen im Monat Dezember 50.000 €. Es gibt keine Verbrauchszähler, die diese Kosten direkt auf Kostenstellen zurechenbar machen würden. Als Schlüsselgröße wird stattdessen die Fläche der jeweiligen Betriebs-

Tabelle 3.1. Beispiele für Schlüsselgrößen zur Verrechnung von Produktgemeinkosten

Kostenart	Mögliche Schlüsselgrößen
Heizkosten	Fläche (m^2) oder Inhalt (m^3) der jeweiligen Betriebsräume (oder direkt laut Verbrauchszähler)
Kosten der betrieblichen Kinderbetreuung	Anzahl der Mitarbeiter oder Anzahl der betreuten Kinder

räume herangezogen. Die gesamte beheizte Betriebsfläche umfasst 4.000 m^2. Einer Abteilung mit 200 m^2 werden dann folgende Kosten zugerechnet:

$$\frac{200\,m^2}{4.000\,m^2} \cdot 50.000\,€ = 2.500\,€$$

Die Entscheidung für eine Schlüsselgröße kann im Einzelfall schwierig und auch brisant sein. Führen Sie sich das Beispiel eines Betriebskindergartens vor Augen. Eine Möglichkeit wäre, die entstehenden Kosten nach der Anzahl der Kinder zu verteilen, die die Betriebsangestellten im Kindergarten betreuen lassen. Mit dieser Schlüsselung würde versucht, die Kosten möglichst passend zur geleisteten Betreuung zu verteilen. Kinderreichen Abteilungen werden dann mehr Kosten zugerechnet als kinderarmen. Ist diese Kostenzurechnung aber auch gerechtfertigt? Immerhin ist die Einrichtung einer betrieblichen Kinderbetreuung eine unternehmenspolitische Entscheidung, die den Mitarbeitern die Vereinbarkeit von Beruf und Familie erleichtern und einen störungsfreien Betriebsablauf gewährleisten soll. Wenn nun aber die Abteilungen, in denen Eltern arbeiten, mehr Kosten zu verantworten haben als andere, könnte dies den Effekt haben, dass Abteilungen keine Personen mit Kindern als Personal haben wollen. Dies würde wiederum der Intention der Unternehmen widersprechen, die einen Betriebskindergarten eingerichtet haben, um für ebendiese Personengruppe ein bevorzugter Arbeitgeber zu sein.

Wenn eine verursachungsgerechte Schlüsselgröße nicht gefunden wird oder, wie im Beispiel des Betriebskindergartens, aus strategischen Gründen darauf verzichtet werden soll, können Kostenstellengemeinkosten alternativ gleichmäßig auf alle Stellen verteilt werden.

3.3.3 Schritt 2: Die innerbetriebliche Leistungsverrechnung

Im zweiten Schritt erfolgt die innerbetriebliche Leistungsverrechnung (ibL), bei der die zuvor ermittelten Produktgemeinkosten der Vorkostenstellen auf die Endkostenstellen verrechnet werden. Nun werden also sekundäre Kosten für innerbetriebliche Leistungen bewertet und nach Maßgabe der Inanspruchnahme der Leistungen auf andere Kostenstellen verteilt. Je nachdem, welche Vorkostenstellen im Unternehmen definiert wurden, kommen dabei unterschiedliche Arten von innerbetrieblichen Leistungen in Betracht. Für den Verbrauch solcher Leistungen werden (wie im ersten Schritt der Betriebsabrechnung) Maßgrößen zu ihrer Bewertung benötigt. In Tabelle 3.2 sind einige Beispiele für solche Maßgrößen aufgeführt.

Tabelle 3.2. Beispiele für Maßgrößen zur Bewertung sekundärer Kosten

Vorkostenstellen	Mögliche Maßgrößen zur Bewertung sekundärer Kosten
Grundstücke/Gebäude	Fläche der Betriebsräume in Quadratmetern (m^2)
Stromstelle	Stromverbrauch in Kilowattstunden (kWh)
Reparaturstelle	Reparaturleistungen in Stunden (h)
Gebäudereinigung	Fläche der Betriebsräume in Quadratmetern (m^2)
Kantine	Anzahl der Mitarbeiter
Wasseraufbereitung	Wasserverbrauch in Kubikmetern (m^3)

Manche sekundären Kosten werden nach (zumindest relativ) feststehenden Größen wie Raumfläche oder Mitarbeiterzahl bewertet. Für andere werden veränderliche Maßgrößen wie Wasserverbrauch oder Reparaturstunden herangezogen. In diesem Fall ist es nötig zu ermitteln, wie viele Leistungen die einzelnen Kostenstellen in Anspruch genommen haben. Dazu können zum Beispiel Verbrauchszähler oder Stundenzettel genutzt werden. Falls eine genaue Erfassung nicht möglich ist oder zu aufwändig wäre, kann ein anteiliger Verbrauch geschätzt oder eine Gleichverteilung vorgenommen werden. Eine weitere Möglichkeit ist, sekundäre Kosten nach dem Tragfähigkeitsprinzip zu verrechnen: Insbesondere bei der Verrechnung auf betriebliche Teilbereiche, die selbst marktfähige Leistungen produzieren, kann der Umsatz in € als Maßgröße herangezogen werden. Die Kosten werden dann im Verhältnis der jeweiligen Umsätze verrechnet.

Von den verschiedenen **Umlageverfahren**, die man im Rahmen der ibL zur Verrechnung der sekundären Kosten anwendet, werden im Folgenden drei vorgestellt:

1. das Anbauverfahren,
2. das Stufenleiterverfahren und
3. das mathematische Verfahren.

Diese sind nicht allein durch unterschiedliche Rechenverfahren gekennzeichnet, sondern insbesondere auch durch die Art, in der mit Leistungsbeziehungen zwischen den Kostenstellen umgegangen wird.

Nach dem **Anbauverfahren** werden keine Leistungsverflechtungen zwischen Vorkostenstellen berücksichtigt. Die Kosten der Vorkostenstellen werden direkt auf die Endkostenstellen verrechnet. Der Verrechnungssatz errechnet sich dabei wie folgt:

$$\frac{\text{Verrechnungssatz}}{\text{pro Leistungseinheit}} = \frac{\text{Primäre Gemeinkosten der Vorkostenstelle}}{\text{an Endkostenstellen abgegebene Leistungseinheiten}}$$

Existieren Leistungsverflechtungen zwischen den Vorkostenstellen, kommt es bei Anwendung des Anbauverfahrens zu Verzerrungen. Daher ist es dann geeignet, wenn tatsächlich keine Leistungsbeziehungen zwischen Vorkostenstellen bestehen oder sie nur sehr gering sind.

Im betrachteten Betrieb wurden vier Kostenstellen definiert, darunter zwei Vorkostenstellen (V1 und V2) sowie zwei Endkostenstellen (A und B). Zur Betriebsabrechnung wurden die Leistungsbeziehungen zwischen den Kostenstellen aufgezeichnet. Tabelle 3.3 zeigt, wie viele Leistungseinheiten (LE) die Vorkostenstellen jeweils an die anderen Kostenstellen abgeben.

Nach dem Anbauverfahren können die Leistungsverflechtungen zwischen V1 und V2 nicht berücksichtigt werden. Die Grundlage zur Bestimmung der Ver-

Tabelle 3.3. Leistungsverflechtungen zwischen Kostenstellen

Leistungsabgaben	an V1	an V2	an Endkostenstelle A	an Endkostenstelle B
von V1	-	20 LE	20 LE	60 LE
von V2	50 LE	-	400 LE	200 LE

rechnungssätze sind also nur die an die beiden Endkostenstellen abgegebenen Leistungseinheiten.

Für die Leistungen der Vorkostenstelle 1 ergibt sich somit der folgende Verrechnungssatz:

$$k_1 = \frac{3.600\,€}{80\,LE} = 45\,€ / LE$$

Für die Leistungen der Vorkostenstelle 2 ergibt sich der folgende Verrechnungssatz:

$$k_2 = \frac{2.400\,€}{600\,LE} = 4\,€ / LE$$

Mit diesen Verrechnungssätzen wird die innerbetriebliche Leistungsverrechnung im BAB wie folgt vorgenommen (vgl. Abb. 3.5).

	Vorkostenstellen		Endkostenstellen		Summe
	1	2	A	B	
Summe der primären Gemeinkosten	3.600,00 €	2.400,00 €	11.000,00 €	6.500,00 €	23.500,00 €
Umlage V1			(20 LE · 45 €/LE) 900,00 €	(60 LE · 45 €/LE) 2.700,00 €	3.600,00 €
Umlage V2			(400 LE · 4 €/LE) 1.600,00 €	(200 LE · 4 €/LE) 800,00 €	2.400,00 €
Summe der primären und sekundären Gemeinkosten	0 €	0 €	13.500,00 €	10.000,00 €	23.500,00 €

Abb. 3.5. Betriebsabrechnung nach dem Anbauverfahren

Ein grundlegendes Prinzip des BAB ist, dass die „Summe der primären Gemeinkosten“ gleich der „Summe der primären und sekundären Gemeinkosten“ bleiben muss. Schließlich werden bei der innerbetrieblichen Leistungsverrechnung Kosten weder vermindert noch erhöht, sondern nur neu verteilt. Das heißt auch, dass Sie Ihre Rechnung anhand dieser Summen kontrollieren können. Die Ergebnisse müssen in jedem Fall übereinstimmen. Die Zeilensummen der Umlagen werden nicht hinzu addiert (darum die doppelten Striche in Abb. 3.5). Diese Summen dienen ebenso der Kontrolle. In den Umlagezeilen müssen sich als Summen nämlich wieder die Kosten der Vorkostenstellen ergeben, die verrechnet werden sollten (wie in Abb. 3.5 für die Umlage V2 grau hervorgehoben).

Nach dem **Stufenleiterverfahren** können Leistungsbeziehungen zwischen Vorkostenstellen berücksichtigt werden. Allerdings ist das nur in eine Richtung möglich. Diese Richtung wird durch die Anordnung der Kostenstellen im BAB bestimmt. Das heißt, bei der ibL können nur solche Leistungen berücksichtigt werden, die Vorkostenstellen an im BAB nachgelagerte Kostenstellen abgeben. Gegenseitige Leistungsverflechtungen zwischen Vorkostenstellen bleiben also auch bei diesem Verfahren außer Betracht oder führen zu Verzerrungen. Daher muss bei Anwendung des Stufenleiterverfahrens zuvor über die Reihenfolge der Kostenstellen im BAB entschieden werden. Der Verrechnungssatz errechnet sich dann schrittweise wie folgt:

$$\begin{array}{c}\text{Verrechnungssatz}\\ \text{pro Leistungseinheit}\end{array} = \frac{\begin{array}{c}\text{Primäre Gemeinkosten}\\ \text{der Vorkostenstelle}\end{array} + \begin{array}{c}\text{Kosten für von vorgelagerten}\\ \text{Kostenstellen erhaltene}\\ \text{Leistungseinheiten}\end{array}}{\begin{array}{c}\text{an nachgelagerte Kostenstellen}\\ \text{abgegebene Leistungseinheiten}\end{array}}$$

Erst wenn die Leistungsverrechnung für eine Vorkostenstelle durchgeführt ist, kann der nächste Verrechnungssatz bestimmt werden.

Folglich ist das Stufenleiterverfahren nur dann geeignet, wenn ein Leistungsfluss tatsächlich in nur eine Richtung stattfindet oder wenn andere Leistungsabgaben so gering sind, dass sie vernachlässigt werden können.

Für die Betriebsabrechnung wurden erneut die in Tabelle 3.3 wiedergegebenen Leistungsbeziehungen aufgezeichnet.

Bei Anwendung des Stufenleiterverfahrens kann, anders als bei dem Anbauverfahren, die Leistungsabgabe von V1 an V2 berücksichtigt werden. Die Abgabe der Leistungen von V2 an V1 bleibt jedoch weiterhin (aufgrund der Anordnung dieser Kostenstellen im BAB) außer Betracht.

Für die Leistungsabgaben der Vorkostenstelle 1 errechnet sich ein Verrechnungssatz von

$$k_1 = \frac{3.600\,€}{100\,\text{LE}} = 36\,€\,/\,\text{LE}$$

Mit diesem Verrechnungssatz werden die Leistungen der Vorkostenstelle 1 zunächst im BAB auf die weiteren Kostenstellen verrechnet (vgl. Abb. 3.6, Umlage V1).

Erst nach dieser Umlage kann der Verrechnungssatz für die Leistungen der Vorkostenstelle 2 errechnet werden, und zwar wie folgt:

$$k_2 = \frac{2.400\,€ + 720\,€}{600\,\text{LE}} = 5{,}20\,€\,/\,\text{LE}$$

Mit diesem Verrechnungssatz werden die Leistungen der Vorkostenstelle 2 an die Endkostenstellen weiter verrechnet (vgl. Abb. 3.6, Umlage V2).

	Vorkostenstellen		Endkostenstellen		Summe
	1	2	A	B	
Summe der primären Gemeinkosten	3.600,00 €	2.400,00 €	11.000,00 €	6.500,00 €	23.500,00 €
Umlage V1		(20 LE · 36 €/LE) 720,00 €	(20 LE · 36 €/LE) 720,00 €	(60 LE · 36 €/LE) 2.160,00 €	3.600,00 €
Umlage V2			(400 LE · 5,20 €/LE) 2.080,00 €	(200 LE · 5,20 €/LE) 1.040,00 €	3.120,00 €
Summe der primären und sekundären Gemeinkosten	0 €	0 €	13.800,00 €	9.700,00 €	23.500,00 €

Abb. 3.6. Betriebsabrechnung nach dem Stufenleiterverfahren

Auch hier können Sie die Rechnung, wie oben erläutert, kontrollieren. Im Unterschied zum Anbauverfahren müssen Sie beachten, dass auf die Vorkostenstelle 2 sekundäre Kosten zugerechnet werden (720 €), die zusammen mit den primären Gemeinkosten verrechnet werden. So ergibt sich eine gesamte Umlage von 3.120 €, abzulesen und zu kontrollieren in der entsprechenden Umlagezeile.

Das **mathematische Verfahren** vermag als Einziges auch gegenseitige Leistungsverflechtungen zwischen Vorkostenstellen zu berücksichtigen. Dazu wird ein Gleichungssystem aufgestellt. Pro Vorkostenstelle wird eine Gleichung gebildet, die ihre Leistungsbeziehungen zu den anderen Kostenstellen berücksichtigt. Da jede Vorkostenstelle sämtliche Leistungen, die sie erhält, auch wieder abgibt, kann folgende Gleichung aufgestellt werden:

Input = Output

Die Bewertung des Inputs, das heißt der erhaltenen und verbrauchten Leistungen, erfolgt über die primären Gemeinkosten sowie die sekundären Gemeinkosten für die von anderen Kostenstellen erhaltenen Leistungen. Output sind die sekundären Gemeinkosten, die daraus entstehen, dass diese Vorkostenstelle Leistungen an andere Kostenstellen abgibt. Danach kann die obige Gleichung wie folgt präzisiert werden:

Primäre Gemeinkosten dieser Kostenstelle	+	Sekundäre Kosten für von anderen Kostenstellen erhaltene Leistungen	=	Sekundäre Kosten für an andere Kostenstellen abgegebene Leistungen
(Höhe in € aus BAB zu entnehmen)		(jeweils: Menge an erhaltenen LE · Verrechnungssatz in € pro LE)		(Menge an abgegebenen LE · Verrechnungssatz in € pro LE)

Für jede Vorkostenstelle wird eine solche Gleichung aufgestellt. Bekannte Größen sind dabei die primären Gemeinkosten; sie sind im oberen Teil des BABs erfasst. Auch die Mengen der von anderen Kostenstellen erhaltenen und die Menge der von der betrachteten Kostenstelle abgegebenen Leistungseinheiten sind bekannt. Sie können den Aufzeichnungen zu den Leistungsbeziehungen zwischen den Kostenstellen entnommen werden. Unbekannt sind die Verrechnungssätze, mit denen diese Leistungen bewertet werden. Für sie werden Variablen (wie k_r für den Verrechnungssatz der Reparaturstelle) eingesetzt.

Wenn nach Auflösen der Gleichungen alle Verrechnungssätze bestimmt sind, wird mit ihnen die innerbetriebliche Leistungsverrechnung im BAB durchgeführt.

Für die Betriebsabrechnung wurden erneut die in Tabelle 3.3 wiedergegebenen Leistungsbeziehungen aufgezeichnet.

Bei Anwendung des mathematischen Verfahrens können, im Unterschied zu den beiden anderen Verfahren, sämtliche Leistungsabgaben zwischen den Kostenstellen berücksichtigt werden, einschließlich der Leistungsabgabe von V2 an V1.

Aus diesen Angaben und den Summen der primären Gemeinkosten aus dem BAB (vgl. Abb 3.7) lässt sich das folgende Gleichungssystem aufstellen. Die Variablen k_1 und k_2 stehen dabei wieder für die Verrechnungssätze der Vorkostenstellen 1 und 2.

$$\text{V1: } 3.600\,€ + 50\,k_2 - 100\,k_1 = 0$$
$$\text{V2: } 2.400\,€ + 20\,k_1 - 650\,k_2 = 0$$

Durch Umformen der Gleichung für V1 ergibt sich:

$$100\,k_1 = 3.600\,€ + 50\,k_2$$
$$k_1 = 36\,€ + 0{,}5\,k_2$$

Durch Einsetzen von k_1 in die Gleichung für V2 ergibt sich:

$$2.400\,€ + 20 \cdot (36\,€ + 0{,}5\,k_2) - 650\,k_2 = 0$$
$$2.400\,€ + 720\,€ + 10\,k_2 - 650\,k_2 = 0$$
$$640\,k_2 = 3.120\,€$$
$$k_2 = 4{,}875\,€/\text{LE}$$

Durch Einsetzen von k_2 in k_1 ergibt sich:

$$k_1 = 36\,€ + 0{,}5 \cdot 4{,}875\,€ = 38{,}4375\,€/\text{LE}$$

Mit diesen Verrechnungssätzen werden die Umlagen im BAB vorgenommen (vgl. Abb. 3.7), das heißt die Leistungen der Vorkostenstellen 1 und 2 auf die anderen Kostenstellen verrechnet.

	Vorkostenstellen		Endkostenstellen		Summe
	1	2	A	B	
Summe der primären Gemeinkosten	3.600,00 €	2.400,00 €	11.000,00 €	6.500,00 €	23.500,00 €
Umlage V1		(20 LE · 38,4375 €/LE) 768,75 €	(20 LE · 38,4375 €/LE) 768,75 €	(60 LE · 38,4375 €/LE) 2.306,25 €	3.843,75 €
Umlage V2	(50 · 4,875 €/LE) 243,75 €		(400 LE · 4,875 €/LE) 1.950,00 €	(200 LE · 4,875 €/LE) 975,00 €	3.168,75 €
Summe der primären und sekundären Gemeinkosten	0 €	0 €	13.800,00 €	9.700,00 €	23.500,00 €

Abb. 3.7. Betriebsabrechnung nach dem mathematischen Verfahren

Wie Sie sehen, ergeben sich nach dem mathematischen Verfahren erneut veränderte Periodensummen für die Endkostenstellen. Im Vergleich zu den vorherigen Ergebnissen sind sie am genauesten. Denn mit diesem Verfahren werden auch die gegenseitigen Leistungsverflechtungen der Vorkostenstellen berücksichtigt, die beim Anbau- und Stufenleiterverfahren vernachlässigt werden.

Nach den gleichen Prinzipien wie oben können Sie die Rechnung kontrollieren – und gleichzeitig im BAB noch einmal nachvollziehen, wie die Verrechnung nach dem mathematischen Verfahren funktioniert (vgl. Abb. 3.7). Die Kosten, die von der Vorkostenstelle 1 an die anderen Kostenstellen verrechnet werden, entnehmen Sie der Spalte der Vorkostenstelle 1 (3.600,00 € + 243,75 €). Diese Summe muss mit der Zeilensumme der Umlage V1 übereinstimmen. Entsprechendes gilt für die Umlage der Vorkostenstelle 2.

Es muss noch erwähnt werden, dass wir zur Verdeutlichung der Verfahren sehr einfache Beispiele verwendet haben. Üblicherweise hat man es zum einen mit einer größeren Anzahl von Vor- und Endkostenstellen zu tun.

Zum anderen liegen oft komplexere Leistungsbeziehungen vor, und zwar nicht nur zwischen Vorkosten-, sondern allen Kostenstellen. In solchen Fällen können Matrizenrechnungen verwendet werden, um die Verrechnungssätze zu ermitteln.

In der betrieblichen Praxis erfolgt die Betriebsabrechnung in der Regel IT-gestützt. Zumindest bei einer großen Zahl an Kostenstellen und komplexen Leistungsbeziehungen findet dann auch meist das mathematische Gleichungsverfahren Verwendung. Im Hinblick auf seine Genauigkeit ist es anderen Verfahren vorzuziehen. Allerdings, auch wenn dieses Verfahren die erhobenen Daten formal exakt verrechnen kann, sagt das nicht, dass es die Kosten der Kostenstellen genau erfasst. Denn seiner Anwendung liegen die Verrechnungsschlüssel zur Verteilung sowohl der primären als auch der sekundären Gemeinkosten zugrunde. Und diese Schlüsselung der Gemeinkosten wird immer mit Unschärfen oder Willkür behaftet sein. Allerdings liegt das in der „Natur der Dinge"; es ist ein Dilemma, das kein noch so ausgefeiltes Verfahren lösen kann.

3.4 Verknüpfung zur Erlösstellen- und Bereichserfolgsrechnung

Für Stellen, die Kosten und zugleich Erlöse zu verantworten haben, also für Erlösstellen im engeren Sinn beziehungsweise Profit-Center, kann nun auch ein stellenbezogener **Bereichserfolg** (als Gewinn oder Verlust) ermittelt werden. Dieser ergibt sich wie folgt:

Bereichserfolg = Bereichserlöse – Bereichskosten

Zur Bereichserfolgsrechnung werden also Bereichserlöse und Bereichskosten einander gegenübergestellt.

Zur Ermittlung der **Bereichserlöse** ist eine **Erlösstellenrechnung** notwendig, in der die Umsatzerlöse den einzelnen Stellen zugerechnet werden. Auch Erlösschmälerungen (etwa für Skonti oder Rabatte, vgl. Abschnitt 5.5) sind entsprechend zu verteilen. Eine Erlösstellenrechnung ist allerdings wesentlich weniger komplex als die Kostenstellenrechnung. Erlösstellen beziehungsweise Profit-Centern lässt sich ein Großteil der dort erzielten Umsatzerlöse direkt zurechnen, da diese Stellen in erster Linie nach dem Kriterium des Umsatzes voneinander abgegrenzt werden. Allerdings können auch Gemeinerlöse auftreten, wie im Fall der eingangs erwähnten Pauschalarrangements des Brandenburger Hotels. In ihnen sind Erlöse aus Beherbergung, Speisen und Getränken miteinander verknüpft. Auch wenn

Preisnachlässe gewährt werden, können sie mehrere Erlösstellen zugleich betreffen. Solche Gemeinerlöse lassen sich nur selten verursachungsgerecht verteilen, für sie müssen andere Schlüsselungen vorgenommen werden (z.B. Gleichverteilung).

Die **Bereichskosten** umfassen neben der per Betriebsabrechnung ermittelten Summe der primären und sekundären Gemeinkosten meist auch Produkteinzelkosten (für Material, Fertigungslöhne, Vertriebseinzelkosten etc.). Auch die Produkteinzelkosten müssen den entsprechenden Stellen zugeordnet werden. Erlös- und Kostenstellen müssen sich, wie in Abschnitt 3.2 ausgeführt, nicht entsprechen. In solchen Fällen gilt es, die den Erlösstellen entsprechenden Bereichskosten zu aggregieren.

In Bezug auf solche Kosten- beziehungsweise Erlösstellen, in denen lediglich innerbetriebliche Leistungen erbracht werden (wie die Reparaturstelle oder Betriebskantine), kann sich ein Bereichserfolg im Sinne eines (monetären) Gewinns oder Verlusts nicht einstellen: Innerbetriebliche Leistungen werden im Rahmen der Betriebsabrechnung auf der Grundlage der dazu angefallenen Kosten bewertet (sekundäre Kosten). Darum ist für solche Stellen eine separate Erlösermittlung nicht notwendig: Der bei der Betriebsabrechnung ermittelte Verrechnungssatz ergibt, multipliziert mit der Gesamtzahl der abgegebenen Leistungseinheiten, den Erlös einer solchen Stelle. Seine Höhe entspricht den dieser Stelle zugerechneten Kosten. Zuweilen ist es trotzdem sinnvoll, für solche Stellen die innerbetrieblichen Leistungen (z.B. als mengenmäßig oder zeitlich bemessener Output) dem bewerteten Güterverbrauch (als monetär bemessener Input = Kosten) gegenüberzustellen: Das geschieht dann zu Zwecken des Soll-Ist-Vergleichs (vgl. dazu Abschnitt 3.5, Plankostenstellenrechnung) und Zwecken eines Kostenmanagements im Rahmen der Planung und Kontrolle, zum Beispiel bei der Gemeinkostenwertanalyse und dem Zero-Based-Budgeting (vgl. Abschnitte 8.2 und 8.3).

In dem Brandenburger Hotel werden die einzelnen Umsatzbereiche Beherbergung, Restaurant und Veranstaltungen als Profit-Center angesehen und im Rahmen der Betriebsabrechnung als Endkostenstellen behandelt. Für den Monat Juli soll der Erfolg der einzelnen Bereiche ermittelt werden.

In Abbildung 3.8 sind die Bereichskosten des Monats zusammengestellt. Aus dem BAB für den Monat Juli sind die auf einzelne Bereiche zugerechneten Gemeinkosten zu ersehen. Hinzuzurechnen sind die im selben Monat angefallenen Einzelkosten. Dazu gehören in diesem Monat Personaleinzelkosten im Veranstaltungsbereich (Personalkosten für Aushilfskräfte) sowie Materialeinzelkosten (für Lebensmittel und Getränke im Restaurant und im Veranstaltungsbereich).

BAB Monat Juli *Alle Angaben in€*	Vorkostenstellen		Endkostenstellen			Summen
	Verwaltung	Weinkeller	Beherber-gung	Restaurant	Veranstal-tungsbereich	
…						
Summe primärer Gemeinkosten	200.000	29.000	131.000	50.000	90.000	500.000
Umlage Verwaltung		1.000	119.000	50.000	30.000	200.000
Umlage Weinkeller				20.000	10.000	30.000
Summe primärer und sekundärer Gemeinkosten	0	0	250.000	120.000	130.000	500.000
Personaleinzelkosten					5.000	5.000
Materialeinzelkosten				280.000	165.000	445.000
Gesamtkosten			250.000	400.000	300.000	950.000

Abb. 3.8. Bereichskosten eines Hotels

Die Erlöse des gleichen Monats können aus der Finanzbuchhaltung entnommen werden, wo sie entsprechend auf die einzelnen Umsatzbereiche verbucht wurden. Erlösschmälerungen waren nicht zu verzeichnen. Abbildung 3.9 zeigt eine Aufstellung, die über die Verteilung der Erlöse auf die Profit-Center Aufschluss gibt.

Erlöse Monat Juli *Alle Angaben in€*	Beherber-gung	Restaurant	Veranstal-tungsbereich	Hotel Gesamt
Umsatzerlöse gesamt				1.000.000
Einzelerlöse der Profit Center	110.000	370.000	320.000	
Gemeinerlöse aus Pauschalarrangements: 200.000 (davon 70 % Beherbergung, 30 % Restaurant)	140.000	60.000		
Bereichserlöse der Profit Center	250.000	430.000	320.000	1.000.000

Abb. 3.9. Bereichserlöse eines Hotels

Aus diesen Angaben lässt sich der Bereichserfolg der einzelnen Profit-Center ermitteln, indem die Bereichskosten von den Bereichserlösen abgezogen werden (vgl. Abb. 3.10).

Bereichserfolgsermittlung Monat Juli *Alle Angaben in€*	Beherber-gung	Restaurant	Veranstal-tungsbereich	Hotel Gesamt
Bereichserlöse	250.000	430.000	320.000	1.000.000
Bereichskosten	250.000	400.000	300.000	950.000
Bereichserfolg	0	30.000	20.000	50.000

Abb. 3.10. Bereichserfolgsermittlung

Damit haben Sie bereits das Grundprinzip einer **kurzfristigen Erfolgsrechnung** kennen gelernt. Da in diesem Beispiel Erlöse und Kosten des gesamten Unternehmens betrachtet (und auf einzelne Bereiche geschlüsselt) wurden, ließ sich der Betriebserfolg auf einfache Weise ermitteln. Was darüber hinaus bei der Erfolgsermittlung im Rahmen der Betriebsrechnung zu beachten ist, wird in Kapitel 7 erläutert.

3.5 Plankostenstellenrechnung

3.5.1 Aufgaben und Ablauf der Plankostenstellenrechnung

Die Plankostenstellenrechnung hat zum Ziel, die Wirtschaftlichkeit einzelner Kostenstellen zu prüfen. Was das bedeutet und was dafür erforderlich ist, sei an dem folgenden Beispiel veranschaulicht, das auch in den folgenden Schritten wieder aufgegriffen wird.

Ein Speiseeisunternehmen stellt unter anderem ein Himbeer-Joghurt-Eis her und verkauft es in Halbliterbechern an den Großhandel. Anhand eines jährlichen Vergleichs der Gesamtkosten der einzelnen Kostenstellen stellt die Geschäftsleitung fest, dass insbesondere die Kosten der Fertigungsstelle „Abfüllung" im letzten Jahr (2007) starke Schwankungen aufgewiesen haben – und zwar wesentlich stärkere als im Vorjahr (vgl. Abb. 3.11).

Es wird eine Vorstandssitzung einberufen. Dem Kostenstellenleiter wird eine halbe Stunde zur Stellungnahme eingeräumt. Insbesondere der unverhältnismäßig starke Kostenanstieg Ende 2007 beunruhigt die Vorstandsmitglieder. Wurde hier unwirtschaftlich gearbeitet?

Der Kostenstellenleiter kann den Vorstand schnell davon überzeugen, dass ein reiner **Zeitvergleich**, wie ihn Abbildung 3.11 zeigt, nur wenig aussagekräftig ist. Zunächst einmal ist es ja selbstverständlich, dass die Höhe der Kosten zusammen mit der Produktionsmenge schwankt. Schließlich wird wegen der stärkeren Nachfrage nicht nur im Sommer, sondern auch vor Weihnachten mehr

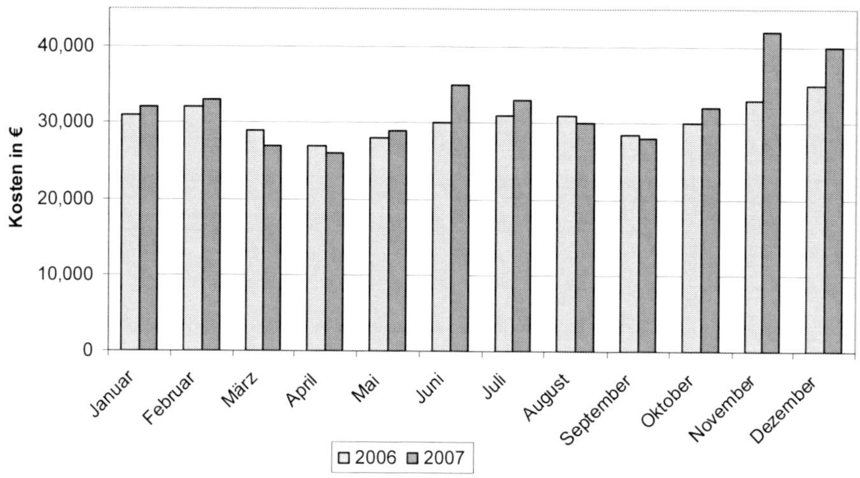

Abb. 3.11. Kostenentwicklung der Kostenstelle „Abfüllung" im Zeitvergleich

Eis produziert als sonst. Dafür fällt ein höherer Wareneinsatz an und es werden zusätzliche Aushilfskräfte beschäftigt. Darüber hinaus gab es im Vergleich zum Vorjahr auch einige nachfragebedingte Produktionsschwankungen. So wurde in den Monaten März und April weniger, im Juni, Juli und den Wintermonaten mehr Eis abgefüllt als im Vorjahr. Den besonders starken Kostenanstieg im November kann der Kostenstellenleiter dadurch erklären, dass in diesem Monat eine Maschine ausfiel. Darum waren die Reparaturkosten außerordentlich hoch. Trotz all dieser Argumente sind die Vorstandsmitglieder nicht zufrieden gestellt. Wurde denn auch wirklich mit allen Einsatzgütern wirtschaftlich umgegangen?

Man ist sich einig, dass ein **Betriebsvergleich** hier ebenso wenig weiterhilft. Dafür könnten beispielsweise Auflistungen der Kostenstrukturen nach Branchen und Unternehmensgrößen, wie Unternehmensverbände sie veröffentlichen, herangezogen werden. Allerdings könnten über einen solchen Vergleich lediglich die typischen nachfragebedingten Schwankungen nachvollzogen werden.

Schließlich wird die neu eingestellte Controllerin um Rat gebeten, die sich schon während der gesamten Diskussion einschalten wollte. Sie weist darauf hin, dass nicht nur die Vergleichbarkeit von Perioden und Betrieben problematisch ist, sondern auch die Vergleichswerte selbst. Schließlich weiß man bei Erfahrungswerten nie genau, ob sie auf einem wirtschaftlichen Umgang mit Einsatzgütern beruhen. Für eine wirksame Wirtschaftlichkeitskontrolle sollten vielmehr im Voraus differenzierte Plandaten erhoben werden, die dann mit den tatsächlich angefallenen Kosten verglichen werden können. Nur ein solcher **Soll-Ist-Vergleich** kann darüber Aufschluss geben, inwiefern die Kostenstelle wirtschaftlich gearbeitet hat.

Das, was die Controllerin in diesem Beispiel vorschlägt, ist die Einführung einer Plankostenstellenrechnung zur Wirtschaftlichkeitskontrolle. Diese läuft in mehreren Schritten ab, die in Abbildung 3.12 im Überblick dargestellt sind. Diese Schritte werden im Folgenden genauer erläutert.

Schritt 1: Kostenplan erstellen
In Abstimmung mit den verantwortlichen Kostenstellenleitern werden Kostenpläne erstellt, in denen die Plankosten der einzelnen Kostenstellen aufgeschlüsselt nach einzelnen Kostenarten festgehalten werden. Es wird ein Plankostenverrechnungssatz ermittelt, mit dem Leistungen an andere Kostenstellen bewertet werden können. Zusätzlich kann dieser auch für Zwecke der Kalkulation genutzt werden.
Schritt 2: Wirtschaftlichkeitsanalyse vorbereiten
Ausgehend von den Plankosten werden Kostenfunktionen ermittelt, die den geplanten Verlauf der Kostenentstehung (Sollkosten) und der Verrechnung auf andere Kostenstellen und Produkte (verrechnete Plankosten) wiedergeben. Zudem werden für die einzelnen Kostenstellen und Kostenarten die tatsächlich angefallenen Kosten (Istkosten) ermittelt.
Schritt 3: Soll-Ist-Vergleich durchführen
Die Istkosten werden mit den Plandaten verglichen, um eine Abweichungsanalyse vorzunehmen. Auf dieser Basis können bezogen auf einzelne Kostenarten Ursachen für Abweichungen von den Plandaten erkannt und die Wirtschaftlichkeit der Kostenstelle beurteilt werden.

Abb. 3.12. Ablauf der Wirtschaftlichkeitskontrolle im Rahmen der Plankostenstellenrechnung

3.5.2 Kostenplan erstellen: Plankosten und Plankostenverrechnungssatz

Zunächst wird für jede Kostenstelle – in Zusammenarbeit mit der Kostenstellenleitung – ein Kostenplan erstellt. Dieser kann sich auf verschiedene Zeiträume beziehen (z.B. eine Woche oder ein Monat). Eine Anpassung der Plangrößen erfolgt üblicherweise einmal jährlich.

Die erste Frage lautet dabei: Wie kann die Leistung dieser Kostenstelle gemessen werden? Es wird also ein Maß für den Output beziehungsweise die Ausbringung der Kostenstelle benötigt, denn das ist die Haupteinflussgröße der Kostenhöhe. Je nach Hauptaktivität der betrachteten Kostenstelle können das beispielsweise produzierte Stückzahlen, beratene Kunden oder gefahrene Kilometer sein. Dieses Leistungsmaß heißt **Bezugsgröße (BG)**.

Was bedeutet das für das Speiseeisunternehmen? In der betrachteten Kostenstelle der Fertigung wird die zuvor produzierte Eismischung in Halbliterbecher abgefüllt. Nach eingehender Beratung über verschiedene mögliche Bezugsgrößen (wie die Laufzeit der Abfüllmaschine) beschließt man, produzierte Stückzahlen als Bezugsgröße heranzuziehen, konkret also die Anzahl der abgefüllten Becher Himbeer-Joghurt-Eis.

Die zweite Frage ist, wie viel die Kostenstelle in dem betrachteten Zeitraum leisten soll. Diese Höhe des Outputs in Leistungseinheiten heißt **Planbezugsgröße (BG^P)**. Zu ihrer Bemessung stehen drei Möglichkeiten zur Verfügung: Erstens eine Kapazitätsplanung, zweitens eine Engpassplanung oder drittens eine Absatzplanung.

Bei einer Kapazitätsplanung wird gefragt, wie viel im betrachteten Zeitraum geleistet werden kann, zum Beispiel wie viel Stück eine Maschine im Monat produzieren kann oder wie viele Beratungsgespräche gewöhnlich geführt werden. Diese ermittelte Kapazität wird als Planbezugsgröße festgesetzt. Bei der Kostenstelle „Abfüllung“ würde also geprüft, wie viele Becher Eis unter Berücksichtigung der Arbeits- und Maschinenlaufzeiten abgefüllt werden können. Der Nachteil einer Kapazitätsplanung ist, dass diese Plangröße lediglich auf die betrachtete Kostenstelle ausgerichtet ist. Es werden weder die Planung für andere Kostenstellen noch Absatzmöglichkeiten berücksichtigt. Eine Engpassplanung kommt dann in Betracht, wenn eine Kostenstelle auf die Leistungen anderer Kostenstellen angewiesen ist. Falls die Kapazitäten dieser Kostenstellen unterschiedlich sind, werden die Planbezugsgrößen all dieser Kostenstellen am Engpassbereich, das heißt an der Kostenstelle mit der geringsten Kapazität, orientiert. Für die Kostenstelle „Abfüllung“ würde also berücksichtigt, wie viel Liter Eismischung in der vorgelagerten Fertigungsstelle produziert werden können. Eine Absatzplanung erfolgt dagegen nachfrageorientiert. Dazu werden Richtgrößen, wie die geplante Verkaufsmenge oder die Anzahl der zu erwartenden Kunden, benötigt und die Planbezugsgröße daran ausgerichtet. Das ist allerdings nur dann möglich, wenn der Beitrag der betrachteten Kostenstelle zum erwarteten Absatz klar bemessen werden kann. Für Vorkostenstellen ist das typischerweise nicht der Fall. Für die Kostenstelle „Abfüllung“ wäre es möglich. In diesem Fall würde also die voraussichtliche Verkaufsmenge als Planbezugsgröße angesetzt.

Nach reiflicher Überlegung entscheiden die Controllerin und der Kostenstellenleiter, dass im Fall der Fertigungsstelle „Abfüllung“ eine Kapazitätsplanung am zweckmäßigsten ist. Festgesetzt wird daraufhin die kapazitätsorientierte Planbezugsgröße von 240.000 abgefüllten Bechern. Aufgrund der Taktzeiten der Abfüllmaschine stellt nämlich die Kostenstelle „Abfüllung" selbst den Engpass dar. In einem Monat mit 20 Werktagen können 240.000 Becher abgefüllt werden. Aus dem Verkauf ist bekannt, dass diese Größe einer durchschnittlich erwartbaren Verkaufsmenge in einem Monat entspricht. Eine genauere Absatzplanung mit Berücksichtigung saisonaler Schwankungen wäre kostenrechnerisch nicht zweckmäßig; eine Anpassung der Plandaten soll nur jährlich erfolgen.

Erst nach dieser Festlegung können die **Plankosten** ermittelt werden, denn die Planbezugsgröße bestimmt maßgeblich, wie hoch die Kosten für einzelne Kostenarten angesetzt werden. Daher muss nun gefragt werden, welche Art von Kosten in dieser Kostenstelle durch den Verbrauch von Inputfaktoren (wie Material, Arbeit, Reparaturleistungen) anfallen und wie hoch diese Kosten bei dem geplanten Output sein werden. Das Ergebnis dieser Frage wird in einem Kostenplan festgehalten, wie er in Abbildung 3.14 wiedergegeben ist. Im Einzelnen werden dafür die folgenden Informationen benötigt.

Bezogen auf jede Kostenart müssen für die einzelnen Inputfaktoren **Planverbrauchsmengen (u^P)** und **Planpreise (p^P)** bestimmt werden. Für die Festlegung von Planverbrauchsmengen wird geschätzt, wie viele Mengeneinheiten der Inputfaktoren (z.B. Stückzahlen des Materials oder Arbeitsstunden) für die Erfüllung der Planbezugsgröße benötigt werden. Zudem wird ein Planpreis pro Mengeneinheit geschätzt, der beispielsweise vorhersehbare Preiserhöhungen mit einbeziehen kann.

Neben primären werden auch sekundäre Kosten für innerbetriebliche Leistungen anderer Kostenstellen erfasst. Während für primäre Kosten Marktpreise als Richtgrößen herangezogen werden, ist das bei sekundären Kosten nicht möglich. Stattdessen wird ein Verrechnungssatz der jeweiligen Kostenstelle als Planpreis verwendet. Zu diesem Zweck wird der sogenannte Plankostenverrechnungssatz gebildet.

Für jede Kostenart sind fixe und variable Anteile der Plankosten zu berücksichtigen und auszuweisen. Dabei geht es um die Abhängigkeit von der Bezugsgröße, die im Einzelfall geprüft werden muss. Ein Verbrauch, der nur anfällt, wenn die Leistung erbracht wird, verursacht variable Kosten. Fixkosten hingegen entstehen unabhängig von der Leistungserstellung (vgl. Abschnitt 1.6). Manche Kostenarten sind grundsätzlich fix, wie Abschreibungs- und Zinskosten. Andere können vollständig variabel sein, wie solche Materialkosten, die rein von der Ausbringungsmenge abhängen. Wieder andere haben fixe und variable Anteile wie Stromkosten. Bei dem

Fixkostenanteil kann es sich entweder um einen fixen Bestandteil der Verbrauchsmenge handeln (z.B. Stromverbrauch für Notbeleuchtungen) oder eine Fixkostensumme (z.B. Gebühr für den Stromzähler). Von diesem Verhältnis zwischen fixen und variablen Anteilen hängt es ab, wie sich die Plankosten pro Kostenart ermitteln lassen. In Betracht kommen die folgenden drei Varianten:

1. Plankosten für einen Inputfaktor = Planverbrauchsmenge · Planpreis

   bzw.

2. Plankosten für einen Inputfaktor =
   (fixe + variable Planverbrauchsmenge) · Planpreis

   bzw.

3. Plankosten für einen Inputfaktor = Fixkosten (des Inputfaktors) + variable Planverbrauchsmenge · Planpreis

Beispiele dazu folgen im Anschluss an den Kostenplan in Abbildung 3.13. Sind die Plankosten für jede einzelne Kostenart erfasst, werden sie zu den Plankosten der Kostenstelle addiert. Für sie gilt:

Plankosten der Kostenstelle
= Fixkosten der Kostenstelle + variable Plankosten der Kostenstelle

Der letzte Schritt, der im Kostenplan festgehalten wird, ist die Bildung des **Plankostenverrechnungssatzes**:

$$\text{Plankostenverrechnungssatz} = \frac{\text{Plankosten}\,(K^P)}{\text{Planbezugsgröße}\,(BG^P)}$$

Der Plankostenverrechungssatz wird verwendet, um die Kosten dieser Kostenstelle sowohl im Rahmen der Kostenplanung für andere Kostenstellen als auch der Plankalkulation weiter zu verrechnen.

Nach dieser Methodik wurde für die Kostenstelle „Abfüllung" ein Kostenplan erstellt, der die monatlichen Plankosten für das Jahr 2007 ausweist (vgl. Abb. 3.13). Anhand der beiden Kostenarten Strom und Eismischung wird im Folgenden die Ermittlung der Werte für den Kostenplan verdeutlicht.

An den Kosten für Strom lässt sich die zweite Variante der Ermittlung von Plankosten verdeutlichen. Im Fall dieser Kostenstelle wird nur der voraussichtliche Stromverbrauch berücksichtigt, für den ein Planpreis von 0,25 €/kWh angesetzt wurde. Eine Fixkostensumme, wie sie durch Gebühren für die Strom-

Kostenplan für das Jahr 2007 **Monatliche Kosten der Kostenstelle „Abfüllung" (Himbeer-Joghurteis)** Planbezugsgröße: 240.000 abgefüllte Becher				Kostenstellenleiter: ____________		
Kostenarten	Einheit	Planverbrauchsmenge	Planpreis in €/Einheit	Plankosten in €		
				Gesamt	Davon	
					Variabel	Fix
Primäre Kosten						
Fertigungslohn	Std.	400	20,00	8.000,00	8.000,00	-
Gehalt Kostenstellenleiter	-	-	-	5.140,00	-	5.140,00
Material (Becher)	Stück	240.000	0,02	4.800,00	4.800,00	-
Strom	kWh	2.600	0,25	650,00	450,00	200,00
Kalk. Abschreibung	-	-	-	2.900,00	-	2.900,00
Kalk. Zins	-	-	-	895,00	-	895,00
Sekundäre Kosten für innerbetriebliche Leistungen						
Reinigung	Std.	100	13,15	1.315,00	1.315,00	-
Reparaturen	Std.	50	30,00	1.500,00	1.500,00	-
Eismischung	l	120.000	0,07	8.400,00	8.400,00	-
Plankosten Gesamt				33.600,00	24.465,00	9.135,00
Plankostenverrechnungssatz in €/abgefülltem Becher (hier: 33.600 € : 240.000 Becher)				0,14		

Abb. 3.13. Beispiel eines Kostenplans (in Anlehnung an Plinke/Rese 2006, S. 168)

zählermiete anfällt, wird der Kostenstelle „Abfüllung" nicht angelastet (diese Gebühren werden im Unternehmen als Verwaltungskosten verrechnet). Trotzdem sind auch Fixkosten zu berücksichtigen, nämlich fixe Anteile des Stromverbrauchs. Sie ergeben sich vor allem dadurch, dass die Kühlaggregate der Abfüllanlage während der Werktage ständig laufen müssen, auch dann, wenn keine Eismischung abgefüllt wird. Dabei handelt es sich also um einen ausbringungsunabhängigen Stromverbrauch. Auch der Stromverbrauch für Rüstzeiten der Maschine und Notbeleuchtungen außerhalb der Werkszeit zählt dazu. Im Durchschnitt sind für diesen fixen Stromverbrauch 40 kWh pro Werktag zu kalkulieren. Der variable, beschäftigungsabhängige Anteil des

Stromverbrauchs ergibt sich durch die Lastlaufzeit, in der die Abfüllmaschine läuft und produziert. Pro Stunde Maschinenlaufzeit sind das 9 kWh, die Maschine produziert 10 Stunden pro Tag an 20 Werktagen im Monat. Daraus folgt:

Planverbrauchsmenge (kWh Strom):

- fixer Anteil: 40 kWh pro Werktag · 20 Werktage = 800 kWh
- variabler Anteil: 9 kWh pro Stunde Maschinenlaufzeit · 10 h pro Tag · 20 Werktage = 1.800 kWh

Planpreis: 0,25 €/kWh

Plankosten für Strom: (800 kWh + 1.800 kWh) · 0,25 €/kWh = 650 €

Der Verbrauch an Eismischung lässt sich wiederum leicht bestimmen. Wenn 240.000 Halbliterbecher abgefüllt werden sollen (Planbezugsgröße), dann werden 120.000 Liter Eismischung benötigt. Es handelt sich in diesem Fall erneut um eine rein variable Verbrauchsmenge. Sie wird zur Ermittlung der betreffenden Plankosten mit dem Planpreis von 0,07 €/l multipliziert. Woher aber stammt dieser Planverbrauchspreis? Bei dem Verbrauch der Eismischung handelt es sich um sekundäre Kosten für die Kostenstelle „Abfüllung", denn die Eismischung wird nicht eingekauft, sondern im Unternehmen in einer anderen Kostenstelle, der Kostenstelle „Produktion", hergestellt. Um die für die Abfüllung benötigte Menge der Eismischung zu bewerten, werden also Informationen über die Kosten ihrer Herstellung benötigt. Dazu kann der Kostenplan der Kostenstelle „Produktion" herangezogen werden. In ihm werden als Plankostenverrechnungssatz 0,07 € pro Liter hergestellter Eismischung ausgewiesen. Ebendieser wird in der Kostenstelle „Abfüllung" als Planverbrauchspreis für die Eismischung angesetzt.

3.5.3 Wirtschaftlichkeitsanalyse vorbereiten: Sollkosten, verrechnete Plankosten und Istkosten

Nun sind bereits die wichtigsten Größen bekannt, die für den Soll-Ist-Vergleich benötigt werden. Aus der Planbezugsgröße und den Plankosten lassen sich nämlich alle weiteren erforderlichen Plandaten herleiten. Eine solche Herleitung beziehungsweise Umrechnung ist notwendig, weil die Summe der Plankosten lediglich die geplante Kostenhöhe bei einer bestimmten Outputmenge, der Planbezugsgröße, wiedergibt. Die Plankostenstellenrechnung soll ja aber gerade auch in dem (sehr wahrscheinlichen) Fall, dass die tatsächliche Outputmenge davon abweicht, eine Beurteilung der Wirtschaftlichkeit der Kostenstelle ermöglichen.

Zu diesem Zweck werden die Plankosten in Sollkosten und in verrechnete Plankosten umgerechnet. Diese Umrechnung erfolgt über Kostenfunktionen, die die Veränderung der Plandaten in Abhängigkeit von der Bezugsgröße abbilden. Abbildung 3.14 zeigt die beiden Funktionen für die Plandaten der Kostenstelle „Abfüllung".

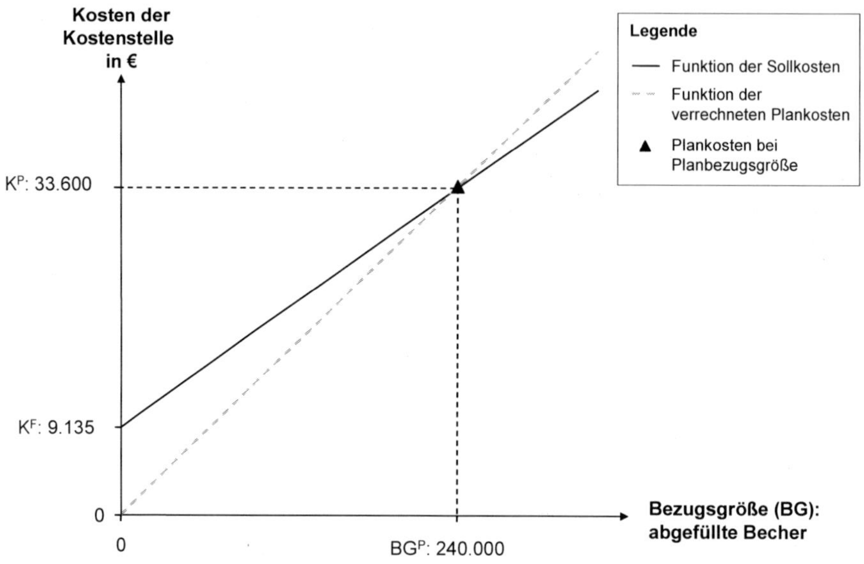

Abb. 3.14. Die Ausgangsgrafik der Plankostenstellenrechnung

Die x-Achse der Kostengrafik gibt die Bezugsgröße wieder, also das Leistungsmaß der Kostenstelle, das im ersten Schritt zur Ermittlung der Plankosten festgelegt wurde (im Beispiel: die abgefüllten Eisbecher). Dort ist auch die Planbezugsgröße abgetragen, die geplante Höhe des Outputs (im Beispiel: 240.000 Becher). Die y-Achse bildet die Kosten ab, denn ihre Höhe wird als abhängig von der Bezugsgröße angenommen. Hier ist die Höhe der Plankosten abgetragen (im Beispiel: 33.600 €), die bei der Planbezugsgröße von 240.000 Bechern anfallen sollten. Der Punkt der **Plankosten bei Planbezugsgröße** ist genau der Schnittpunkt der beiden Funktionen, die sich aus den bislang ermittelten Daten bestimmen lassen: die Funktion der Sollkosten und die der verrechneten Plankosten.

Die **Sollkostenfunktion** entspricht in ihrem Verlauf der bereits bekannten Funktion der Gesamtkosten. Sie gibt den geplanten Verlauf der Kosten bei unterschiedlichen Höhen der Bezugsgröße wieder. Ihre Steigung wird als linear angenommen. Sie ist definiert als:

$$K^S(BG) = K_F^P + \frac{K_V^P}{BG^P} \cdot BG$$

$$\Rightarrow \text{im Beispiel}: K^S(BG) = 9.135\,€ + \frac{24.465\,€}{240.000 \text{ abgefüllte Becher}} \cdot BG$$

wobei:

K^S = Sollkosten

$BG^{(P)}$ = Bezugsgröße (geplant)

K_F^P = geplante Fixkosten

K_V^P = geplante variable Kosten

Da es Fixkostenanteile gibt, schneidet die Sollkostenkurve die Kostenachse gerade bei den geplanten Fixkosten (im Beispiel: 9.135 €). Bei Planbezugsgröße entsprechen die Kosten genau der Höhe der Plankosten. Aus diesen beiden Punkten lässt sich bereits der Verlauf der Sollkostenfunktion bestimmen. Ihre Steigung entspricht den variablen Kosten pro Bezugsgrößeneinheit (im Beispiel: ca. 0,10 € pro abgefülltem Becher).

Die **Funktion der verrechneten Plankosten** bildet ab, in welcher Höhe die Plankosten der Kostenstelle bei unterschiedlicher Höhe der Bezugsgröße auf andere Kostenstellen oder Kostenträger weiterverrechnet werden. Sie ist definiert als:

$$K^{Ver}(BG) = \frac{K^P}{BG^P} \cdot BG$$

$$\Rightarrow \text{im Beispiel}: K^{Ver}(BG) = \frac{33.600\,€}{240.000 \text{ abgefüllte Becher}} \cdot BG$$

wobei:

K^{Ver} = verrechnete Plankosten

$BG^{(P)}$ = Bezugsgröße (geplant)

K^P = Plankosten

Diese Funktion beginnt im Ursprung, denn bei einer Bezugsgröße von Null erfolgt kein Output. Demzufolge können auch keine Leistungen abgegeben und weiterverrechnet werden. Wenn die Planbezugsgröße erreicht wird, werden alle Kosten verrechnet. In diesem Fall entsprechen sie den Plankosten. Die Steigung dieser Funktion entspricht dem Plankostenverrechnungssatz (im Beispiel: 0,14 € pro abgefülltem Becher).

Mithilfe dieser Kostenfunktionen lassen sich also Werte der Sollkosten und der verrechneten Plankosten für jede beliebige Outputmenge bestimmen, sowohl grafisch (indem die Kostenhöhe für eine bestimmte Höhe der Bezugsgröße abgelesen wird) als auch rechnerisch (indem ein Wert für BG eingesetzt wird). In dieser Weise werden sie dann auch im Rahmen des Soll-Ist-Vergleichs benutzt.

Allerdings werden noch Informationen benötigt, wie viel tatsächlich produziert wurde und wie viele Kosten tatsächlich in dem betrachteten Monat angefallen sind. Dabei wird von der **Istbezugsgröße (BG^I)** und den **Istkosten (K^I)** gesprochen.

In Analogie zur Bestimmung der Plankosten werden zur Ermittlung der Istkosten die tatsächlich angefallenen **Istpreise (p^I)** sowie die **Istverbrauchsmengen (u^I)** erfasst. Auch sie können fixe und variable Bestandteile enthalten. Die Istkosten pro Kostenart lassen sich also analog zur Bestimmung der Plankosten wie folgt ermitteln:

1. Istkosten für einen Inputfaktor = Istverbrauchsmenge · Istpreis

   bzw.

2. Istkosten für einen Inputfaktor =
   (fixe + variable Istverbrauchsmenge) · Istpreis

   bzw.

3. Istkosten für einen Inputfaktor =
   Fixkosten + variable Istverbrauchsmenge · Istpreis

So wurden in der betrachteten Kostenstelle im Monat Dezember 2007 statt der geplanten 240.000 Becher Himbeer-Joghurt-Eis nur 150.000 Becher abgefüllt. Dabei handelt es sich um die Istbezugsgröße (BG^I). Die Erfassung des Stromverbrauchs zeigt, dass in der Kostenstelle insgesamt 2.200 kWh verbraucht wurden, zusätzlich zu der konstant gebliebenen fixen Verbrauchsmenge von 800 kWh also 1.400 kWh, die durch die Abfüllung der Becher verursacht wurden. Der Strompreis ist im Vergleich zu den Plandaten auf 0,30 €/kWh gestiegen. Daraus folgt:

Istkosten für Strom: (800 kWh + 1.400 kWh) · 0,30 €/kWh = 660 €

Für alle Inputfaktoren werden auf diese Weise die in diesem Monat tatsächlich angefallenen Verbrauchsmengen und Preise ermittelt. Zusammengenommen bilden sie die gesamten Istkosten der Kostenstelle.

In der Kostenstelle Abfüllung ergaben sich im Monat Dezember bei der Istbeschäftigung von 150.000 abgefüllten Eisbechern insgesamt 29.000 € Istkosten. Wie hoch hätten die Kosten bei dieser Ausbringungsmenge sein sollen und wie viele konnten an andere Kostenstellen und auf Kostenträger weiterverrechnet werden? Darüber geben die Sollkosten und die verrechneten Plankosten bei Istbeschäftigung Auskunft, die sich wie folgt ermitteln lassen:

$$K^S(BG^I) = 9.135\,€ + \frac{24.465\,€}{240.000\text{ abgefüllte Becher}} \cdot 150.000\text{ abgefüllte Becher}$$
$$= 24.425{,}625\,€$$
$$K^{VER}(BG^I) = \frac{33.600\,€}{240.000\text{ abgefüllte Becher}} \cdot 150.000\text{ abgefüllte Becher}$$
$$= 21.000{,}00\,€$$

Mit anderen Worten: Das gesamte Kostenbudget der Kostenstelle in Höhe von 33.600 € wurde zwar insgesamt unterschritten. Allerdings liegen die tatsächlichen Kosten weitaus höher als die Werte, die sich aus den Plandaten für die tatsächliche Ausbringungsmenge von 150.000 Bechern ergeben. Dies ist ein Anlass dafür, genauer zu analysieren, worauf diese Abweichungen beruhen. Sind im Vergleich zu den Plandaten die Preise gestiegen? Oder wurden mehr Materialien oder mehr Arbeitszeit eingesetzt als ursprünglich vorgesehen? Das ist letztlich die Kernfrage der folgenden Abweichungsanalyse: Wurde mit den einzelnen Inputfaktoren wirtschaftlich umgegangen?

3.5.4 Soll-Ist-Vergleich durchführen: Abweichungsanalyse

Nun beginnt der detaillierte Soll-Ist-Vergleich. Ein Vergleich der gesamten Kosten der Kostenstelle zeigt, wie oben dargestellt, ob Abweichungen von den Plandaten vorliegen. Mit der Abweichungsanalyse bezogen auf einzelne Kostenarten wird daraufhin analysiert, worauf diese Abweichungen im Einzelnen zurückzuführen sind.

Zu dem Zweck werden Plankosten und Istkosten bezogen auf die einzelnen Kostenarten einander gegenüber gestellt. Für jede Kostenart werden Sollkosten und verrechnete Plankosten ermittelt und mit den Istkosten für den entsprechenden Inputfaktor verglichen. Dies kann sowohl grafisch als auch rechnerisch erfolgen. Wie das funktioniert, verdeutlichen wir nun schrittweise anhand der Kostenart Strom.

In der folgenden Grafik sind die bereits bekannten Daten für die Kostenart Strom in der Kostenstelle „Abfüllung" abgetragen (vgl. Abb. 3.15). Analog zur Ausgangsgrafik der Plankostenstellenrechnung ist nun der Verlauf der Sollkosten und der verrechneten Plankosten bezogen auf die

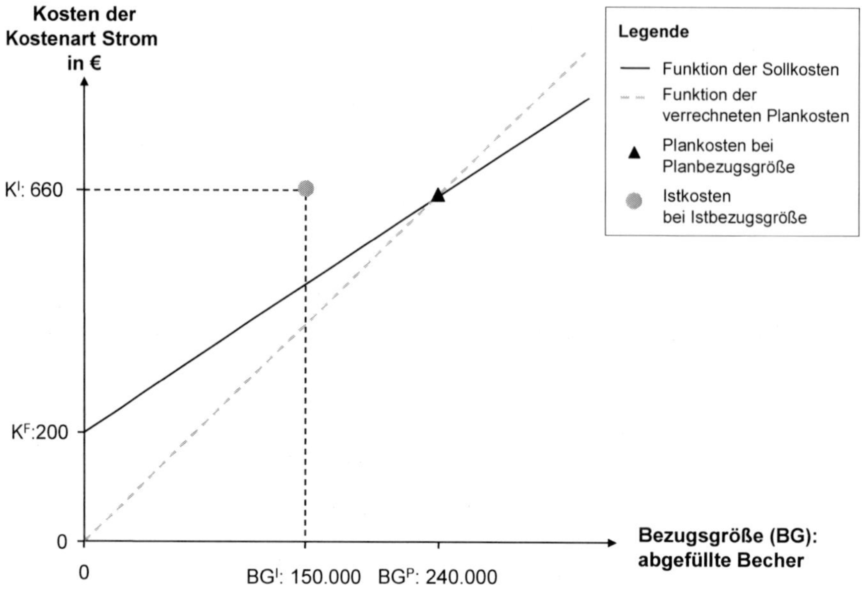

Abb. 3.15. Grafische Abweichungsanalyse – Kostenverlauf ergänzt um Istdaten

Kostenart Strom dargestellt. Hinzu kommen die Istdaten, deren Abweichungen von dem geplanten Kostenverlauf analysiert werden sollen.

Noch einmal zur Erinnerung: Es ist nicht die Differenz zwischen den Istkosten und den Plankosten, die uns interessiert. Im Beispiel wären das 660 € Istkosten – 650 € Plankosten, also 10 €. Diese Differenz hat allerdings keine Aussagekraft, weil sie sich auf unterschiedliche Outputmengen bezieht. Interessant ist vielmehr, warum die Istkosten von den Größen abweichen, die sich laut Planung für die jeweilige Istbeschäftigung ergeben.

Bezogen auf die Grafik wird dazu die gesamte Strecke von den Istkosten bis zu den verrechneten Plankosten bei Istbeschäftigung betrachtet. Bei dieser Strecke handelt es sich um die sogenannte **Gesamtabweichung**, die nun genauer analysiert werden kann. Es sind insbesondere drei Einflüsse auf die Kostenhöhe, die dabei zusammenkommen.

1 Die Höhe der Bezugsgröße: Wenn sich Istbezugsgröße und Planbezugsgröße nicht entsprechen, kommt es zu einer **Beschäftigungsabweichung** (BA). Das ist eine systematische Abweichung, die bereits in die Planung mit eingegangen ist. Dabei handelt es sich um die Differenz zwischen den Sollkosten und den verrechneten Plankosten bei Istbezugsgröße: Bleibt die Istbeschäftigung (und damit die Istbe-

zugsgröße) unter der Planbezugsgröße, werden weniger Kosten weiterverrechnet als anfallen sollten. Geht die Istbeschäftigung darüber hinaus, werden mehr Kosten weiterverrechnet als geplant.

2. Die Höhe des Preises: Wenn Ist- und Planpreis unterschiedlich sind, kommt es zu einer **Preisabweichung** (PA).
3. Die Verbrauchsmenge: Wenn die Istverbrauchsmenge nicht der Planverbrauchsmenge entspricht, entsteht eine **Verbrauchsabweichung** (VA). Sie stellt den Kern und das eigentliche Ziel der Abweichungsanalyse dar, denn sie zeigt an, ob mit den Inputfaktoren wirtschaftlich umgegangen wurde.

Sowohl die Gesamtabweichung als auch die Beschäftigungsabweichung lassen sich also direkt in der Grafik in Abbildung 3.15 erkennen. Auch rechnerisch lassen sie sich anhand der bereits bekannten Formeln ermitteln, indem nämlich die Sollkosten bei Istbeschäftigung und die verrechneten Plankosten bei Istbeschäftigung bestimmt werden. Preisabweichung und Verbrauchsabweichung hingegen sind zunächst anhand der Grafik nicht voneinander zu unterscheiden. Zusammengenommen bilden sie die Differenz zwischen Istkosten und den Sollkosten bei Istbeschäftigung.

Um sie zu unterscheiden, muss eine neue Größe eingeführt werden, nämlich die **Istkosten zu Planpreisen**, für die die Istverbrauchsmenge mit dem ursprünglichen Planpreis bewertet wird, wieder unter Beachtung des jeweiligen Verhältnisses von fixen und variablen Anteilen. Daraus ergibt sich insgesamt die folgende Formelsammlung für die einzelnen Kostengrößen und die Abweichungen (vgl. Abb. 3.16).

Auf dieser Grundlage kann nun die Abweichungsanalyse für die Kostenart Strom vervollständigt werden. Dafür sind in Tabelle 3.4 die bereits bekannten Daten noch einmal zusammengestellt.

Aus diesen Angaben lassen sich die noch notwendigen Kostengrößen wie folgt bestimmen:

$$K^{IP} = (800\text{ kWh Strom} + 1.400\text{ kWh Strom}) \cdot 0{,}25\text{ €/kWh}$$
$$= 550\text{ €}$$

$$K^{S}(BG^{I}) = 200\text{ €} + \frac{450\text{ €}}{240.000\text{ abgefüllte Becher}} \cdot 150.000\text{ abgefüllte Becher}$$
$$= 481{,}25\text{ €}$$

$$K^{Ver}(BG^{I}) = \frac{650\text{ €}}{240.000\text{ abgefüllte Becher}} \cdot 150.000\text{ abgefüllte Becher}$$
$$= 406{,}25\text{ €}$$

Formelsammlung

Legende

u^I = Istverbrauchsmenge	u^P = Planverbrauchsmenge
u_V = variable Verbrauchsmenge	u_F = fixe Verbrauchsmenge
p^I = Istpreis	p^P = Planpreis
K_F^I = fixe Istkosten	K_F^P = fixe Plankosten
BG^I = Istbezugsgröße	BG^P = Planbezugsgröße

Plankosten zu Planpreisen (K^P):

$$K^P = u^P \cdot p^P \text{ bzw.}$$
$$K^P = (u_F^P + u_V^P) \cdot p^P \text{ bzw.}$$
$$K^P = K_F^P + u_V^P \cdot p^P$$

Istkosten zu Istpreisen (K^I):

$$K^I = u^I \cdot p^I \text{ bzw.}$$
$$K^I = (u_F^I + u_V^I) \cdot p^I \text{ bzw.}$$
$$K^I = K_F^I + u_V^I \cdot p^I$$

Istkosten zu Planpreisen (K^{IP}):

$$K^{IP} = u^I \cdot p^P \text{ bzw.}$$
$$K^{IP} = (u_F^I + u_V^I) \cdot p^P \text{ bzw.}$$
$$K^{IP} = K_F^I + u_V^I \cdot p^P$$

Sollkosten bei Istbezugsgröße:

$$K^S(BG^I) = K_F^P + \frac{K_V^P}{BG^P} \cdot BG^I$$

verrechnete Plankosten bei Istbezugsgröße:

$$K^{Ver}(BG^I) = \frac{K^P}{BG^P} \cdot BG^I$$

Preisabweichung (PA):

$$PA - K^I - K^{IP}$$

Verbrauchsabweichung (VA):

$$VA = K^{IP} - K^S(BG^I)$$

Beschäftigungsabweichung (BA):

$$BA = K^S(BG^I) - K^{Ver}(BG^I)$$

Gesamtabweichung (GA):

$$GA = K^I - K^{Ver}(BG^I) \text{ bzw.}$$
$$GA = PA + VA + BA$$

Abb. 3.16. Formelsammlung für die Abweichungsanalyse im Rahmen der Plankostenstellenrechnung

Tabelle 3.4. Plan- und Istdaten zur Kostenart Strom

	Plandaten	Istdaten
Bezugsgröße	240.000 abgefüllte Becher	150.000 abgefüllte Becher
Verbrauchsmenge	2.600 kWh Strom	2.200 kWh Strom
Fixer Anteil	800 kWh Strom	800 kWh Strom
Variabler Anteil	1.800 kWh Strom	1.400 kWh Strom
Preis	0,25 €/kWh	0,30 €/kWh
Kosten	650,00 €	660,00 €
Fixkosten	200,00 €	240,00 €
Variable Kosten	450,00 €	420,00 €

Daraus ergeben sich die Abweichungen wie folgt:

$$
\begin{aligned}
PA &= K^{I} - K^{IP} &&= 660{,}00\,€ - 550{,}00\,€ &&= 110{,}00\,€\\
VA &= K^{IP} - K^{S} &&= 550{,}00\,€ - 481{,}25\,€ &&= 68{,}75\,€\\
BA &= K^{S} - K^{VER} &&= 481{,}25\,€ - 406{,}25\,€ &&= 75{,}00\,€\\
GA &= K^{I} - K^{VER} &&= 660{,}00\,€ - 406{,}25\,€ &&= 253{,}75\,€
\end{aligned}
$$

oder auch

$$GA = PA + VA + BA \quad = 68{,}75\,€ + 75{,}00\,€ + 75{,}00\,€ \quad = 253{,}75\,€$$

In Abbildung 3.17 sind die Ergebnisse dieser Abweichungsanalyse grafisch dargestellt.

Sowohl auf der Grundlage der rechnerischen Ergebnisse als auch auf der Grundlage der grafischen Darstellung zeigt sich, dass sich die Gesamtabweichung der Kostenart Strom aus allen drei genannten Gründen ergibt: einer geringeren Ausbringung, einer Preiserhöhung und einem Mehrverbrauch. Doch wie sind die Teilabweichungen zu deuten und welche Konsequenzen ergeben sich daraus?

Es kam zu einer **Beschäftigungsabweichung**, da weniger Becher abgefüllt wurden als geplant und darum auch weniger Kosten als geplant an andere Kostenstellen weiterverrechnet wurden. Das könnte auf einen Planungsfehler deuten. Insgesamt ist dieses Ergebnis allerdings von untergeordneter Bedeutung, da es nicht in jedem Fall durch die Kostenstellenleitung zu beeinflussen ist. Die **Preisabweichung** ist in diesem Fall am größten; die Strompreiserhöhung hatte die vergleichsweise stärkste Auswirkung auf die Kostensituation. Allerdings ist auch das ein Ergebnis, das der Kostenstellerleiter kaum zu verantworten hat, da er keinen Einfluss auf die Strompreise nehmen kann. Ein

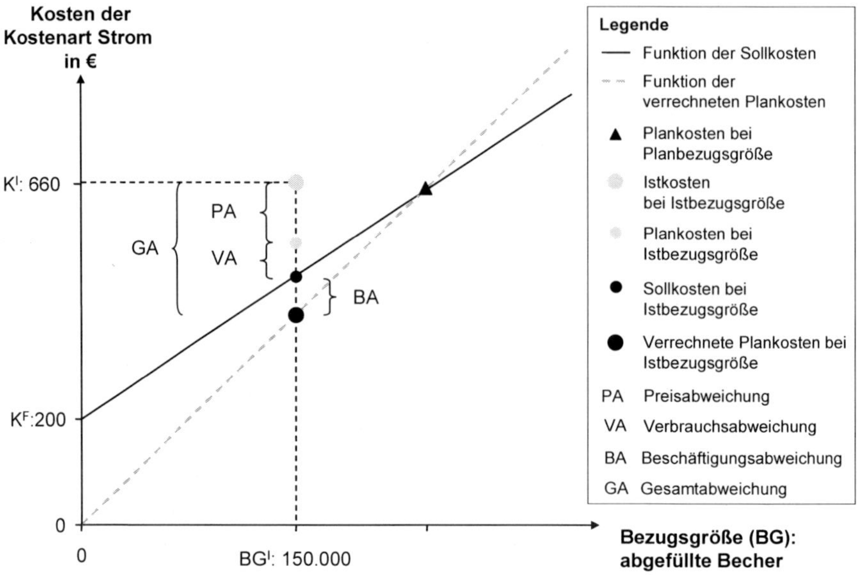

Abb. 3.17. Ergebnis der Abweichungsanalyse für die Kostenart Strom

solches Ergebnis wäre anders zu werten, wenn es um Verbrauchsfaktoren ginge, für die die Kostenstellenleitung Einkaufskonditionen ausgehandelt hat. In dem Fall ist sie für eine Preisabweichung verantwortlich. Die **Verbrauchsabweichung** hat ebenso wie die anderen Teilabweichungen zunächst ein positives Vorzeichen, denn dies bedeutet, dass mehr Strom verbraucht wurde als geplant. Das könnte beispielsweise daran liegen, dass die Abfüllmaschine nicht vorschriftsmäßig gewartet wurde. Wenn sich dadurch ihre Leistung reduziert, verbraucht sie bei Aufrechterhaltung der Taktzeiten mehr Strom. In jedem Fall zeigt die Verbrauchsabweichung, dass mit Strom in diesem Monat nicht wirtschaftlich umgegangen wurde. Für dieses Ergebnis muss sich der Kostenstellenleiter verantworten. Er muss also nach den Ursachen suchen, die dazu führten, dass der Stromverbrauch höher als vorgesehen war.

Ergeben sich aus der Abweichungsanalyse hingegen Einzelabweichungen mit negativen Vorzeichen, zeigt sich daran ein positiver Effekt für die Kostensituation der Kostenstelle. Die Beschäftigungsabweichung hat ein negatives Vorzeichen, wenn die tatsächliche Ausbringungsmenge über der geplanten liegt. Bei niedrigeren Preisen als geplant ergibt sich eine Preisabweichung mit negativem Vorzeichen. Hat die Verbrauchsabweichung ein negatives Vorzeichen, so war der Verbrauch des betrachteten Inputfaktors, relativ zur Ausbringungsmenge gesehen, niedriger als geplant. Die Istkosten zu

Planpreisen liegen dann unter den Sollkosten. Ein solches Ergebnis würde der Kostenstellenleiter begrüßen, da es zeigt, dass mit diesem Inputfaktor wirtschaftlich umgegangen wurde.

Im betrachteten Beispiel hat auch die Gesamtabweichung ein positives Vorzeichen und spiegelt die insgesamt als ungünstig zu wertende Kostensituation. Allerdings ist die Gesamtabweichung allein wenig aussagekräftig; es gibt durchaus Situationen, in denen sich die Tendenzen gegenläufiger Teilabweichungen aufheben. Entscheidend zur Beurteilung der Wirtschaftlichkeit einer Kostenstelle sind immer nur die Teilabweichungen – insbesondere die Verbrauchsabweichung.

Es sei noch erwähnt, dass eine solche Abweichungsanalyse in der Praxis IT-gestützt erfolgt. Die festgesetzten Planwerte werden dann automatisch mit den aktuellen Istwerten verglichen. Dabei ist es üblich, **Toleranzschwellen** vorzugeben. Für die einzelnen Kostenarten werden dabei Werte festgelegt, die als erklärungsbedürftig angesehen werden beziehungsweise einen Handlungsbedarf anzeigen. Die Überschreitung einer Toleranzschwelle ist dann der Anlass für ein Gespräch mit den Kostenstellenverantwortlichen, in dem nach Ursachen und Möglichkeiten, die Wirtschaftlichkeit der Kostenstelle zu erhöhen gesucht wird.

Zusammenfassend kann festgehalten werden, dass die Plankostenstellenrechnung eine differenzierte Beurteilung der Wirtschaftlichkeit erlaubt. Es ist allerdings recht aufwändig, für jede Kostenstelle und Kostenart entsprechende Analysen durchzuführen. Daher muss im Einzelfall entschieden werden, wie genau und für welche Bereiche und Kostenarten eine solch differenzierte Kostenkontrolle durchführt werden soll. Denn wie immer gilt es, auch die Kosten der Kostenrechnung zu bedenken.

Eine Grundvoraussetzung zur Durchführung der Plankostenstellenrechnung ist, dass die Kosten einer Kostenstelle in Fixkosten und variable Kosten unterteilt werden und Kostenfunktionen ermittelt werden können. Dies ist insbesondere bei einer großen Maschinenabhängigkeit der Produktion der Fall. In anderen Bereichen stößt man hingegen rasch auf Schwierigkeiten. Des Weiteren liegt der Plankostenstellenrechnung die Philosophie zugrunde, dass Kosten mit hinreichender Sicherheit geplant werden können. Das ist dann der Fall, wenn die Unternehmensumwelt (Absatzmärkte, Rohstoffmärkte etc.) einigermaßen stabil und einschätzbar ist. In Zeiten steten Wandels und zunehmender Turbulenzen ist diese Voraussetzung allerdings nicht unbedingt gegeben. Derartige Überlegungen weisen auf die Grenzen dieser Art der Planungsrechnung hin.

Kernsätze zu Kapitel 3

- Kostenstellen sind funktional, organisatorisch oder räumlich abgegrenzte Einheiten, in denen Kosten entstehen und denen Kosten zugeordnet werden. Auch die Verantwortlichkeit für die Kosten ist ein wichtiges Prinzip zur Abgrenzung von Kostenstellen.
- Alle Bereiche, in denen betriebliche Leistungen erstellt werden, können als Erlösstellen definiert werden. Erlösstellen, in denen Umsatzerlöse entstehen, werden auch als Profit-Center bezeichnet. Sie umfassen meist mehrere Kostenstellen. In Profit-Centern trägt eine Person neben der Kostenverantwortung auch die Verantwortung für Umsatzerlöse.
- Die Zu- und Verrechnung von Kosten auf Kostenstellen wird als Betriebsabrechung bezeichnet, ihr zentrales Recheninstrument ist der Betriebsabrechnungsbogen.
- Die Betriebsabrechnung besteht aus zwei Schritten: Erstens werden primäre Gemeinkosten den Kostenstellen zugeordnet. Zweitens werden die primären Gemeinkosten der Vorkostenstellen auf Endkostenstellen verteilt; dies wird als innerbetriebliche Leistungsverrechnung bezeichnet.
- Die innerbetriebliche Leistungsverrechnung kann auf verschiedene Arten erfolgen. Das mathematische Verfahren ist das einzige, mit dem auch Leistungsverflechtungen zwischen Kostenstellen verzerrungsfrei berücksichtigt werden können.
- Im Rahmen der Bereichserfolgsermittlung werden die Erlöse eines Bereichs den Kosten dieses Bereichs gegenübergestellt.
- Die Plankostenstellenrechnung ist ein Instrument zur Wirtschaftlichkeitskontrolle.
- Über die Abweichungsanalyse können verschiedene Einflussfaktoren der Kosten getrennt voneinander betrachtet werden. Nur dank dieser differenzierten Analyse kann festgestellt werden, worauf Abweichungen von den Plankosten beruhen.
- Die Gesamtabweichung setzt sich aus der Preis-, der Verbrauchs- und der Beschäftigungsabweichung zusammen.

- Die Verbrauchsabweichung gibt an, ob mit Inputfaktoren wirtschaftlich umgegangen wurde, ob also zur Produktion anteilig mehr oder weniger verbraucht wurde als ursprünglich geplant. Dies ist zumeist die einzige Abweichung, auf die die Kostenstellenleitung direkt Einfluss nehmen kann. Daher ist sie die zentrale Größe der Abweichungsanalyse, für sie muss sich die Kostenstellenleitung verantworten.

Interview mit Dietmar Krenz (Siemens)

Wie viele Kostenstellen gibt es bei der Siemens AG?

Mit über 400.000 Mitarbeitern in 190 Ländern sind wir ein recht großes Unternehmen, deswegen gibt es auch viele Kostenstellen. Ich kann mir gut vorstellen, dass es 50.000 sein können.

Wer definiert die Kostenstellen?

Wir sind konzernweit in etwa 1.000 operative Einheiten gegliedert. Dort wird jeweils im Einzelfall die Anzahl der notwendigen Kostenstellen sowie deren Struktur festgelegt. Diesbezüglich gibt es von der Zentrale keine Vorgaben; die Verantwortung liegt bei den Managern vor Ort. Die operativen Einheiten selbst sehen wir als Profit Center, denn sie tragen nicht nur Kosten-, sondern auch Erlösverantwortung.

Was ist die Verantwortung eines Kostenstellenleiters?

Die Aufgabe des Kostenstellenleiters ist Bestandteil der funktionalen Aufgabe (z.B. Leiter Controlling). Hieraus ergibt sich die Verantwortung für das Personal und die Prozesse innerhalb des Verantwortungsbereichs. Die Ausgestaltung dieser Aufgaben variiert aber natürlich stark, je nach Branche und Funktionsbereich. So setzen sich etwa Kostenstellenleiter von Produktionsbereichen eher mit Anschaffungen großer Maschinen auseinander, während in Vertriebsbereichen Gehaltsfragen oder Reisekosten im Mittelpunkt des Interesses stehen.

Werden auch Plankostenstellenrechnungen durchgeführt?

Es gibt bei der Siemens AG eine Reihe von Planrechnungen mit unterschiedlichem zeitlichem Horizont. Das geht von groben 5-Jahres-Rechnungen bis hin zu sehr genauen Planungen, die sogar einen tagesgenauen Bezug haben können. Eine besondere Wichtigkeit kommt bei uns allerdings dem Planungsprozess der Budgets für das jeweils kommende Geschäftsjahr zu. Aus diesen Planungen der operativen Einheiten ergeben sich die inhaltlichen Vorgaben für die zugrundeliegenden Kostenstellen. Die finalen Budgets dienen auch als Basis, Plankostenstellenrechnungen und die entsprechenden Abweichungsanalysen durchzuführen.

Gibt es auch genaue Kostenvorgaben für die gerade in Technologieunternehmen wichtigen Entwicklungsabteilungen, die ja einen gewissen kreativen Freiraum benötigen?

Hier muss man zwischen Grundlagenforschung und Produktentwicklung unterscheiden. Beides gibt es in unserem Hause, für beide Bereiche werden Budgets festgesetzt. Dabei kann aber hinsichtlich der Produktentwicklung ein direkterer Zusammenhang zum Output hergestellt werden. Dies wird bei uns auch so gehandhabt. Mögliche Zielgrößen in der Produktentwicklung können sich aus Einsparzielen aus „Design to Cost"-Maßnahmen ableiten, die in der Logik des Target Costings abbildbar sind *(vgl. Kapitel 8.4, Anm. d. Red.).*

Sind die Ergebnisse an die Zentrale zu melden?

Nein, das ist eine Angelegenheit der operativen Einheiten. Die Gesamtperformance der Einheiten wird im Rahmen der regelmäßigen Berichterstattung abgebildet. Abweichungen zur budgetierten Kostenstellenplanung schlagen sich in der Ergebnisentwicklung der Einheit nieder. Bei der Betrachtung des wirtschaftlichen Erfolges spielt die Kapitaleffizienz (ROCE) eine wesentliche Rolle.

Weiterführende Literatur zu Kapitel 3

- Zu Kostenstellen und Betriebsabrechnung vgl. Plinke/Rese (2006)
- Zu Profit-Centern vgl. Frese/Lehmann (2002)
- Zur flexiblen Plankostenstellenrechnung vgl. Kilger (2002) sowie Weber (2004)

4 Prozessrechnung

Der Filialleiter einer Sparkasse möchte die Effizienz seiner Niederlassung verbessern. Basierend auf seiner Berufserfahrung in anderen Bankinstituten geht er davon aus, dass in seiner Filiale insbesondere die Kreditvergabe an Privatkunden effizienter erfolgen könnte. Allerdings gibt es diesbezüglich keine einzelne Abteilung, deren Kosten sich mit denen entsprechender Kostenstellen in anderen Filialen sinnvoll vergleichen ließen. Vielmehr sind unterschiedliche Kostenstellen der Sparkasse in den Prozess der Kreditvergabe involviert. So nimmt etwa die Kundenbetreuung die Kundenanfrage entgegen, Analysten prüfen die Bonität des Kunden, die IT-Abteilung übernimmt die Datenbankverwaltung etc. Um einen Effizienzvergleich zwischen Filialen bezüglich der Kreditvergabe durchführen zu können, muss die diesbezügliche Ressourcennutzung daher kostenstellenübergreifend analysiert werden. Dabei gilt es, nicht nur die unterschiedliche Anzahl vergebener Kredite in den jeweiligen Filialen zu berücksichtigen, sondern auch andere kostenrelevante Faktoren wie etwa die Kreditsummen.

4.1 Was kosten Tätigkeiten in einem Unternehmen?

Im Hinblick auf die Struktur von Unternehmen wird in der Betriebswirtschaftslehre zwischen Aufbauorganisation und Ablauforganisation unterschieden. Erstere teilt das Unternehmen in Abteilungen ein und bringt diese üblicherweise in eine hierarchische Ordnung. So entstehen dann sogenannte Organigramme, an deren Spitze in der Regel das einsame Kästchen des Chefs oder des Vorstands platziert ist. Nach unten hin verbreitert sich die Darstellung durch die Einbeziehung der hierarchisch darunter liegenden Zuständigkeitsbereiche tannenbaumartig. Häufig stehen Kästchen für Kostenstellen und mancher Chef ist stolz, wenn er und seine Abteilung auf dem Organigramm des Gesamtunternehmens namentliche Erwähnung finden.

Ablauforganisationen hingegen sind nicht nach Abteilungen sondern nach Prozessen strukturiert. Als Prozesse wird die Verkettung wertschöpfender Aktivitäten verstanden, wie „Material beschaffen“, „Produkte er-

O. Plötner et al., *Kosten- und Erlösrechnung*, Springer-Lehrbuch, 2nd ed.,
DOI 10.1007/978-3-642-11920-0_4, © Springer-Verlag Berlin Heidelberg 2010

stellen", „Ware vertreiben". Die einzelnen Prozessstufen sind miteinander verknüpft, das heißt, das Ende des einen Prozesses ist mit dem Anfang des folgenden verbunden. Dabei erhält eine Prozessstufe als Input das Ergebnis des vorherigen Prozesses und gibt – nach der Durchführung wertschöpfender Aktivitäten – als Output ihr Ergebnis an die nachgelagerten Prozessstufen weiter. Im Rahmen einer solchen Prozesskette können die einzelnen Prozessstufen dann weiter untergliedert werden. Beispielsweise kann man den erwähnten Prozess „Ware vertreiben" in manchen Unternehmen in „Verkaufsanbahnung", „Vertragsverhandlung" und „Lieferung der Ware" unterteilen. Abbildung 4.1 verdeutlicht solch horizontale und vertikale Prozessstrukturen.

Es ist das Ziel vieler Unternehmen, ihre Prozesse schneller und günstiger zu machen und den durch sie erbrachten Output zu verbessern. Um die Effizienz von Prozessen zu erhöhen, ist es zunächst notwendig, eine Transparenz der Prozessabläufe herzustellen, das heißt zu wissen, welche Aktivitäten im Unternehmen mit welchem Ergebnis durchgeführt werden. Dem

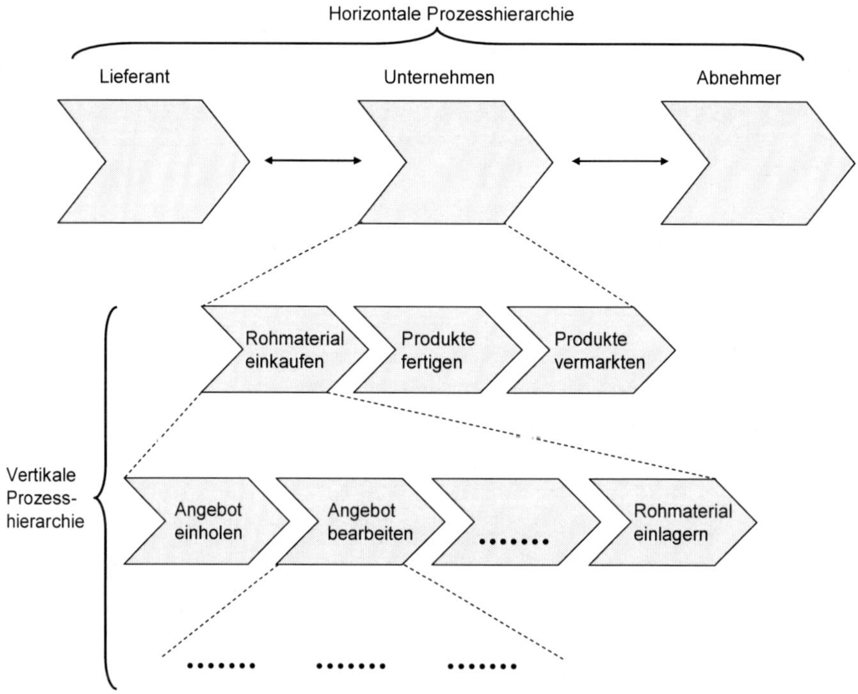

Abb. 4.1. Vertikale und horizontale Prozessstrukturen (in Anlehnung an Franz/Kajüter 2002, S. 253)

zentralen Zweck der Prozessrechnung folgend werden den identifizierten Prozessen Kosten zugeordnet und die jeweiligen Prozessergebnisse bewertet. Auf die Weise gelangt man zu Erkenntnissen, auf deren Grundlage Ideen zur **Prozessoptimierung** entwickelt werden können, die der Effizienzerhöhung des Betriebes dienen.

Neben der Prozessanalyse und -optimierung kann die Prozessrechnung auch dazu dienen, die Gesamtkosten hergestellter Produkte beziehungsweise erbrachter Dienstleistungen zu kalkulieren. Insofern besteht hier eine Parallelität zur Kostenstellenrechnung, die ebenfalls als Vorstufe zur Kostenträgerrechnung genutzt wird. Die Ähnlichkeit der beiden Rechensysteme zeigt sich auch bei der Einteilung in primäre und sekundäre Kosten. So werden in der Prozessrechnung analog zur entsprechenden Abgrenzung in der Kostenstellenrechnung jene Kosten als primär bezeichnet, die von externer Seite einem Prozess zugehen. Von sekundären Prozesskosten spricht man hingegen, wenn Leistungen, die bei einem Prozess im Unternehmen entstanden sind, in nachgelagerte Prozesse eingehen.

Eine Analyse und Optimierung der Unternehmensprozesse kann im Rahmen eines einzelnen, umfassenden Projekts oder auch als kontinuierliche Entwicklungsmaßnahme durchgeführt werden. Im ersten Fall wird in der Praxis vielfach vom sogenannten Business Process Reengineering gesprochen, mit dessen Hilfe ein einmaliger Quantensprung in der Prozesseffizienz erreicht werden soll. Für den zweiten Fall hat sich in Deutschland die Abkürzung KVP (Kontinuierlicher Verbesserungsprozess) eingebürgert. Dieser Ansatz kann durch die langfristige Perspektive einer Prozessrechnung in geeigneter Weise unterstützt werden.

Tatsächlich ist die Verknüpfung zwischen Kostenstellen- und Prozessrechnung noch wesentlich enger, denn schließlich setzt die Prozessrechnung eine Kostenstellenrechnung voraus. Das ergibt sich aus dem Umstand, dass bei der Prozessrechnung, wie in dem einleitenden Beispiel erläutert, aufbauend auf der bestehenden Unternehmensstruktur kostenstellenübergreifende Prozesse identifiziert und quantifiziert werden. Um die Kosten der Prozesse zu bestimmen, werden dann wiederum Informationen zu den Kosten der Kostenstellen benötigt, um sie je nach der Nutzung ihrer Leistungen anteilig den Prozessen zuzuordnen. Dennoch besteht zwischen der Kostenstellen- und der Prozessrechnung im logischen Ansatz zur „Kostensortierung“ ein zentraler Unterschied: Während im Rahmen der Kostenstellenrechnung

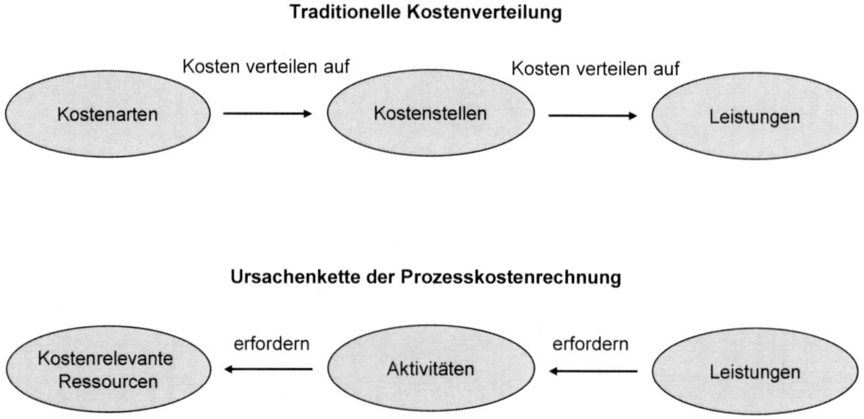

Abb. 4.2. Ansatz traditioneller Kostenrechnungssysteme im Vergleich zur Prozessrechnung (in Anlehnung an Nadig 2000, S. 304)

zunächst Kosten identifiziert und dann verteilt werden, analysiert man in der Prozessrechnung zunächst Aktivitäten, um anschließend zu ermitteln, welche Kosten durch die Aktivitäten entstanden sind. Abbildung 4.2 verdeutlicht diesen Zusammenhang.

Modelle einer prozessorientierten Kostenrechnung sind vorrangig in den 1980er und 1990er Jahren unter dem in den USA entstandenen Stichwort **Activity Based Costing** populär geworden. Hintergrund dieser Entwicklung war die Erkenntnis, dass traditionelle Kostenrechnungssysteme stark auf die industrielle Produktion einheitlicher Produkte ausgerichtet waren. Das lässt sich dadurch begründen, dass in früheren Jahrzehnten die Fertigung von Produkten vielfach der zentrale Engpass war, um einer stark wachsenden Konsumnachfrage nach Massengütern gerecht zu werden. Im Lauf der Zeit änderten sich jedoch diese Marktbedingungen. Neue Technologien und zunehmende Globalisierung erleichterten die Herstellung industrieller Produkte, führten jedoch zu einer wachsenden Bedeutung anderer Bereiche, wie etwa Logistik und Vertrieb. Gleichzeitig stieg die Nachfrage der Kunden nach individuellen Dienstleistungen, wie der Beratung. Dies führte in den vergangenen Jahrzehnten zu einer starken Zunahme der Fix- und Gemeinkosten, die bei zahlreichen Unternehmen bald über zwei Drittel der Gesamtkosten ausmachten. Aus diesem Umstand erwuchs der Wunsch, diese Kostenblöcke nicht nur einfach auf Kostenstellen und Kostenträger zu verteilen, sondern ihrer Verursachung genauer auf den Grund zu gehen und ein Kostensystem zu entwickeln, das bei der Optimierung der mit ihnen verbundenen Prozesse hilft.

Diesem Ziel folgte im deutschsprachigen Raum insbesondere Horváth, der das „Activity Based Costing“ entscheidend weiterentwickelte und an dessen Überlegungen sich die folgende Beschreibung der Rechenmechanismen stark anlehnt. Dabei sei noch erwähnt, dass die aufgekommene Popularität der Prozessrechnung nicht mit dem Zeitpunkt identisch ist, zu dem dazu erste Rechenmodelle entwickelt wurden. Tatsächlich geschah das in der Wissenschaft bereits in den 1960er und 1970er Jahren, in denen man bei Unternehmen wie etwa General Electric und Siemens bereits Erfahrungen mit der Umsetzung dieser Ansätze machte.

4.2 Ablauf der Prozessrechnung

Für die Durchführung einer Prozessrechnung lassen sich verschiedene Ansätze finden, die sich vorrangig in Komplexität und Detaillierungsgrad unterscheiden. Im Folgenden wird das in Abbildung 4.3 dargestellte Schema zugrunde gelegt. Dessen neun Schritte werden nun näher erklärt.

Zu Anfang des ersten Schrittes der Prozessrechnung steht die Auswahl geeigneter Unternehmensbereiche. Sinnvollerweise sollten hierbei nur jene in Betracht kommen, die einen relativ hohen Anteil an Gemeinkosten aufweisen und innerhalb derer viele gleiche Tätigkeiten stattfinden. Letzterer Aspekt ist insbesondere wichtig, weil die Erkenntnis, wie viel ein Prozess kostet, je wertvoller ist, desto häufiger sich dieser Prozess wiederholt. Kreative Prozesse etwa haben in der Regel einen einmaligen Charakter und entziehen sich weitgehend dem Nutzen einer kostenrechnerischen Prozess-

Schritt 1	Erfassung der Tätigkeiten in ausgewählten Unternehmensbereichen
Schritt 2	Zusammenfassung von Tätigkeiten zu Teilprozessen
Schritt 3	Identifikation von Kostentreibern für die Teilprozesse
Schritt 4	Einteilung in leistungsmengeninduzierte und leistungsmengenneutrale Prozesse
Schritt 5	Ermittlung der Prozessmengen und Prozesskosten je Teilprozess
Schritt 6	Errechnung der Prozesskostensätze je Teilprozess
Schritt 7	Verdichtung der Teilprozesse zu Hauptprozessen
Schritt 8	Identifikation von Kostentreibern für die Hauptprozesse
Schritt 9	Ermittlung des Kostensatzes je Hauptprozess

Abb. 4.3. Die neun Schritte der Prozessrechnung

analyse. Allerdings muss eine Prozessrechnung nicht zwingendermaßen für das gesamte Unternehmen durchgeführt werden. Vielmehr ist es durchaus möglich, dass innerhalb desselben Unternehmens in manchen Bereichen Prozessrechnungen Anwendung finden, während in anderen Bereichen die Kostenzuordnungen nach traditionellen Verfahren erfolgen. So wird die Prozessrechnung nicht nur in reinen Dienstleistungsunternehmen eingesetzt, sondern findet auch bei produktionsbasierten Unternehmen im Beschaffungswesen, in Bereichen der Qualitätsprüfung oder der Logistik Anwendung. Zum einen ist in diesen Bereichen häufig der Anteil fixer Gemeinkosten relativ hoch, zum anderen werden die Tätigkeiten dort gewöhnlich wiederholt, beispielsweise im Logistikbereich die Aktivität „Auslieferungsfahrt zum Kunden".

Abb. 4.4. Bei kreativen Tätigkeiten ist die Prozessrechnung nicht sinnvoll [sh]

Nach der Festlegung geeigneter Bereiche erfolgt die Erfassung der dort verrichteten Tätigkeiten. Dieser Vorgang kann sehr arbeitsaufwändig sein, da er – zumindest bei seiner erstmaligen Durchführung – mit einer umfassenden Befragung von Mitarbeitern verbunden ist. Dabei wäre es nicht ungewöhnlich, dass manche von ihnen einer genauen Analyse ihrer Aktivitäten durchaus kritisch gegenüber stehen, weil sie das als unangenehme Überwachung empfinden. Insofern sollte die Plausibilität der Befragungsergebnisse nicht ungeprüft bleiben. Üblicherweise erfolgt die Tätigkeitsanalyse in Bezug auf eine bestimmte Kostenstelle. Das macht einmal mehr die enge Verzahnung und den aufbauenden Charakter der verschiedenen Kostenrechnungssysteme deutlich.

Im zweiten Schritt werden die verschiedenen Tätigkeiten innerhalb einer unmittelbar für die Prozesskostenrechnung relevanten Kostenstelle zu **Teilprozessen** zusammengefasst. So können etwa die in der Kostenstelle „Einkauf" angefallenen Tätigkeiten wie „Vertragsbedingungen verhandeln", „Bestellungen absenden", „Bestellvorgang im eigenen Informationssystem erfassen", „nachträgliche Abklärungen durchführen" unter dem Teilprozess „Materialbestellung" subsumiert werden. Ein Teilprozess stellt also eine Kette von Aktivitäten innerhalb einer Kostenstelle dar. Die sinnvolle Verdichtung von Aktivitäten zu Teilprozessen erfordert viel Sachverständnis. Eine zu grobe Einteilung stellt die Aussagefähigkeit der Ergebnisse in Frage, eine zu detaillierte Strukturierung schafft eine Komplexität, die nicht oder nur mit unverhältnismäßig viel Aufwand beherrscht werden kann.

Im dritten Schritt der Prozessrechnung wird für die Teilprozesse versucht, eine quantifizierbare Kostenbezugsgröße zu identifizieren. Das bedeutet, dass diesen Größen eine klar quantifizierbare, abhängige Variable zugeordnet werden soll. Im angelsächsischen Sprachgebrauch spricht man in diesem Zusammenhang etwas anschaulicher von einem „Cost Driver"; dementsprechend wird auch im deutschen Sprachraum zunehmend der Begriff **Kostentreiber** benutzt. Bei der Bestimmung der Kostentreiber kommt es darauf an, einen möglichst engen Zusammenhang zwischen einer Aktivität und dem sie verursachenden Faktor zu finden. So mag etwa das Anfallen der Tätigkeit „Rahmenverträge mit Lieferanten vereinbaren" von der Anzahl der Lieferanten abhängen und damit in Bezug gebracht werden. Darüber hinaus sollte die Ausprägung der Kostentreiber relativ problemlos zu ermitteln sein, das heißt vorzugsweise im Informationssystem eines Unternehmens vorliegen und nicht für die Prozessrechnung mühsam erarbeitet werden müssen.

Manche der identifizierten Teilprozesse stehen in unmittelbarem Zusammenhang mit einer repetitiven Tätigkeit, die sich über eine quantifizierbare Größe ausdrücken lässt. Ihnen können Kostentreiber zugeordnet werden, wie die Beschaffung von Materialien zur Leistungserstellung. Bei anderen ist dieser Zusammenhang nur indirekt gegeben, etwa bei dem Prozess „Abteilung leiten". Dementsprechend werden in der Prozessrechnung erstere als **leistungsmengeninduzierte (lmi)**, letztere als **leistungsmengenneutrale (lmn) Prozesse** bezeichnet. Die Einteilung der Prozesse in diese beiden Kategorien stellt den vierten Schritt der Prozessrechnung dar. Er ist notwendig, weil – wie im Folgenden gezeigt werden wird – die Weiterverrechnung der Kosten dieser Prozesskategorien einem anderen Mechanismus folgt.

Im fünften Schritt erfolgt die Erfassung der **Prozessmengen** hinsichtlich der leistungsmengeninduzierten Prozesse. Hierbei geht es darum, das Mengengerüst der Kostentreiber zu identifizieren. Wenn also beispielsweise bestimmte Prozesskosten von der Anzahl der Lieferanten abhängen, ist zu ermitteln, mit wie vielen Lieferanten das Unternehmen in einer bestimmten Periode Beziehungen unterhält.

Mit der Bestimmung der Prozessmengen erfolgt die Erfassung der **Prozesskosten**. Dabei finden, wie Abbildung 4.5 zeigt, lediglich Gemeinkosten und keine (produktbezogenen) Einzelkosten Eingang in die Prozessrechnung. Da das Augenmerk hierbei in erster Linie auf personalintensive Gemeinkostenbereiche gerichtet wird, stehen im Normalfall die Gehaltskosten im Mittelpunkt. Vergleichsweise geringe Raum-, Abschreibungs-, Energiekosten etc. werden gewöhnlich nicht berücksichtigt und später den Personalkosten der Höhe nach entsprechend zugeschlüsselt. Basierend auf den Ergebnissen

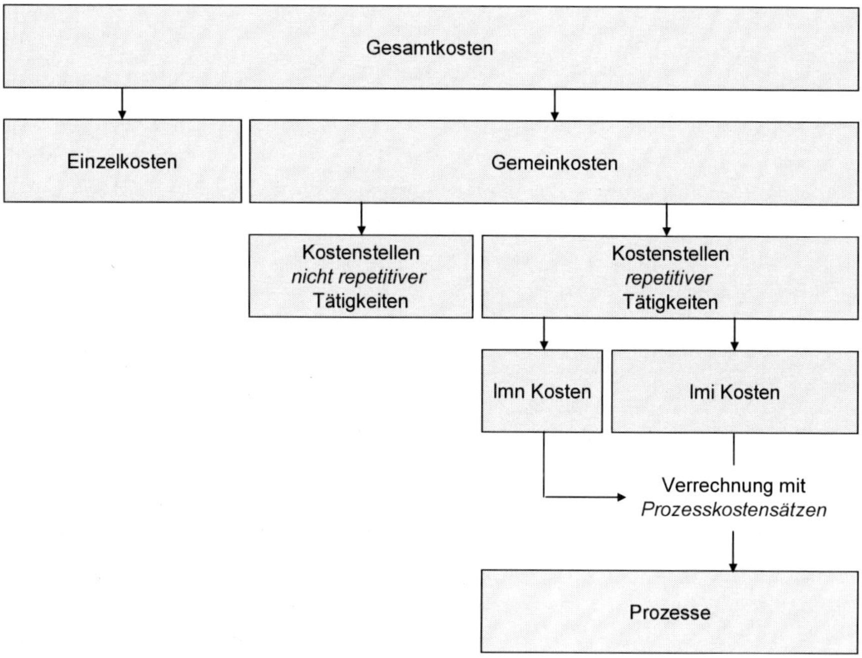

Abb. 4.5. Kostengliederung bei der Prozessrechnung (in Anlehnung an Steger 2001, S. 555)

der Tätigkeitsanalyse ist zu ermitteln, wie viel Arbeitszeit beziehungsweise Personalkapazität die Durchführung eines Prozesses benötigt. Diese möglicherweise von vielen unterschiedlichen Mitarbeitern verursachten Arbeitszeiten je Prozess fasst man in sogenannten Mannjahren zusammen (im angelsächsischen Sprachgebrauch wird hierbei häufig die Abkürzung FTE für Full Time Employee genutzt.) Die Mannjahre werden mit den Jahreskosten je Mitarbeiter multipliziert. In der Praxis werden aus Praktikabilitätsgründen nicht die unterschiedlichen Personalkosten eines jeden Mitarbeiters dem einzelnen Prozess zugeordnet. Vielmehr wird im Hinblick auf die Gehaltskosten ein Durchschnittssatz ermittelt, der prozessübergreifend Anwendung findet.

Auf der Basis der Prozessmengen und Prozesskosten werden für die leistungsmengeninduzierten Prozesse im sechsten Schritt der Prozessrechnung die **Prozesskostensätze** der Teilprozesse ermittelt. Dabei werden die Kosten eines Prozesses durch die Mengen eines Prozesses dividiert. Auf die Weise erfährt man, wie viel die einmalige Durchführung eines Teilprozesses kostet. Diese Kennzahlen dienen oftmals als Indikator für die Effizienz im Unternehmen, etwa indem man die Sätze unterschiedlicher Perioden einander gegenüberstellt oder sie zu Betriebsvergleichen heranzieht.

Für die leistungsmengenneutralen Prozesse werden keine Kostentreiber definiert, da ihr Leistungsvolumen nicht quantifizierbar ist. Deswegen werden diese Kosten den leistungsmengeninduzierten Prozessen auf der Basis eines prozentualen Zuschlagssatzes zugerechnet. Wenn also etwa das Verhältnis der Gesamtkosten innerhalb einer Kostenstelle hinsichtlich ihrer leistungsmengenneutralen und ihrer leistungsmengeninduzierten Teilprozesse 1 : 4 beträgt, ergibt dies einen Zuschlagsatz von 25 % für die leistungsmengenneutralen Prozesse. Dieser Zuschlagssatz wird dann auf die Prozesskostensätze der leistungsmengeninduzierten Teilprozesse aufgeschlagen.

Das Ergebnis der ersten sechs Schritte der Prozessrechnung kann anhand des Beispiels in Abbildung 4.6 verdeutlicht werden.

Dabei ergeben sich für die Kostenstelle „Einkauf Fertigungsmaterial" eines Unternehmens Gehaltskosten in Höhe von einer Million Euro, die auf die einzelnen Teilprozesse dem Arbeitseinsatz entsprechend verteilt werden.

In diesem Beispiel werden dem Teilprozess „Angebot einholen" 140.000 € zugeordnet. Die Anzahl der Anfragen, die sich auf diese Angebote beziehen, gibt als Kostentreiber Aufschluss darüber, wie häufig dieser Teilprozess ausgeführt wurde – in diesem Beispiel 1.400 Mal. Teilt man die zugeordneten Kosten durch diese Anzahl, so ergibt sich ein Prozesskostensatz von 100 € für den leistungsmengeninduzierten Prozesskostensatz. Aufgrund der Tatsache, dass das Ver-

Abteilung: Einkauf	Kostenstelle 2112 Einkauf "Fertigungsmaterial"									
Teilprozesse	Kostentreiber	Teilprozess-mengen	Mann-jahre	Prozesskosten			Prozesskostensatz			
				gesamt	lmi	lmn	lmi	lmn Umlage-satz	lmn-Umlage-satz	gesamt
	Anzahl der ...	Menge	MJ	T€	T€	T€	€	%	€	€
Angebot einholen	Anfragen	1.400	1,4	140	140	-	100	25	25	125
Angebot bearbeiten	Anbote	1.250	3,4	340	340	-	272	25	68	340
Bestellung aufgeben	Bestellungen	1.000	2,2	220	220	-	220	25	55	275
Vertragsabschluss	Einzelverträge	125	0,2	20	20	-	160	25	40	200
Reklamationen	Reklamationen	500	0,5	50	50	-	100	25	25	125
Lieferantenpflege	Lieferanten	250	0,3	30	30	-	120	25	30	150
Besprechungen	-	-	0,3	30	-	30	-	-	-	-
Einkauf leiten	-	-	1,7	170	-	170	-	-	-	-
		Gesamt	10,0	1.000	800	200				

Abb. 4.6. Rechenschritte zur Ermittlung der Prozesskostensätze der Teilprozesse (in Anlehnung an Steger 2001, S. 547 ff.)

hältnis der leistungsmengenneutralen zu den leistungsmengeninduzierten Kosten 200.000 € zu 800.000 € beträgt, müssen zusätzlich 25 % auf diesen Prozesskostensatz aufgeschlagen werden.

$$200.000\,€ : 800.000\,€ \cdot 100 = 25\,\%$$

Bei einem Prozesskostensatz für leistungsmengeninduzierte Prozesse in Höhe von 100 € ergeben sich folglich 125 € als gesamter Prozesskostensatz. Dieses Ergebnis kann so interpretiert werden, dass die einmalige Durchführung, hier ein Angebot einholen, intern mit 125 € veranschlagt wird. Ein Angebot bearbeiten würde intern folglich 340 € „kosten", eine Bestellung aufgeben 275 € usw.

Im siebten Schritt werden die Teilprozesse zu Hauptprozessen verdichtet. Während die Tätigkeitsanalyse und deren Zusammenfassung zu Teilprozessen mit Bezug auf eine bestimmte Kostenstelle vorgenommen wird, erfolgt die Verdichtung der Teilprozesse zu Hauptprozessen kostenstellenübergreifend nach sachlichen Kriterien. Dabei können bestimmte Teilprozesse auch prozentual unterschiedlichen Hauptprozessen zugeordnet werden. Abbildung 4.7 veranschaulicht den in der Prozessrechnung üblichen Vorgang der zweistufigen Verdichtung von Tätigkeiten beziehungsweise Aktivitäten zu Teilprozessen und von Teilprozessen zu Hauptprozessen.

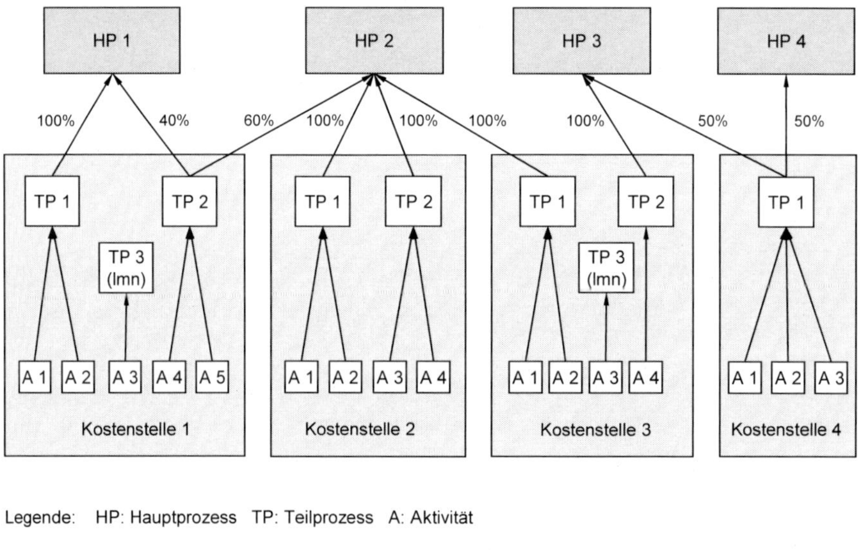

Abb. 4.7. Schema zur Verdichtung von Tätigkeiten in der Prozessrechnung (in Anlehnung an Franz/Kajüter 2002, S. 269)

Im achten Schritt wird ein Kostentreiber je Hauptprozess identifiziert. Sollte allen Teilprozessen, die einem Hauptprozess zugeordnet werden, derselbe Kostentreiber zugrunde liegen, ist dessen Identifikation sehr einfach, denn dann muss sie lediglich übernommen werden. Das ist aber eher die Ausnahme. Stattdessen muss in der Regel ein neuer Kostentreiber bestimmt werden, der wiederum durch eine möglichst enge kausale Abhängigkeit zwischen seiner Ausprägung und den ihm zugeordneten Aktivitäten charakterisiert ist. Wenn also in Bezug auf einen Hauptprozess eine Kostenbezugsgröße wie „Anzahl von Bestellungen" eine hohe Menge aufweist, sollten auch die ihm zugeordneten Tätigkeiten eine entsprechend hohe Anzahl aufweisen. Darüber hinaus sollte der Kostentreiber möglichst genau zu messen und der Erhalt der entsprechenden Informationen nicht mit unangemessen viel Arbeitsaufwand verbunden sein.

Die Beziehung zwischen Teilprozessen und Hauptprozessen kann auch durch sogenannte **Prozesskoeffizienten** ausgedrückt werden. Damit wird die Anzahl jener Teilprozesse beschrieben, die notwendig sind, um einen Hauptprozess einmal abzuwickeln. Dementsprechend stellen die Prozesskoeffizienten die Grundlage zur Verrechnung der Prozesskosten auf die Hauptprozesse dar. Die Prozesskoeffizienten können bestimmt werden, indem die Teilprozessmengen, die diesem Hauptprozess zugeordnet sind, durch die Menge des Hauptprozesses geteilt werden. Durch Multiplikation der Teilprozesskostensätze mit den Prozesskoeffizienten wird schließlich der Prozesskostensatz

Kostenstelle	Teilprozesse (TP)		Teilprozess-mengen Menge	Prozesskostensatz (gesamt) (TP) €	Prozess-koeffizient	Prozess-kostensatz (HP) €
2112 Einkauf "Fertigungs-material"	Angebot einholen	TP1	1.400	125	1,400	175,00
	Angebot bearbeiten	TP2	1.250	340	1,250	425,00
	Bestellung aufgeben	TP3	1.000	275	1,000	275,00
	Vertragsabschluss	TP4	125	200	0,125	25,00
	Reklamation	TP5	500	125	0,500	62,50
	Lieferantenpflege	TP6	250	150	0,250	37,50
2214 Material-annahme	Materiallieferung entgegennehmen	TP1	220	400	0,220	88,00
	Materialprüfung	TP2	275	220	0,275	60,50
	Material an Materialstelle weiterleiten	TP3	220	150	0,220	33,00
2232 Lager	Fertigungsmaterial einlagern	TP1	220	275	0,220	60,50
HP-Kostensatz (gesamt) in € pro Bestellung						**1.242,00**

Abb. 4.8. Verdichtung von Tätigkeiten in der Prozessrechnung am Beispiel eines Hauptprozesses „Bestellen" mit drei involvierten Kostenstellen (in Anlehnung an Steger 2001, S. 552 ff.)

des Teilprozesses pro Hauptprozess ermittelt. Durch Addition dieser Prozesskostensätze wird im neunten und letzten Schritt der Prozesskostensatz des Hauptprozesses bestimmt. Das Beispiel aus Abbildung 4.6 weiterführend ergeben sich dabei die in Abbildung 4.8 dargestellten Rechenergebnisse.

Alternativ kann auch ohne explizite Bestimmung der Prozesskoeffizienten der Prozesskostensatz des Hauptprozesses bestimmt werden. Hierfür müssen lediglich die dem Hauptprozess zugeordneten Teilprozessmengen mit den jeweiligen Prozesskostensätzen der Teilprozesse multipliziert werden. Auf die Art werden die Hauptprozesskosten der jeweiligen Teilprozesse bestimmt. Addiert man sie, erhält man die gesamten Kosten des Hauptprozesses. Werden sie durch die Menge des Hauptprozesses geteilt, so wird wieder der Hauptprozesskostensatz bestimmt. Er gibt nun an, welche Kosten dem jeweiligen Hauptprozess zugeordnet sind. Abbildung 4.9 verdeutlicht die Bestimmung des Hauptprozesskostensatzes über diesen Rechenweg.

In der Praxis wird davon ausgegangen, dass sieben Kostentreiber oftmals bereits genügen, um die Kostenstrukturen von Unternehmensprozessen ausreichend zu erfassen. Zu dieser Daumenregel ist allerdings anzumerken, dass mit zunehmender Simplizität die Handhabbarkeit eines Rechenmodells zwar steigt, die Zuverlässigkeit seiner Ergebnisse jedoch abnimmt. Insofern muss im Einzelfall abgewogen werden, wie viel Arbeitsaufwand einem die Genauigkeit der Rechenresultate wert ist.

Kostenstelle	Teilprozesse (TP)		Teilprozess-mengen	Prozesskostensatz (gesamt)	Hauptprozesskosten
			Menge	€	€
2112 Einkauf "Fertigungs-material"	Angebot einholen	TP1	1.400	125	175.000
	Angebot bearbeiten	TP2	1.250	340	425.000
	Bestellung aufgeben	TP3	1.000	275	275.000
	Vertragsabschluss	TP4	125	200	25.000
	Reklamation	TP5	500	125	62.500
	Lieferantenpflege	TP6	250	150	37.500
2214 Material-annahme	Materiallieferung entgegennehmen	TP1	220	400	88.000
	Materialprüfung	TP2	275	220	60.500
	Material an Materialstelle weiterleiten	TP3	220	150	33.000
2232 Lager	Fertigungsmaterial einlagern	TP1	220	275	60.500
HP-Kosten in €					1.242.000
HP-Mengen in Bestellungen					1.000
HP-Kostensatz (gesamt) in € pro Bestellung					**1.242**

Abb. 4.9. Alternativer Rechenansatz zur Ermittlung der Kosten eines Hauptprozesses (in Anlehnung an Steger 2001, S. 552 f.)

4.3 Prozessrechnung auf dem Prüfstand

In den 1990er Jahren initiierten zahlreiche Unternehmen die Einführung der Prozessrechnung, insbesondere um dadurch dem Ausufern ihrer zunehmenden Gemeinkostenblöcke entgegenzusteuern. Zehn Jahre später folgte der Phase anfänglicher Euphorie vielfach eine gewisse Ernüchterung. So gaben im Jahre 2000 weniger als 5 % der Unternehmen in Deutschland an, dieser kostenrechnerische Ansatz fände bei ihnen Anwendung (vgl. Homburg/Daum 2002). Neben den Möglichkeiten, die Effizienz eines Unternehmens zu verbessern, gilt es deswegen, sich auch die methodischen Schwachpunkte und praktischen Hindernisse der Prozessrechnung bewusst zu machen.

Zunächst sei der bereits oben erwähnte Hinweis wiederholt, dass die Einführung der Prozessrechnung nur für die Gemeinkostenverrechnung von solchen Tätigkeiten sinnvoll ist, die sich ihrem Wesen nach häufig wiederholen. Es bedarf einer gewissen **Standardisierbarkeit der Aktivitäten**, um sie im Sinne der Prozessrechnung berechenbar zu machen. Prozesse, die einen einmaligen Charakter haben, entziehen sich sowohl in zeitlicher als auch sachlicher Hinsicht der Möglichkeit des Vergleichs und sind für Planungs- und Kontrollverfahren der Prozessrechnung ungeeignet. Dabei ist übrigens eine unternehmensübergreifende Vergleichbarkeit auch bei standardisierten Prozessen innerhalb derselben Branche oftmals nicht gegeben. Zwar wird in vielen Banken das Anlagemanagement für Privatpersonen mittels der Prozessrechnung erfasst und gesteuert, doch dürften die Erkenntnisse großer Publikumsbanken für kleine, elitäre Bankinstitute, die das Vermögen einer milliardenschweren Klientel betreuen, kaum relevant sein.

Die **wichtigste methodische Schwäche** der Prozessrechnung liegt in der kausalen Verbindung zwischen der Höhe der Prozesskosten und der Ausprägung der entsprechenden Kostenbezugsgröße beziehungsweise des Kostentreibers. Denn fast immer sind die Hintergründe menschlicher Aktivitäten in einem Unternehmen zu komplex, als dass sie sich auf die Existenz einer einzigen konkreten Ursache reduzieren ließen. Insofern weisen die in der Prozessrechnung analysierten Abhängigkeitsverhältnisse ähnliche Probleme auf wie die in der Kostenstellenrechnung gebräuchlichen Schlüsselungsgrößen.

Dies gilt umso mehr, als bei der Abhängigkeit zwischen Prozesskosten und Kostenbezugsgröße von einer **Proportionalität des Verhältnisses** ausgegangen wird. Tatsächlich aber werden sich in der Praxis beispielsweise die Kosten für den Umgang mit einem Kunden nicht exakt verdoppeln, wenn ein zweiter hinzukommt, oder gar verzehnfachen, wenn zehn Kunden zu betreuen sind. Besonders offensichtlich wird die Fragwürdigkeit der Proportionalitätsannahme angesichts der Kostenzurechnungen leistungsmengenneutraler Prozesse. Die hierbei angewandte Methodik, diese Kosten den leistungsmengeninduzierten Prozessen nach einem einheitlichen Zuschlagssatz anzulasten, dürfte den kausalen Zusammenhängen in der Unternehmensrealität bestimmt nicht gerecht werden.

Abb. 4.10. Bringt der Storch jetzt doch die Kinder? [rr]

Hierbei handelt es sich um ein generelles statistisches Problem, das im Zusammenhang mit Korrelationen steht. Die Tatsache, dass zwei Bezugsobjekte eine Korrelation aufweisen, sagt nicht zwingend aus, dass sie sich tatsächlich beeinflussen. In diesem Zusammenhang wird gern angeführt, dass zwischen der Geburtenrate in Deutschland und der Storchpopulation eine Korrelation bestehe. Ebenso lässt sich eine Korrelation zwischen der Schuhgröße und dem Gehalt feststellen. Dennoch lässt sich weder die Geburtenrate in Deutschland durch zusätzliche Nistplätze für Störche erhöhen, noch lässt sich über zu große Schuhe das Einkommen verbessern.

Vielmehr ist davon auszugehen, dass die Kosten je Prozess bei zunehmender Wiederholung der gleichen Tätigkeiten **tendenziell sinken**. Zum einen liegt das an den Lerneffekten, die sich bei einer Wiederholung von Tätigkeiten gewöhnlich einstellen und zu höherer Effizienz je zusätzlicher Tätigkeit führen sollten. Zum anderen sind Fixkostensprünge zu beachten, die bei einer Variabilisierung fixer Kostenbestandteile zu verzerrten Ergebnissen führen. So kauft möglicherweise ein Unternehmen bei der zunehmenden Gewinnung von Kunden ein elektronisches Kundenverwaltungssystem, dessen Anschaffungs- und Installationskosten die Betreuungskosten pro Kunden verschieben werden. Um diesen Effekten kostenrechnerisch gerecht zu werden, müssten die Prozesskoeffizienten permanent angepasst werden.

Diese Überlegung weist auf das in der Praxis am häufigsten vorgebrachte Argument gegen die Prozessrechnung hin: der **hohe Arbeitsaufwand**. Die umfassenden Tätigkeitsanalysen, ihre Plausibilitätsprüfung, die Kostenerfassung, der Aufbau neuer Dokumentationssysteme etc. erfordern jede Menge Arbeitsstunden. Hinzu kommt, dass zumindest die Einführungsphase der Prozessrechnung vielfach mit dem Engagement externer Berater verbunden ist. Sie sollten über Erfahrung bei der Implementierung solcher Systeme verfügen, doch gerade die kompetenten Berater sind häufig auch ausgesprochen teuer.

Dabei verstärkt die Einbeziehung externer Berater oftmals die skeptische Einstellung der Mitarbeiter gegenüber der Einführung eines Rechensystems, das höhere Transparenz in Arbeitsabläufe der Belegschaft bringen soll. In diesem Zusammenhang ist auch zu beachten, dass einer fundierten Tätigkeitsanalyse und -bewertung möglicherweise auch Grenzen durch regulatorische Rahmenbedingungen gesetzt sind, etwa durch fehlende Zustimmung von Vertretern der Arbeitnehmerverbände.

Renommierte Beratungsunternehmen wie beispielsweise McKinsey stehen häufig in der Kritik, Kosten ihrer Kundenunternehmen vorrangig durch die Einsparung von Personalkosten senken zu wollen. Vor diesem Hintergrund sind die hier angesprochenen Ängste der Mitarbeiter vor Transparenz nicht unbegründet. Denn gerade in der Prozessrechnung werden die Kosten über Arbeitszeit geschlüsselt. Daher können die Kosten eines Prozesses maßgeblich gesenkt werden, wenn weniger Personal daran beteiligt ist. Vor diesem Hintergrund setzte die IG Metall in den vergangenen Jahren verstärkt auf eigene Berater, die versuchen, die Effizienz ohne Personalabbau zu steigern.

Die dargestellten Schwächen und Schwierigkeiten der Prozessrechnung sollten aber nicht den Blick auf die Vorteile verstellen, die mit ihrer Einführung verbunden sein können. Tatsächlich kann ein Unternehmen die in Wettbewerbsstrukturen lebensnotwendige Effizienz seiner Handlungen stark verbessern, indem es die aufgedeckten Möglichkeiten zur Prozessoptimierung nutzt. Diese Möglichkeiten können bereits allein durch die Tätigkeitsanalyse offensichtlich werden. Das gilt insbesondere für sehr große Betriebe, in deren organisatorischer Komplexität sich vielfach Prozessstrukturen entwickeln, deren systematische Analyse rasch erstaunliche Ineffizienzen deutlich werden lässt.

Weniger offensichtliche Verbesserungsmöglichkeiten können durch einen Vergleich mit Prozessen und Prozesskosten anderer Unternehmen, die ein ähnliches betriebliches Aufgabenprofil aufweisen, erkannt werden. Vorzugsweise führt man im Rahmen eines sogenannten Benchmarking solche Vergleiche mit den Besten einer Branche durch und hofft von ihnen zu lernen.

Die sich aus einer Prozessrechnung ergebenden Optimierungen können auf simplen Erkenntnissen beruhen, etwa dass ein Formular zur Qualitätsprüfung nicht von drei sondern nur von zwei Mitarbeitern unterschrieben werden muss. Es kann sich aber auch um Schritte handeln, die von großer Bedeutung für die Unternehmensabläufe sind; beispielsweise, dass überhaupt keine Papierformulare mehr eingesetzt werden sollten, sondern die Genehmigungen künftig nur noch durch das firmeneigene Intranet erteilt werden.

Aus Unternehmensperspektive liegt das wichtigste Ziel solcher Änderungen gewöhnlich in einer Verbesserung der Kostenstrukturen. Dabei muss eine höhere Effizienz der Prozesse allerdings nicht zwingend mit einer Kostenreduktion verbunden sein. Vielmehr wird gerade in fixkostenintensiven Bereichen lediglich ein Potenzial geschaffen, das für andere, wertschöpfendere Tätigkeiten zur Verfügung steht. Falls sich daraus sinnvollere Arbeitsprofile für die Mitarbeiter ergeben, werden sie die entsprechenden Umstellungen sicherlich akzeptieren. Falls unnütze bürokratische Hürden abgeschafft werden, kann die Motivation vieler Mitarbeiter sogar signifikant steigen. Allerdings ist zu beachten, dass Prozessoptimierungen vielfach mit einer neuen Disposition des Personals verbunden sind, die Personalversetzungen oder gar -abbau keineswegs ausschließen. Daher ist gerade beim Umgang mit den Ergebnissen der Prozessrechnung darauf zu achten, eine **angemessene Balance** zwischen betriebswirtschaftlicher Effizienz und sozialer Rücksichtnahme zu finden.

Kernsätze zu Kapitel 4

- Ziel der Prozessrechnung ist es, innerhalb eines Unternehmens beziehungsweise Unternehmensbereichs bei Tätigkeiten und den mit ihnen verbundenen Kosten Transparenz zu erhalten, um auf dieser Basis die zu erbringenden Leistungen zu kalkulieren und Möglichkeiten zur Effizienzverbesserung zu identifizieren.
- Sinnvollerweise sollte die Prozessrechnung nur bei den Unternehmen beziehungsweise Unternehmensbereichen Anwendung finden, die einen relativ hohen Anteil an Gemeinkosten aufweisen und bei denen zahlreiche gleiche Tätigkeiten stattfinden.

- Die Durchführung der Prozessrechnung lässt sich in neun Arbeitsschritte gliedern, an deren Ende mittels der Kosten der eingebundenen Teilprozesse die Prozesskostensätze der Hauptprozesse bestimmt werden.
- Vor der Einleitung von Maßnahmen zur Prozessoptimierung sollte man sich über die methodischen Schwächen der Prozessrechnung und über die Auswirkungen auf die betroffenen Mitarbeiter Klarheit verschaffen.

Interview mit Dr. Henning T. Baberg (HELIOS Kliniken)

Wird in den HELIOS-Kliniken eine Prozessrechnung eingesetzt?

Nein, eine klassische Prozessrechnung verwenden wir nicht, da dies aufgrund der Vielzahl unterschiedlicher Prozesse in einem Krankenhaus zu aufwendig wäre. Zudem haben Krankenhäuser eine besondere ethische Verantwortung, weshalb ein rein kostenbasiertes Controlling nicht immer zielführend ist. Dennoch ist die Betrachtung von Prozessen für uns von erheblicher Bedeutung. Für jedes Problem gibt es eine Lösung und eines der mehr als 60 Krankenhäuser der HELIOS-Gruppe hat die beste Lösung für das Problem gefunden. Wir müssen daher dafür sorgen, dass auch die anderen Krankenhäuser davon erfahren und diese Prozesse übernehmen. Aus diesem Grund werden die einzelnen Prozesse nicht kalkuliert, sondern die mit den Prozessen verbundenen Kennzahlen in einem Benchmark zwischen den Krankenhäusern verglichen. Allerdings funktioniert ein solches Benchmarking nur dann, wenn die dahinter liegenden Prozesse auch systematisch analysiert werden. Daher schicken wir Sachverständige in die Krankenhäuser mit den besten Ergebnissen beim Benchmark, die sich vor Ort anschauen, wie die Prozesse durchgeführt werden. Dadurch kann dieses Wissen anderen zugänglich gemacht werden.

Welche Kennzahlen verwenden Sie, um die Prozesse zu steuern?

Die Prozesse werden drei Bereichen zugeordnet: Im primären Bereich werden die Prozesse betrachtet, die direkt am Patienten ausgeführt werden. Dies sind insbesondere die Behandlungen selbst. Als Steuerungsgröße wird hierbei die Aufenthaltszeit des Patienten im Krankenhaus herangezogen. Im sekundären Bereich betrachten wir die Pflege auf den

Stationen, wobei als Steuerungsgröße das Verhältnis des Personaleinsatzes zur Stationsgröße (in Anzahl Patienten) verwendet wird. Im tertiären Bereich werden Prozesse zusammengefasst, die nicht direkt die Behandlung betreffen (z.B. Küche, Wäscherei, Reinigung). Auch hier ziehen wir spezielle Kennzahlen heran, bei der Reinigung sind dies bspw. die Kosten der Reinigung eines Quadratmeters pro Jahr.

Welche Kosten sind in einem Krankenhaus entscheidend und wie können diese reduziert werden?

Die zentralen Kosten in einem Krankenhaus sind die Personalkosten. Diese betragen ca. 60 % der Gesamtkosten. Wir versuchen daher, mittels des prozessbasierten Benchmarks Transparenz zu schaffen und dadurch das Personal zielgerichteter einzusetzen. Durch die Steigerung der Effizienz kann dann Personal abgebaut werden. Allerdings reicht es meistens, lediglich Überstunden zu vermeiden, so dass alle Mitarbeiter ihre Aufgaben in der regulären Arbeitszeit erledigen. Dies ist besonders wichtig, da Überstunden sehr teuer sind.

Wie stellen Sie sicher, dass die Effizienzsteigerungen nicht die Behandlungsqualität senken?

Auch im Bezug auf die Behandlungsqualität setzen wir konsequent Benchmarking ein. Dabei zeigt sich, dass die effizientesten Krankenhäuser oftmals gleichzeitig auch die beste Behandlungsqualität und die höchste Patientenzufriedenheit aufweisen. Optimale Arbeitsprozesse sind folglich nicht nur aus wirtschaftlichen Gesichtspunkten heraus wichtig, sondern sie gewährleisten auch eine bestmögliche Versorgung der Patienten.

Weiterführende Literatur zu Kapitel 4

- Zur Rechenmethodik der Prozessrechnung vgl. Steger (2001) sowie Horváth & Partner (1998)
- Zum Einsatz der Prozessrechung in deutschen Unternehmen vgl. Homburg/Daum (2002)

5 Produktrechnung

5.1 Ziele der Produktrechnung

Die Produktrechnung, die auch Kostenträgerrechnung oder Kalkulation genannt wird, ist der Frage gewidmet, wofür Kosten anfallen. Zur Beantwortung dieser Frage werden Informationen aus den vorgelagerten Rechnungen verwendet, insbesondere aus der Kostenarten- und der Kostenstellenrechnung sowie der Prozesskostenrechnung. Es geht darum, Kosten möglichst verursachungsgerecht auf einzelne Kostenträger, das heißt einzelne betriebliche Leistungseinheiten, zuzurechnen.

Ein wichtiges Ziel der Produktrechnung ist dabei, die Kosten zu ermitteln, die ein Produkt beziehungsweise eine Dienstleistung oder ein Auftrag tragen soll. So geht es in einem Unternehmen wie Beiersdorf um die Frage, welche Kosten ein Stück Seife oder eine Flasche Shampoo verursacht. In einem Unternehmen wie Siemens fragt man nach den Kosten einer Drehmaschine. Vattenfall ermittelt die Kosten, die einer Kilowattstunde Strom, die ihre Kunden beziehen, zugerechnet werden können. Bei McDonalds werden die Kosten bestimmt, die ein Hamburger tragen muss.

Die Kalkulation der Kosten eines abzusetzenden Produktes kann wiederum dazu dienen, Preise zu kalkulieren oder beurteilen und den Erfolg pro Stück oder Auftrag zu ermitteln. Das kann, wie in Abschnitt 5.5 und 5.6 dargestellt, auf Vollkosten- oder auf Teilkostenbasis, also auf der Grundlage von Deckungsbeiträgen, geschehen. Deckungsbeiträge eines Produktes können überdies zu Programmplanungen herangezogen werden (vgl. Abschnitt 5.6).

Ein weiteres Ziel der Produktrechnung ist die Bestandsbewertung. Eine Bewertung von Lagerbeständen muss im externen Rechnungswesen im Rahmen des Jahresabschlusses vorgenommen werden. Wertansätze dazu werden aus der Produktrechnung des internen Rechnungswesens abgeleitet.

Abbildung 5.1 gibt eine Übersicht über die verschiedenen **Kalkulationsverfahren**, die im Rahmen der Produktrechnung verwendet werden. Sie können ganz grundlegend in zwei Verfahrenstypen unterschieden werden. Bei den Varianten der Zuschlagskalkulation (vgl. Abschnitte 5.2 und 5.3)

O. Plötner et al., *Kosten- und Erlösrechnung*, Springer-Lehrbuch, 2nd ed.,
DOI 10.1007/978-3-642-11920-0_5, © Springer-Verlag Berlin Heidelberg 2010

werden alle Kostenbestandteile, die auf ein Produkt entfallen, addiert. In der Regel werden dabei Produkteinzelkosten als Ausgangspunkt genommen und Gemeinkosten werden darauf aufgeschlagen. Bei den Varianten der Divisionskalkulation (vgl. Abschnitt 5.4) werden hingegen Gesamtkosten als Ausgangspunkt genommen und dann auf die produzierten Stückzahlen verteilt.

Welches Verfahren sich am ehesten eignet, um die Kosten eines Produktes zu ermitteln, richtet sich insbesondere

1. nach der **Art der Produkte.** So sind Divisionskalkulationen nur für (relativ) homogene Produkte anwendbar, die in größerer Zahl hergestellt werden; eine Zuschlagskalkulation eignet sich hingegen auch für Sonderanfertigungen oder nicht standardisierte Dienstleistungen.
2. nach dem **Prozess der betrieblichen Leistungserstellung**. So unterscheiden sich Dienstleistungsprozesse von industriellen Fertigungsprozessen. Ein industrieller Produktionsprozess kann in mehreren Stufen ablaufen, bei denen jeweils Halbfertigprodukte entstehen, die zwischengelagert werden. Er kann einen sogenannten Kuppelprozess enthalten, einen Fertigungsprozess, in dem zwangsläufig mehrere Produkte entstehen. Für all solche Prozesse ist jeweils ein bestimmtes Verfahren besser oder schlechter geeignet.

Solche Einsatzbedingungen für die verschiedenen Verfahrensvarianten werden in den einzelnen Abschnitten genauer erläutert.

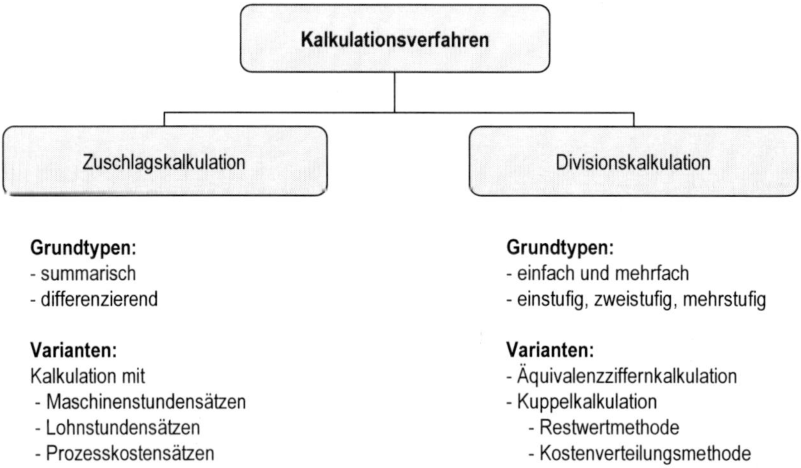

Abb. 5.1. Kalkulationsverfahren im Überblick

5.2 Grundtypen der Zuschlagskalkulation

Die Verfahren der Zuschlagskalkulation können grundsätzlich bei jeder Art der Fertigung und jeder Produktart angewendet werden. Im Unterschied zu den Verfahren der Divisionskalkulation sind sie insbesondere für Sonderanfertigungen oder nicht standardisierte Dienstleistungen geeignet. Ihr Grundprinzip ist, die nicht direkt zurechenbaren Produktgemeinkosten auf die Produkte zu verteilen. Für die Gemeinkosten werden Zuschlagssätze gebildet, die auf die Einzelkosten aufgerechnet werden. Je nach der Anzahl der verwendeten Zuschlagssätze werden die summarische (ein einziger Zuschlagssatz) und die differenzierende Zuschlagskalkulation (ein Zuschlagssatz pro Kostenstelle) unterschieden.

Für die **summarische Zuschlagskalkulation** werden aus der Kostenartenrechnung der vergangenen Periode alle Einzelkosten, die auf eine Produktart entfallen, sowie die gesamten Gemeinkosten übernommen. Es wird ein prozentualer Zuschlagssatz gebildet, der den Anteil der Gemeinkosten an den Einzelkosten wiedergibt.

$$\text{Gemeinkostenzuschlagssatz} = \frac{\text{Gemeinkosten der vergangenen Periode}}{\text{Einzelkosten der vergangenen Periode}} \cdot 100$$

Dieser Zuschlagssatz wird anschließend benutzt, um die Selbstkosten eines Produktes zu ermitteln. Über ihn werden auf die in Zukunft zu erwartenden Einzelkosten eines Produktes die anteiligen Gemeinkosten aufgeschlagen. Die Selbstkosten eines Kalkulationsobjektes ermitteln sich also wie folgt:

$$\text{Einzelkosten} + \text{Einzelkosten} \cdot \text{Gemeinkostenzuschlagssatz} = \text{Selbstkosten}$$

Abbildung 5.2 stellt dieses Grundprinzip noch einmal zusammenfassend dar.

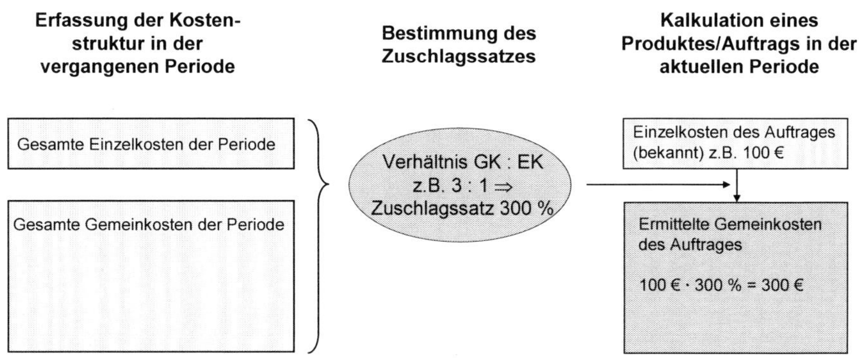

Abb. 5.2. Grundprinzip der summarischen Zuschlagskalkulation

Eine Werft erhält beispielsweise den Auftrag, ein Schiff zu bauen und will vorab die Selbstkosten des Schiffes kalkulieren. Im letzen Jahr sind 6 Schiffe gebaut worden. Dafür sind insgesamt 1 Milliarde € Einzelkosten entstanden (z.B. Kosten für Stahleinkauf, Motoren etc.). Die gesamten Gemeinkosten (z.B. Abschreibungen auf die Werftanlage, Verwaltungskosten etc.) beliefen sich ebenfalls auf 1 Milliarde €. Die Einzelkosten für das neu zu bauende Schiff werden auf 100 Millionen € geschätzt. Die Kalkulation der Selbstkosten dieses Schiffes sieht folgendermaßen aus (vgl. Abb. 5.3):

$$\text{Gemeinkostenzuschlagssatz} = \frac{1\,\text{Milliarde}\,€}{1\,\text{Milliarde}\,€} \cdot 100 = 100\%$$

Kalkulation der Selbstkosten des neu zu bauenden Schiffes:	
Einzelkosten	100 Millionen €
+ Einzelkosten · 100 %	100 Millionen €
Selbstkosten	200 Millionen €

Abb. 5.3. Beispiel für eine summarische Zuschlagskalkulation

Die summarische Zuschlagskalkulation ist ein leicht zu handhabendes Verfahren, für das keine Kostenstellenrechnung erforderlich ist. Das Problem ist allerdings, dass hierbei eine Proportionalität von Einzel- und Gemeinkosten unterstellt wird: Je mehr (weniger) Einzelkosten sich einem Kalkulationsobjekt zurechnen lassen, desto mehr (weniger) Gemeinkosten werden ihm zugerechnet. Aufgrund des großen Fixkostenanteils an den Gemeinkosten ist eine solche Proportionalität jedoch meist nicht gegeben; als verursachungsgerecht kann diese Art der Kalkulation daher nicht bezeichnet werden.

Im Unterschied zur summarischen Zuschlagskalkulation werden bei der **differenzierenden Zuschlagskalkulation** die anteiligen Gemeinkosten nicht in einer Summe aufgeschlagen, sondern nach ihren Entstehungsbereichen differenziert. Dazu wird auf die Betriebsabrechnung im Rahmen der Kostenstellenrechnung zurückgegriffen: Pro Endkostenstelle wird ein Gemeinkostenzuschlagssatz gebildet. Wie schon in Kapitel 3 angemerkt, kann dies noch als zusätzlicher Schritt im Betriebsabrechnungsbogen der letzten Periode erfolgen. Dort hatten wir als (für Industriebetriebe) typische Endkostenstellen Material, Fertigung, Verwaltung und Vertrieb unterschieden und gezeigt, wie sich die entsprechenden Summen der primären und sekundären Gemeinkosten solcher Endkostenstellen ermitteln lassen. Aus der Kostenartenrechnung werden nun noch Informationen über die Einzelkosten derselben Periode benötigt. Die entsprechenden Zuschlagssätze werden dann üblicherweise wie folgt berechnet:

Der Zuschlagssatz für die **Materialgemeinkosten** entspricht dem prozentualen Anteil der Materialgemeinkosten an den **Materialeinzelkosten**.

$$\begin{array}{c}\text{Zuschlagssatz für die}\\ \text{Materialgemeinkosten}\end{array} = \frac{\text{Materialgemeinkosten}}{\text{Materialeinzelkosten}} \cdot 100$$

Die **Fertigungsgemeinkosten** werden zu den **Fertigungseinzelkosten** – meist Fertigungslöhne – ins Verhältnis gesetzt.

$$\begin{array}{c}\text{Zuschlagssatz für die}\\ \text{Fertigungsgemeinkosten}\end{array} = \frac{\text{Fertigungsgemeinkosten}}{\text{Fertigungseinzelkosten}} \cdot 100$$

Weil als Zuschlagsbasis für die Fertigungsgemeinkosten oftmals die Fertigungslöhne herangezogen werden, wird diese Grundform der differenzierenden Zuschlagskalkulation auch als **Lohnzuschlagskalkulation** bezeichnet.

Als Basis des Zuschlagssatzes für **Verwaltungs- und Vertriebsgemeinkosten** werden die **Herstellkosten** herangezogen. Als Herstellkosten gilt die Summe aller Einzel- und Gemeinkosten aus den Materialstellen und den Fertigungsstellen.

$$\begin{array}{c}\text{Zuschlagssatz für die Verwaltungs-}\\ \text{und Vertriebsgemeinkosten}\end{array} = \frac{\begin{array}{c}\text{Verwaltungs- und}\\ \text{Vertriebsgemeinkosten}\end{array}}{\text{Herstellkosten}} \cdot 100$$

Teilweise werden Verwaltung und Vertrieb auch als zwei separate Kostenstellen behandelt. In diesem Fall werden zwei Zuschlagssätze ermittelt, jeweils auf Basis der Herstellkosten.

Ein Unternehmen, das Kühlanlagen produziert, erhält im Mai den Auftrag einer Großmetzgerei, eine neue Tiefkühlanlage zu bauen und installieren. Die Selbstkosten dieses Auftrags sollen kalkuliert werden. Zunächst werden die Gemeinkostenzuschlagssätze anhand von Daten des letzten Monats (April) ermittelt.

Abbildung 5.4 zeigt einen Auszug aus dem Betriebsabrechnungsbogen für den Monat April. Nach der Zeilensumme der primären und sekundären Gemeinkosten sind Zeilen zur Bildung der Gemeinkostenzuschlagssätze angefügt. Die Information zur Höhe der Material- und Fertigungseinzelkosten stammt dabei aus der Kostenartenrechnung. Die Herstellkosten errechnen sich dann als Summe aller Material- und Fertigungskosten.

Betriebsabrechnungsbogen April							
Alle Kostenangaben in Tausend€	Vorkostenstellen			Endkostenstellen			Summen
	Wasser	Reparatur	Kantine	Material	Fertigung	Verwaltung Vertrieb	
…							
Summe primärer und sekundärer Gemeinkosten	0	0	0	30.000	120.000	42.000	192.000
Zuschlagsbasis				Materialeinzelkosten	Fertigungseinzelkosten	Herstellkosten	
				Information aus Kostenartenrechnung		*(30.000 + 150.000 + 120.000 + 120.000) =*	
				150.000	120.000	420.000	
Zuschlagssatz				*(30.000 : 150.000) · 100 =*	*(120.000 : 120.000) · 100 =*	*(42.000 : 420.000) · 100 =*	
				20 %	100 %	10 %	

Abb. 5.4. Die Ermittlung von Zuschlagssätzen im Betriebsabrechnungsbogen

Mithilfe der differenzierten Gemeinkostenkostenzuschlagssätze erfolgt im Anschluss die Kalkulation eines Produktes nach dem folgenden Schema (vgl. Abb. 5.5).

Grundform der differenzierenden Zuschlagskalkulation (Lohnzuschlagskalkulation)

	Materialkosten:
	Materialeinzelkosten des Produktes bzw. des Auftrags (MEK)
	+ Materialgemeinkosten (MEK · Gemeinkostenzuschlagssatz)
+	**Fertigungskosten:**
	Fertigungseinzelkosten des Produktes bzw. des Auftrags (FEK)
	+ Fertigungsgemeinkosten (FEK · Gemeinkostenzuschlagssatz)
	+ Sondereinzelkosten der Fertigung des Produktes bzw. des Auftrags
=	**Herstellkosten** (HK)
+	**Verwaltungs- und Vertriebskosten:**
	Verwaltungsgemeinkosten (HK · Gemeinkostenzuschlagssatz)
	+ Vertriebsgemeinkosten (HK · Gemeinkostenzuschlagssatz)
	+ Sondereinzelkosten des Vertriebs des Produktes bzw. des Auftrags
=	**Selbstkosten**

Abb. 5.5. Das Kalkulationsschema der differenzierenden Zuschlagskalkulation

Für das Produkt oder den Auftrag, die kalkuliert werden sollen, werden also Informationen benötigt, wie viele Einzelkosten jeweils anfallen werden. Zusätzlich zu den üblichen Material- und Fertigungseinzelkosten können gegebenenfalls sogenannte Sondereinzelkosten der Fertigung hinzukommen (z.B. für ein Spezialwerkzeug, das nur für diesen einen Auftrag benötigt wird) oder auch Sondereinzelkosten des Vertriebs (z.B. für eine Spezialverpackung oder eine Transportversicherung, die speziell für diesen Auftrag abgeschlossen wird). Solche Kosten heißen „Sonder"-Einzelkosten, weil sie nur in Sonderfällen und nicht regelmäßig anfallen. Daher werden sie auch gesondert hinzugerechnet, ohne dass Gemeinkosten des entsprechenden Bereichs (Fertigung oder Vertrieb) über den Zuschlagssatz aufgeschlagen werden.

Um die Selbstkosten der von der Großmetzgerei bestellten Tiefkühlanlage zu kalkulieren, werden die folgenden Daten zusammengetragen: An Materialeinzelkosten (Stahl, Kunststoffe usw.) fallen voraussichtlich 10.000 € an, die Fertigungseinzelkosten (Fertigungslöhne für Produktion und Installation) betragen schätzungsweise 5.000 €, für eine Spezialverpackung zum sicheren Transport der vorgefertigten Anlage entstehen 500 € an Sondereinzelkosten. Unter Berücksichtigung der oben ermittelten Gemeinkostenzuschlagssätze lassen sich die Selbstkosten der Tiefkühlanlage wie folgt kalkulieren (vgl. Abb. 5.6).

Kalkulation der Selbstkosten der Tiefkühlanlage			
	Materialkosten:		
		Materialeinzelkosten	10.000 €
	+	Materialgemeinkosten (20 %)	2.000 €
+	**Fertigungskosten:**		
		Fertigungseinzelkosten	5.000 €
	+	Fertigungsgemeinkosten (100 %)	5.000 €
	+	Sondereinzelkosten der Fertigung	0 €
=	**Herstellkosten**		**22.000 €**
+	**Verwaltungs- und Vertriebskosten:**		
		Verwaltungs- und Vertriebsgemeinkosten (10 %)	2.200 €
	+	Sondereinzelkosten des Vertriebs	500 €
=	**Selbstkosten**		**24.700 €**

Abb. 5.6. Beispiel für eine differenzierende Zuschlagskalkulation

Die differenzierende Zuschlagskalkulation hat im Vergleich zur summarischen den klaren Vorzug, dass die Gemeinkosten nicht pauschal aufgeschlagen, sondern nach verschiedenen Entstehungsbereichen aufgeschlüsselt werden. Trotzdem bleibt das grundlegende Problem bestehen, dass eine **Proportionalität der Gemeinkosten** zu den Zuschlagsbasen unterstellt wird. So werden zum Beispiel mehr Materialgemeinkosten aufgeschlagen, wenn die Materialpreise steigen, es werden mehr Fertigungsgemeinkosten addiert, wenn die Kosten für Fertigungslöhne (z.B. aufgrund neuer Tarifvereinbarungen) steigen, und in beiden Fällen werden auch mehr Verwaltungs- und Vertriebsgemeinkosten aufgeschlagen. Es ist jedoch kaum davon auszugehen, dass in solchen Fällen tatsächlich proportional mehr Gemeinkosten entstehen. Diese unterstellte Proportionalität ist insbesondere dann problematisch, wenn der Anteil der Einzelkosten vergleichsweise gering ist und der Gemeinkostenzuschlagssatz 100 % oder mehr ausmacht. Die Zuschlagsbasis der Einzelkosten hat dann einen **Hebeleffekt**, der enorme Verzerrungen verursachen kann. Das folgende Beispiel veranschaulicht diesen Sachverhalt.

Eine der Fertigungsstellen eines Druckmaschinenherstellers besteht aus einer Fräs- und Schleifanlage, in der die Druckwalzen bearbeitet werden. Die Gemeinkosten dieser Anlage betragen im Jahresdurchschnitt circa 90.000 € im Monat. Diesen stehen Einzelkosten in Form von Fertigungslöhnen von circa 18.000 € gegenüber. In einem Monat mit durchschnittlicher Auslastung fallen 1.200 Fertigungsstunden à 15 € pro Stunde an. Daraus ergibt sich regelmäßig ein Gemeinkostenzuschlagssatz von 500 %.

Zu kalkulieren ist ein neuer Auftrag, für den 200 Fertigungsstunden an der Fräs- und Schleifanlage benötigt werden:

Fertigungseinzelkosten	200 h · 15 €/h =	3.000 €
+ Fertigungsgemeinkosten (EK · 500 %)		15.000 €
= Fertigungskosten		18.000 €

Steigen die Fertigungslohnkosten nun aufgrund einer Tariferhöhung auf 16 € pro Stunde, verändert sich die Kalkulation wie folgt:

Fertigungseinzelkosten	200 h · 16 €/h =	3.200 €
+ Fertigungsgemeinkosten (EK · 500 %)		16.000 €
= Fertigungskosten		19.200 €

Aufgrund der Lohnerhöhung um 1 € pro Stunde werden also nicht nur 200 € mehr Einzelkosten kalkuliert, sondern auch zusätzliche 1.000 € an Gemeinkosten. Allerdings dürften die Gemeinkosten tarifbedingt wohl kaum in diesem Umfang steigen.

Ein wichtiger Grund, die im Folgenden dargestellten Varianten der Zuschlagskalkulation zu benutzen, ist, dass sie in je unterschiedlicher Hinsicht dazu geeignet sind, solch starke Verzerrungen auszuschließen beziehungsweise abzumildern.

5.3 Varianten der Zuschlagskalkulation

Die folgenden vier Varianten sollen hier vorgestellt werden:

1. Die Kalkulation mit **Maschinenstundensätzen**: Sie ist insbesondere für Industrieunternehmen mit maschinenkostenintensiven Fertigungsstellen geeignet.
2. Die Kalkulation mit **Lohnstundensätzen**: Sie ist insbesondere dann geeignet, wenn einem Auftrag einzelne Arbeitsvorgänge, für die Arbeitskosten anfallen, zugerechnet werden können. Dies kann in der industriellen Fertigung der Fall sein (z.B. Maschineneinrichtung oder Qualitätsprüfung). Nach Zeiteinheiten zurechenbare Arbeitskosten fallen aber insbesondere für handwerkliche Tätigkeiten und Dienstleistungstätigkeiten an.
3. Die Kalkulation mit **Plankostenverrechnungssätzen**: Sie schließt an die in Abschnitt 3.5 vorgestellte Plankostenstellenrechnung an. Statt auf Vergangenheitsdaten beruhenden Kostenrelationen werden hier Gemeinkostenverrechnungssätze auf der Grundlage von Plandaten gebildet.
4. Die Kalkulation mit **Prozesskostensätzen**: Sie schließt an die in Kapitel 4 beschriebene Prozesskostenrechnung an und setzt dementsprechend eine Kostenverteilung auf betriebliche Leistungsprozesse voraus.

5.3.1 Kalkulation mit Maschinenstundensätzen

Die Kalkulation mit Maschinenstundensätzen erfolgt weitgehend analog zur Grundform der differenzierenden Zuschlagskalkulation. Der wesentliche Unterschied liegt in der Behandlung der Fertigungsgemeinkosten, die dabei nicht mehr pauschal auf die Fertigungseinzelkosten aufgeschlagen werden. Dadurch kann das Problem der Proportionalisierung der Gemeinkosten, das zuvor am Beispiel des Druckmaschinenherstellers verdeutlicht wurde, erheblich abgemildert werden.

Die Anwendung dieses Verfahrens ist voraussetzungsvoll, denn bereits im Rahmen der Kostenstellenrechnung muss dazu vorbereitende Arbeit geleistet werden. Die veränderte Erfassung und Verrechnung der Fertigungsgemeinkosten ist in Abbildung 5.7 zusammenfassend dargestellt. Diese Schritte werden im Folgenden wiederum am Beispiel der Druckmaschinenherstellung erläutert.

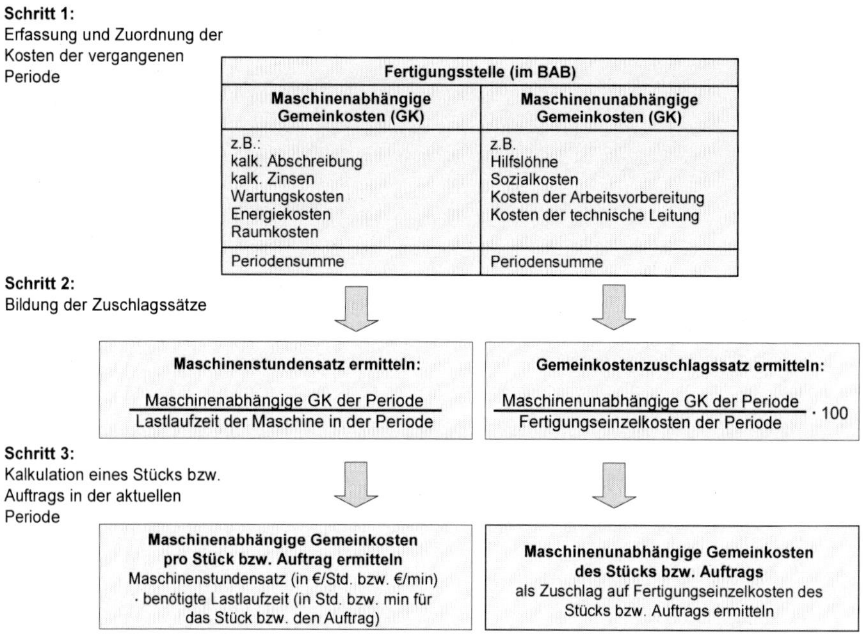

Abb. 5.7. Der Umgang mit Fertigungsgemeinkosten im Rahmen der Maschinenstundensatzrechnung

Zunächst werden wie üblich im Rahmen der Kostenstellenrechnung die Kosten der vergangenen Periode erfasst. In diesem ersten Schritt erfolgt bereits die vorbereitende Gliederung der Fertigungsgemeinkosten, die für ihre spätere Verrechnung notwendig ist, nämlich die Unterscheidung in maschinenabhängige und maschinenunabhängige Gemeinkosten. Dazu wird in der Betriebsabrechnung jede Maschine als eine Fertigungsstelle definiert und im Betriebsabrechnungsbogen (BAB) werden pro Fertigungsstelle zwei Spalten eingerichtet. Für jede Fertigungsstelle werden dann die Gemeinkosten nach ihrer Maschinenabhängigkeit unterschieden. Als **maschinenabhängig** gelten Gemeinkosten, die dadurch entstehen, dass die Maschine zur Produktion genutzt wird (auch: Maschinenkosten). Als **maschinenunabhängig** gelten die Fertigungsgemeinkosten, die unabhängig von der Inanspruchnahme für die Produktion entstehen (auch: Restfertigungsgemeinkosten). Abbildung 5.7 enthält typische Beispiele dafür.

Bei dem Druckmaschinen herstellenden Unternehmen wurde aufgrund des hohen Gemeinkostenanteils der Fertigung entschieden, zur Kalkulation mit Maschinenstundensätzen überzugehen. Zu diesem Zweck wurden nun für die Fertigungsstelle der Fräs- und Schleifanlage die Fertigungsgemeinkosten im BAB differenziert nach ihrer Maschinenabhängigkeit erfasst. Im Februar 2008 ergaben sich dabei insgesamt 20.000 € maschinenunabhängige Gemeinkosten. Die maschinenabhängigen Gemeinkosten machten insgesamt 15.750 € aus.

Als zweiter Schritt wird, bezogen auf die Periodensummen der Fertigungsgemeinkosten, je ein Zuschlagssatz gebildet. Und zwar wird aus den maschinenabhängigen Gemeinkosten der Maschinenstundensatz ermittelt und für die maschinenunabhängigen Gemeinkosten wird ein prozentualer Gemeinkostenzuschlagssatz kalkuliert.

Der **Maschinenstundensatz** gibt an, wie viele der maschinenabhängigen Gemeinkosten auf eine Stunde oder eine Minute Lastlaufzeit der Maschine entfallen. Als Lastlaufzeit gilt dabei die Zeit, in der die Maschine effektiv zur Produktion in Anspruch genommen wird. Abbildung 5.7 zeigt, wie sich diese Zeit von den übrigen Maschinenzeiten unterscheidet.

Gesamte Maschinenzeit	Nutzungszeit	Lastlaufzeit: Maschine läuft und produziert
		Leerlaufzeit: Maschine läuft, produziert aber nicht
		Hilfszeit: Maschine ist eingeschaltet, steht aber produktionsbedingt still (z.B. Aufwärmphase)
	Instandhaltungszeit: Maschine wird gewartet, produziert nicht	
	Ruhezeit: Maschine ist abgeschaltet	

Abb. 5.8. Gliederung der Maschinenzeiten

Die restlichen Fertigungsgemeinkosten der vergangenen Periode werden wie üblich zu den Fertigungseinzelkosten der gleichen Periode ins Verhältnis gesetzt und es wird ein **Zuschlagssatz für die maschinenunabhängigen Gemeinkosten** ermittelt.

Die Fräs- und Schleifanlage hat im Regelbetrieb eine Lastlaufzeit von 375 Stunden pro Monat, so auch im Februar 2008. An Fertigungseinzelkosten sind in diesem Monat 25.000 € angefallen. Daraus folgt:

$$\text{Maschinenstundensatz} = \frac{\text{Maschinenabhängige Gemeinkosten der Periode}}{\text{Lastlaufzeit der Periode}}$$

$$= \frac{15.750{,}00\ €}{357\ \text{h}} = 42{,}00\ €/\text{h}$$

$$\begin{array}{c}\text{Zuschlagssatz}\\ \text{maschinenunabhängige}\\ \text{Gemeinkosten}\end{array} = \frac{\text{Maschinenunabhängige Gemeinkosten der Periode}}{\text{Fertigungseinzelkosten der Periode}}$$

$$= \frac{20.000{,}00\ €}{25.000{,}00\ €} = 80\ \%$$

Als dritter Schritt werden diese Zuschlagssätze im Rahmen der Kalkulation eines Stücks oder eines Auftrags verwendet. Um die maschinenabhängigen Gemeinkosten pro Stück oder Auftrag zu ermitteln, wird festgestellt, wie viel Lastlaufzeit das einzelne Stück oder der Auftrag in Anspruch nimmt. Diese benötigte Lastlaufzeit wird mit dem Maschinenstundensatz multipliziert. Für die maschinenunabhängigen Gemeinkosten wird mithilfe des prozentualen Zuschlagssatzes ein Aufschlag auf die Fertigungseinzelkosten pro Stück oder Auftrag berechnet.

Wie Abbildung 5.9 zeigt, werden abgesehen von dieser Ausnahme die Selbstkosten eines Produkts oder eines Auftrags ebenso wie bei der Grundform der differenzierenden Zuschlagskalkulation kalkuliert.

Differenzierende Zuschlagskalkulation mit Maschinenstundensätzen	
Materialkosten:	
Materialeinzelkosten (MEK)	
+ Materialgemeinkosten (MEK · Gemeinkostenzuschlagssatz)	
+ Fertigungskosten:	
+ Fertigungseinzelkosten (FEK)	
+ Maschinenunabhängige Gemeinkosten (FEK · Gemeinkostenzuschlagssatz)	Fertigungsgemeinkosten
+ Maschinenabhängige Gemeinkosten pro Stück bzw. Auftrag (benötigte Lastlaufzeit der Maschine · Maschinenstundensatz)	
+ Sondereinzelkosten der Fertigung	
= Herstellkosten	
+ Verwaltungs- und Vertriebskosten:	
Verwaltungsgemeinkosten (HK · Gemeinkostenzuschlagssatz)	
+ Vertriebsgemeinkosten (HK · Gemeinkostenzuschlagssatz)	
+ Sondereinzelkosten des Vertriebs	
= Selbstkosten	

Abb. 5.9. Kalkulationsschema der Maschinenstundensatzkalkulation

Im folgenden Monat März 2008 geht ein Auftrag über 200 Druckwalzen ein. Für den gesamten Auftrag werden Materialeinzelkosten in Höhe von 20.000 € veranschlagt. Die Fertigungseinzelkosten pro Druckwalze betragen 300 €. Weitere Fertigungskosten entstehen nicht. Zur Fertigung einer Druckwalze benötigt die Maschine 1,5 h. Aus der Betriebsabrechnung von Februar 2008 haben sich darüber hinaus die folgenden Zuschlagssätze ergeben:

Materialgemeinkostenzuschlagssatz 110 %

Verwaltungsgemeinkostenzuschlagssatz 10 %

Vertriebsgemeinkostenzuschlagssatz 6 %

Aus diesen Angaben lassen sich die Selbstkosten des Auftrags wie folgt kalkulieren (vgl. Abb. 5.10):

	Materialkosten:			
		Materialeinzelkosten		20.000,00 €
	+	Materialgemeinkosten	20.000,00 € · 110 % =	22.000,00 €
+	**Fertigungskosten:**			
	+	Fertigungseinzelkosten	300,00 € · 200 Walzen =	60.000,00 €
	+	Maschinenunabhängige Gemeinkosten	60.000,00 € · 80 % =	48.000,00 €
	+	Maschinenabhängige Gemeinkosten	200 St. · 1,5 h · 42,00 €/h =	12.600,00 €
=	**Herstellkosten**			**162.600,00 €**
+	**Verwaltungs- und Vertriebskosten:**			
		Verwaltungsgemeinkosten	162.600,00 € · 10 % =	16.260,00 €
	+	Vertriebsgemeinkosten	162.600,00 € · 6 % =	9.756,00 €
=	**Selbstkosten**			**188.616,00 €**

Abb. 5.10. Beispiel für eine Kalkulation mit Maschinenstundensätzen

Insgesamt betrachtet bietet sich die Maschinenstundensatzrechnung für Unternehmen mit kostenintensiven Produktionsanlagen an, und zwar gerade in solchen Fällen, in denen die Fertigung der Produkte die Maschinen unterschiedlich stark beansprucht. Mit dieser Art der Kalkulation ist im Vergleich zur Grundform der differenzierenden Zuschlagskalkulation eine plausiblere Verbrauchsfiktion in Bezug auf die Fertigungsgemeinkosten verbunden. Es bleibt eine Verbrauchsfiktion, da die über den Maschinenstundensatz verrechneten Kostenarten wie Zinsen oder Instandhaltung nicht direkt durch die Laufzeit der Maschinen beeinflusst werden. Dennoch ist es wesentlich problematischer, solche Kosten als abhängig von den Fertigungseinzelkosten, also den Fertigungslöhnen, zu betrachten, als sie, wie in diesem Fall, zur Nutzung der Maschinen in Beziehung zu setzen. Allerdings ist die Maschinenstundensatzrechnung relativ aufwändig. Sie setzt eine detaillierte Kostenstellengliederung und Gemeinkostenerfassung pro Maschine voraus. Überdies bleibt in Bezug auf die maschinenunabhängigen Gemeinkosten das übliche Proportionalisierungsproblem bestehen.

5.3.2 Kalkulation mit Lohnstundensätzen

Analog zu Maschinenstundensätzen können auch Lohnstundensätze zu Zwecken der Kalkulation verwendet werden. Diese Variante bietet sich an, wenn die Leistung einer Kostenstelle am besten in (menschlichen) Arbeitsstunden bemessen wird. Das trifft auf viele Kostenstellen zu, die innerbetriebliche Leistungen erbringen, wie eine Reparaturstelle oder die IT-Abteilung. Insbesondere sind Stundensätze aber zur Auftragskalkulation für Handwerks- und Dienstleistungsunternehmen geeignet. Ein Lohnstundensatz errechnet sich wie folgt:

$$\text{Lohnstundensatz} = \frac{\text{Kosten der Kostenstelle der vergangenen Periode}}{\text{produktive Arbeitsstunden der Periode}}$$

Wiederum analog zum Maschinenstundensatz wird auch dabei nicht die gesamte Arbeitszeit herangezogen. Vielmehr werden die produktiven Stunden ermittelt, das heißt, die Summe der Arbeitszeit, die für die Erbringung der Leistungen einer Kostenstelle (bzw. eines Profit-Centers) verwendet wird. Das folgende Beispiel verdeutlicht diese Art der Kalkulation.

Abb. 5.11. Wie viele Kosten verursacht der Einbau einer Küche? [es]

Ein Unternehmen hat sich auf den Einbau von Küchen spezialisiert. Es bestehen Lieferverträge mit Herstellern von Möbeln, Elektrogeräten, Fußbodenbelägen etc. Nach Maßgabe von Kundenwünschen wird der Kücheneinbau individuell geplant und durchgeführt. Zu Zwecken der Kostenkontrolle und Kalkulation werden Stundenlisten geführt, in denen neben den gesamten Arbeitsstunden auch der Zeitaufwand differenziert nach einzelnen Arbeitsgängen festgehalten wird (wie das Verlegen des Bodens oder das Anschließen einer Spülmaschine). Da die Auftragslage über das Jahr hinweg schwankt, werden zur Ermittlung des Stundensatzes Jahreswerte herangezogen. Abbildung 5.12 zeigt die erfassten Daten für das vergangene Jahr.

Produktive Stunden gesamt: 5.000 h	
Arbeitskosten (Gehälter, Nebenkosten)	100.000 €
Kosten für Werkzeuge und Hilfsstoffe (Dichtungen, Schrauben usw.)	30.000 €
Fuhrparkkosten (kalkulatorische Abschreibungen und Zinsen auf das Lieferfahrzeug, Versicherungen und Benzinverbrauch)	50.000 €
Sonstige Gemeinkosten	30.000 €
Summe Gemeinkosten	210.000 €

Abb. 5.12. Daten zur Ermittlung eines Lohnstundensatzes

$$\text{Lohnstundensatz} = \frac{210.000\,€}{5.000\,\text{h}} = 42\,€/\text{h}$$

Für einen Kundenauftrag muss neben den Einzelkosten für die Kommissionsware (Möbel, Geräte etc.) dieser Stundensatz von 42 €/h für die Durchführung der Arbeiten erzielt werden, damit das Unternehmen kostendeckend arbeitet (zur weiterführenden Kalkulation von Preisen und Sicherstellen einer Gewinnmarge vgl. Abschnitt 5.5).

Wie bereits der Maschinenstundensatz stellen Lohnstundensätze, ebenso wie die folgenden Plan- und Prozesskostensätze, eine Anwendung der Divisionskalkulation dar: Hier werden Kosten durch Leistungseinheiten dividiert, um Kostenverrechnungssätze zu bilden. Insofern als Stundensätze zum Aufschlag von Gemeinkosten auf Einzelkosten dienen können, besprechen wir sie hier als Varianten der Zuschlagskalkulation. Die Grenzen zwischen Divisions- und Zuschlagskalkulation sind allerdings fließend. So berücksichtigen Stundensätze, wie sie für Handwerksbetriebe oder Dienstleister ermittelt werden, zum Teil bereits alle Kosten (Einzel- und Gemeinkosten) – und stellen folglich eine Form der Divisionskalkulation dar.

5.3.3 Kalkulation mit Plankostenverrechnungssätzen

Die bislang und auch im Folgenden vorgestellten Kalkulationsverfahren beziehen ihre Datengrundlage zur Kostenverteilung aus Vergangenheitswerten. Kostenrelationen des letzten Monats bestimmen die Höhe prozentualer Gemeinkostenzuschlagssätze und von Maschinen- oder Lohnstundensätzen. Wenn vollkommen neu entwickelte Produkte hergestellt werden oder die Auftragslage bekanntermaßen großen Schwankungen unterworfen ist, ist eine Kalkulation auf der Grundlage von Vergangenheitswerten allerdings problematisch bis unmöglich.

Wenn eine wie in Abschnitt 3.5 beschriebene Plankostenstellenrechnung durchgeführt wird, werden in deren Rahmen Plankostenverrechnungssätze ermittelt.

$$\text{Plankostenverrechnungssatz} = \frac{\text{Plankosten der Kostenstelle}}{\text{Planbezugsgröße der Kostenstelle}}$$

Diese auf Plandaten beruhenden Kostenverrechnungssätze können – analog zu den oben erläuterten Stundensätzen – ebenso zu Zwecken der Kalkulation eines Stücks oder eines Auftrags herangezogen werden, wie das folgende Beispiel zeigt.

In dem in Abschnitt 3.5 besprochenen Speiseeisunternehmen wurde für die Abfüllung der Himbeer-Joghurt-Eismischung in Halbliterbecher ein Plankostenverrechnungssatz von 0,14 € pro Becher ermittelt. Dieser geht in die Planungsrechnung der nachgelagerten Fertigungsstelle „Gefrieren und Lagern" als Planverbrauchspreis ein. Dort werden die abgefüllten Eisbecher gefroren, in Paletten zu je 100 Eisbechern abgepackt und bis zum Verkauf gelagert. Für diese Kostenstelle ergibt sich danach insgesamt ein Plankostenverrechnungssatz von 14,00 € pro Palette. Hinzu kommen Kosten für Verwaltung und Vertrieb, für die ein Gemeinkostenzuschlagssatz von 5 % aufgeschlagen wird. Der Auftrag eines Großhändlers über 100 Paletten könnte danach wie folgt kalkuliert werden (vgl. Abb. 5.13):

Plankostenkalkulation für 10.000 Becher Himbeer-Joghurt-Eis		
Bestellte Ware:	100 Paletten · 14,00 €/Palette =	1.400,00 €
Verwaltung & Vertrieb:	1.400,00 € · 5 % =	70,00 €
Selbstkosten des Auftrags		1.470,00 €

Abb. 5.13. Beispiel für eine Kalkulation mit Plankostenverrechnungssätzen

5.3.4 Kalkulation mit Prozesskostensätzen

Sofern ein Unternehmen die in Kapitel 4 erläuterte Prozessrechnung durchführt, kann es diese auch für die Kostenträgerrechnung einsetzen. Dabei ergibt sich ein Verfahren zur Bestimmung von Selbstkosten, das auf dem

Grundschema der differenzierenden Zuschlagskalkulation basiert. Das liegt unter anderem darin begründet, dass die Prozessrechnung eine Kostenstellenrechnung voraussetzt, um eine Einteilung in Kostenstellen mit repetitiven und nicht repetitiven Tätigkeiten vornehmen zu können.

Abbildung 5.14 veranschaulicht im Anschluss an Abbildung 4.5 aus Kapitel 4, wie die im Rahmen der Prozessrechnung unterschiedenen Kosten auf Kostenträger weiter verrechnet werden. Und zwar werden wie in der differenzierenden Zuschlagskalkulation zunächst die Einzelkosten direkt auf Produkte zugerechnet. Die Gemeinkosten für repetitive Tätigkeiten hingegen werden, wie in Kapitel 4 gezeigt, auf die Hauptprozesse verteilt und dann auf den Kostenträger weiterverrechnet. Demgegenüber werden die Gemeinkosten, die sich auf nicht repetitive Tätigkeiten beziehen, wie in der klassischen differenzierenden Zuschlagskalkulation, gemäß einer Relation auf die Kostenträger verteilt. Dabei handelt es sich beispielsweise um dispositive, innovative oder kreative Tätigkeiten, die sich gerade dadurch

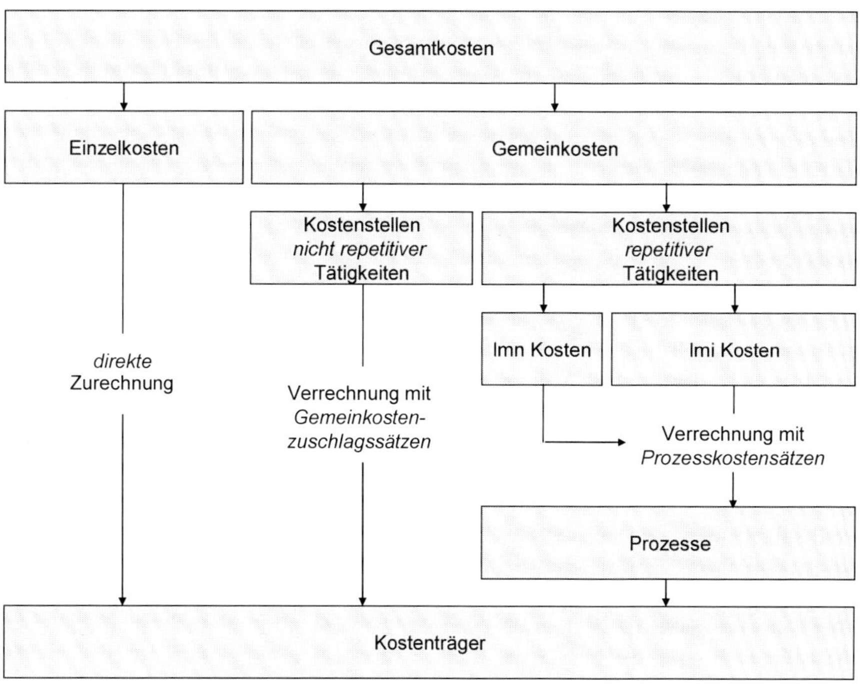

Abb. 5.14. Kalkulationsschema im Rahmen der Prozessrechnung (in Anlehnung an Steger 2001, S. 555)

auszeichnen, dass sie von der Routine abweichen. Um die Kosten dieser leistungsmengenneutralen Prozesse ebenfalls dem Kostenträger anzulasten, werden wieder Gemeinkostenzuschlagssätze, die sich auf Einzel- oder Herstellkosten beziehen, verwendet. Diese Methodik wird im Folgenden am Beispiel einer Maschinenfabrik (in Anlehnung an Steger 2001) illustriert.

Eine Maschinenfabrik verfügt über zwei Hauptprozesse. Im Hauptprozess „Bestellen", der bereits in Kapitel 4 bestimmt wurde, ergibt sich nach Verwendung der Prozessrechnung ein Hauptprozesskostensatz von 1.242 € pro Bestellung (vgl. Tabelle 5.1). Des Weiteren gibt es einen zweiten Hauptprozess „Bearbeitung Kundenauftrag", der mit 37.330 € kalkuliert wurde.

Tabelle 5.1. Kostensätze der Hauptprozesse einer Maschinenfabrik

Bereich	Hauptprozess (HP)	Anzahl der HP für das Produkt AXT 1 bis 8 Stück	Hauptprozess-kostensatz (€)
Materialbereich	HP1-Materialbeschaffung	1	1.242
Vertriebsbereich	HP2-Bearbeitung Kundenauftrag	1	37.330

Für das neue Produkt, die Maschine AXT, soll darauf aufbauend ein Produktionsauftrag kalkuliert werden. Folgende Informationen sind dazu bekannt:

Materialeinzelkosten:	35.500 €/St.
Fertigungseinzelkosten:	5.300 €/St.
Sondereinzelkosten der Fertigung:	2.400 €/St.
Sondereinzelkosten des Vertriebs:	850 €/St.

Zudem wurden folgende Zuschlagssätze bestimmt:

Materialgemeinkosten:	13,05 %
Fertigungsgemeinkosten:	53,74 %
Verwaltungsgemeinkosten:	13,79 %
Vertriebsgemeinkosten:	7,07 %

Davon verbleiben bei Anwendung der Prozesskostenrechnung folgende Zuschlagssätze für Kostenstellen mit nicht repetitiven Tätigkeiten:

Restgemeinkosten Material:	2,60 %
Restgemeinkosten Fertigung:	53,74 %
Restgemeinkosten Verwaltung:	5,55 %

Abbildung 5.15 zeigt, wie diese Sätze im Rahmen der prozessorientierten Kalkulation verwendet werden und welche Selbstkosten sich dabei ergeben. Gegenübergestellt sind in dieser Abbildung die Werte, die sich bei der Kalkulation mit Prozesskostensätzen für verschiedene Produktmargen ergeben (1 bis 8 Stück), sowie die Werte, die bei gleichen Kostenrelationen bei Anwendung der differenzierenden Zuschlagskalkulation resultieren. Diese Gegenüberstellung verdeutlicht die Unterschiede dieser Kalkulationsverfahren.

	Differenzierende Zuschlagskalkulation	**Prozessorientierte Kalkulation**			
	1 Stück	1 Stück	3 Stück	5 Stück	8 Stück
	Alle Werte in€				
Materialeinzelkosten	35.500,00	35.500,00	106.500,00	177.500,00	284.000,00
Materialgemeinkosten (13,05 %)	4.632,75	-	-	-	-
HP1-Beschaffung Fertigungsmaterial	-	1.242,00	1.242,00	1.242,00	1.242,00
Restgemeinkosten Material (2,60 %)	-	923,00	2.769,00	4.615,00	7.384,00
Materialkosten	40.132,75	37.665,00	110.511,00	183.357,00	292.626,00
Fertigungseinzelkosten	5.300,00	5.300,00	15.900,00	26.500,00	42.400,00
Fertigungsgemeinkosten (53,74 %)	2.848,22	2.848,22	8.544,66	14.241,10	22.785,76
Sondereinzelkosten der Fertigung	2.400,00	2.400,00	7.200,00	12.000,00	19.200,00
Fertigungskosten	10.548,22	10.548,22	31.644,66	52.741,10	84.385,76
Herstellkosten (HK)	50.680,97	48.213,22	142.155,66	236.098,10	377.011,76
Verwaltungsgemeinkosten (13,79 %)	6.988,91	-	-	-	-
Restgemeinkosten Verwalt. (5,55 %)	-	2.675,83	7.889,64	13.103,44	20.924,15
Vertriebsgemeinkosten (7,07 %)	3.583,14	-	-	-	-
HP2-Bearbeitung Kundenauftrag	-	37.330,00	37.330,00	37.330,00	37.330,00
Sondereinzelkosten des Vertriebs	850,00	850,00	2.550,00	4.250,00	6.800,00
Selbstkosten gesamt	62.103,02	89.069,05	189.925,30	290.781,54	442.065,91
Stückselbstkosten (SK)	62.103,02	89.069,05	63.308,43	58.156,31	55.258,24

Abb. 5.15. Differenzierende Zuschlagskalkulation und prozessorientierte Kalkulation für ein und mehrere Produkte im Vergleich (in Anlehnung an Steger 2001, S. 557)

Die prozessorientierte Kalkulation weist in diesem Beispiel für ein Produkt deutlich höhere Selbstkosten auf, als sie mithilfe der differenzierenden Zuschlagskalkulation ermittelt werden. Die Erklärung dafür ist vergleichsweise einfach. Im Fall der prozessorientierten Kalkulation werden der gesamte Materialbeschaffungsprozess und die Bearbeitung des Kundenauftrages einer einzigen Maschine des Modells AXT angelastet. Wenn nur eine Maschine gefertigt wird, erscheint diese Verrechnung der Kosten auch plausibel. Schließlich ist es wahrscheinlich, dass die Produktion einer neuen Maschine eine Bestellung der dafür notwendigen Materialien erfordert. Außerdem muss der Auftrag bearbeitet werden. Bei der differenzierenden Zuschlagskalkulation hingegen werden die anteiligen Gemeinkosten lediglich anhand der Einzelkosten bestimmt. Ob damit viel Arbeitszeit in den gemeinkostenintensiven Kostenstellen verbunden ist oder nicht, kann nicht berücksichtigt werden. In dem Fall, dass nur ein einziges Produkt gefertigt wird, können über die prozessorientierte Kalkulation die Gemeinkosten dem Kostenträger daher besser zugerechnet werden als mithilfe der differenzierenden Zuschlagskalkulation.

Zusätzlich kann nun der Fall betrachtet werden, wie sich die Produktion mehrerer Maschinen des Typs AXT auf die Selbstkosten auswirkt. Nach der differenzierenden Zuschlagskalkulation werden die Selbstkosten lediglich mit der produzierten Stückzahl multipliziert; die Selbstkosten pro Stück ändern sich nicht. Bei Anwendung der prozessorientierten Kalkulation hingegen fallen die Selbstkosten pro Stück, da sich die Kosten der Hauptprozesse nun auf mehrere Produkte beziehen. Bereits bei der Produktion von fünf Maschinen ergeben sich Selbstkosten unterhalb derer, die über die Zuschlagskalkulation ermittelt wurden. Das liegt daran, dass die Gemeinkosten wesentlich präziser auf die Produkte verteilt werden.

Zudem können aus dieser Produktrechnung weitere entscheidungsnützliche Informationen gewonnen werden. So lassen sich neben den Kosten des Produktes auch Produktionsmengen für ein Produktionsprogramm ableiten, in dem die Kosten minimal sind. Außerdem lassen sich über die dadurch aufgedeckten Kosten gegebenenfalls Optimierungspotenziale aufdecken. So könnte versucht werden, die Kosten der Hauptprozesse durch einen geringeren Personaleinsatz zu reduzieren oder generell die Lagerhaltung so anzupassen, dass nicht bei jedem noch so kleinen Auftrag eine Materialbestellung erforderlich wird. Zudem könnten mehrere Bestellungen verschiedener Produkte zusammengefasst werden. Trotz der dargestellten Vorteile, die sich aus einer prozessorientierten Kalkulation mit Prozesskostensätzen ergeben, sei nochmals auf die generelle Kritik an der Prozesskostenrechnung (vgl. Abschnitt 4.3) verwiesen. Sie gilt natürlich gleichermaßen bei einer Verwendung im Rahmen der Produktrechnung.

5.4 Divisionskalkulation

Im Unterschied zu den verschiedenen Verfahren der Zuschlagskalkulation werden bei der Divisionskalkulation die Kosten durch produzierte beziehungsweise abgesetzte Mengen dividiert. Eine Divisionskalkulation ist immer dann anwendbar, wenn es sich um homogene Produkte oder Produktarten handelt – denn nur dann sind Kosten durch Leistungseinheiten teilbar. Je nach Anzahl der Produkte, Komplexität und Art der Fertigung kommen verschiedene Verfahren der Divisionskalkulation in Betracht. Davon stellen wir im Folgenden die Grundtypen der Divisionskalkulation vor sowie die Äquivalenzziffernkalkulation und Verfahren der Kuppelkalkulation.

5.4.1 Grundtypen der Divisionskalkulation

Die Grundtypen der Divisionskalkulation bieten sich immer dann an, wenn eine größere Menge an homogenen Produkten hergestellt wird. Die Verfahren, die dazu zählen, lassen sich nach der Anzahl der Produktionsstufen in die einstufige, zweistufige und mehrstufige Divisionskalkulation unterteilen, nach der Anzahl der Produktarten in die einfache oder mehrfache Divisionskalkulation. Wie in Tabelle 5.2 ersichtlich, können diese Varianten in allen Kombinationsmöglichkeiten angewendet werden.

Tabelle 5.2. Überblick über die Grundtypen der Divisionskalkulation

Anzahl der Produktarten / Anzahl der Produktionsstufen	Eine homogene Produktart	Mehrere homogene Produktarten
Eine Stufe	Einfache einstufige Divisionskalkulation	Mehrfache einstufige Divisionskalkulation
Zwei Stufen	Einfache zweistufige Divisionskalkulation	Mehrfache zweistufige Divisionskalkulation
Mehrere Stufen	Einfache mehrstufige Divisionskalkulation	Mehrfache mehrstufige Divisionskalkulation

Im Folgenden werden zunächst die Verfahren der einfachen ein-, zwei- und mehrstufigen Divisionskalkulation erläutert, also die Verfahrensvarianten, die bei einem homogenen Produkt zur Anwendung kommen können. Danach geht es um Prinzipien der mehrfachen Divisionskalkulation, die wir im Wesentlichen am Beispiel der zweistufigen Kalkulation erläutern. Die anderen Varianten der Divisionskalkulation für mehrere Produkte ergeben sich daraus.

Bei der einfachen **einstufigen Divisionskalkulation** werden die gesamten Kosten einer Periode auf die gesamte produzierte Menge verteilt, seien dies Stückzahlen, Tonnen, Liter oder Ähnliches. Die Selbstkosten ergeben sich danach wie folgt:

$$\text{Selbstkosten pro Leistungseinheit} = \frac{\text{Gesamtkosten}}{\text{produzierte Menge}}$$

In einem Zigaretten produzierenden Unternehmen, das die abendländische Anti-Rauch-Kampagne überlebt hat, sind in einem Monat 1 Million € Gesamtkosten entstanden. In diesem Monat wurden 20.000.000 Schachteln produziert. Bei einstufiger Divisionskalkulation ergeben sich Selbstkosten von 0,05 € pro Schachtel.

Die einfache einstufige Divisionskalkulation ist nur dann sinnvoll anwendbar, wenn es sich um ein gleichartiges Produkt handelt – im Zigarettenfall also nur bei der Produktion einer Sorte und einer Schachtelart. Überdies sollten keine Produkte auf Lager produziert, sondern alle produzierten Produkte in der gleichen Periode verkauft werden. Andernfalls käme es nämlich zu Verzerrungen, denn dann würde nur ein Teil der Gesamtkosten durch die Herstellung der Produkte verursacht. Die Kosten, die durch den Verkauf der Produkte entstehen, beziehen sich hingegen auf andere Stückzahlen.

Die **zweistufige Divisionskalkulation** gleicht solche Verzerrungen durch Lagerbestandsveränderungen aus, indem die Gesamtkosten in Herstellkosten und Verwaltungs- und Vertriebskosten untergliedert werden. Die Selbstkosten bestimmen sich danach wie folgt:

$$\begin{array}{c}\text{Selbstkosten pro}\\ \text{Leistungseinheit}\end{array} = \frac{\text{Herstellkosten}}{\text{produzierte Menge}} + \frac{\begin{array}{c}\text{Verwaltungs- und}\\ \text{Vertriebskosten}\end{array}}{\text{abgesetzte Menge}}$$

In dem oben betrachteten Unternehmen wurden 20.000.000 Schachteln Zigaretten produziert, im selben Monat aber nur 5.000.000 Schachteln verkauft und 15.000.000 Schachteln eingelagert. Von den 1.000.000 € Gesamtkosten waren 900.000 € Herstellkosten und 100.000 € Verwaltungs- und Vertriebskosten. Nach der zweistufigen Kalkulation ergeben sich nun Selbstkosten von 0,065 € pro Schachtel:

$$\frac{900.000\ €}{20.000.000\ \text{St.}} + \frac{100.000\ €}{5.000.000\ \text{St.}} = 0{,}045\ €/\text{St.} + 0{,}02\ €/\text{St.} = 0{,}065\ €/\text{St.}$$

Bei Anwendung der zweistufigen Divisionskalkulation werden neben den Selbstkosten demnach zugleich die Herstellkosten pro Leistungseinheit bestimmt. Im Beispiel sind dies 0,045 € pro Schachtel. Dieser Betrag kann zur Bewertung der Lagerbestände herangezogen werden.

So können die 15.000.000 Schachteln Zigaretten, die eingelagert werden, mit 0,045 € pro Schachtel bewertet werden. Dies entspricht einem Lagerzugang von 675.000 €.

Die zweistufige Divisionskalkulation ist also dann geeignet, wenn es sich um einen zweistufigen Leistungsprozess (bestehend aus Herstellung und Verwaltung/Vertrieb) handelt, dabei aber um einen einstufigen Fertigungsprozess.

Läuft der Fertigungsprozess in mehreren Stufen ab, werden also auch Halbfertigprodukte hergestellt und zwischengelagert, bietet sich die **mehrstufige Divisionskalkulation** an. Dabei werden die Selbstkosten in mehreren Schritten, entlang des betrieblichen Leistungserstellungsprozesses, bestimmt. Beginnend bei der ersten Fertigungsstufe werden die Kosten pro Leistungseinheit sukzessive wie folgt ermittelt:

$$\begin{array}{c}\text{Kosten pro Leistungseinheit}\\\text{der aktuellen Stufe}\end{array} = \frac{\begin{array}{c}\text{mit den Kosten der vorigen Stufe}\\\text{bewerteter Materialverbrauch +}\\\text{(Fertigungs-)Kosten der aktuellen Stufe}\end{array}}{\begin{array}{c}\text{Ausbringungsmenge}\\\text{der aktuellen Stufe}\end{array}}$$

Wie zuvor werden also zunächst die Herstellkosten (Materialkosten + Fertigungskosten) durch die produzierte Menge geteilt, nun getrennt nach einzelnen Fertigungsstufen. Die Kosten pro Leistungseinheit der verschiedenen Fertigungsstufen können dann ebenso zur Lagerbewertung herangezogen werden. Zwei Besonderheiten sind dabei zu beachten. Erstens entstehen die Materialkosten einer mittleren Fertigungsstufe (auch) aus dem Verbrauch von Halbfertigprodukten, dessen Kosten im Zuge der Kalkulation bestimmt werden. Werden Halbfertigprodukte nicht nur aus der aktuellen Produktion bezogen, sondern auch aus Lagerbeständen, ist zusätzlich eine Bewertung dieses Materialverbrauchs nötig. Dafür kommen die verschiedenen in Abschnitt 2.2.1 vorgestellten Sammelbewertungsverfahren (gewogener Durchschnitt, LIFO, FIFO usw.) in Betracht. Zweitens wird eine entsprechend differenzierte Kostenstellenrechnung benötigt, in der die Fertigungskosten der einzelnen Stufen gesondert erfasst werden.

Als letzte Stufe gelten Verwaltung und Vertrieb. Im letzten Schritt der Kalkulation werden die Kosten der abgesetzten Menge und die Verwaltungs- und Vertriebskosten addiert und durch die abgesetzte Menge geteilt. So ergeben sich die Selbstkosten pro Leistungseinheit.

Ein Unternehmen stellt in einem mehrstufigen Prozess Holzpellets her, kleine Pressholzstücke, die zum Beispiel zur Kaminbefeuerung und als Tiereinstreu genutzt werden können. Für die Fertigung der Pellets werden Holzspäne eingekauft. In der ersten Fertigungsstufe werden diese zu Holzmehl vermahlen. Das Holzmehl wird in der zweiten Fertigungsstufe maschinell getrocknet und zu Holzpellets gepresst. Die Pellets werden an den Großhandel abgegeben. Sowohl das Material (Holzspäne), das Halbfertigprodukt (Holzmehl) als auch das Fertigprodukt (Holzpellets) werden zwischengelagert. Abbildung 5.16 zeigt den Ablauf dieses betrieblichen Leistungserstellungsprozesses.

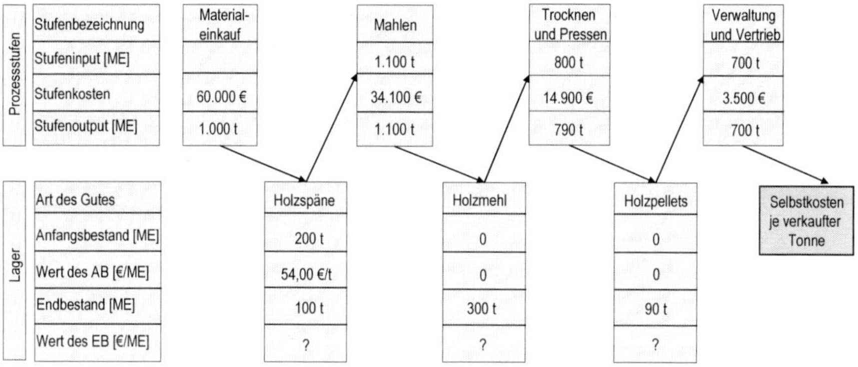

Abb. 5.16. Schematische Darstellung eines mehrstufigen Leistungserstellungsprozesses

Abbildung 5.16 enthält zudem die für die Ermittlung der Selbstkosten relevanten Daten der aktuellen Periode. Die Lagerbestände sollen in diesem Fall nach dem gewogenen Durchschnittsverfahren bewertet werden. Die Kalkulation der Selbstkosten nach der mehrstufigen Divisionskalkulation erfolgt nun stufenweise, beginnend bei dem Materialeinkauf. Die einzelnen Rechenschritte, die dafür notwendig sind, sowie die jeweiligen (Zwischen-)Ergebnisse zeigt Abbildung 5.17.

Die Selbstkosten der verkauften Holzpellets betragen also 115 €/t. Wenn der Marktpreis für Holzmehl bekannt ist, kann im Übrigen auf der Grundlage dieser Daten auch entschieden werden, ob es sich lohnt, den überzähligen Lagerbestand zu veräußern (z.B. zur Herstellung von Kunstholz wie im folgenden Beispiel).

Stufe 1	Materialeinkauf Holzspäne	$\frac{60.000\,€}{1.000\,t}$	=	60,00 €/t
Lager 1	Lagerbewertung Holzspäne	$\frac{1.000\,t \cdot 60\,€/t + 200\,t \cdot 54\,€/t}{1.200\,t}$	=	59,00 €/t
Lager 1	Wert des Lagerbestandes am Ende der Periode	$59\,€/t \cdot 100\,t$	=	5.900,00 €
Stufe 2	Mahlen	$\frac{1.100\,t \cdot 59\,€/t + 34.100\,€}{1.100\,t}$	=	90,00 €/t
Lager 2	Lagerbewertung Holzmehl	Da kein Anfangsbestand:	=	90,00 €/t
Lager 2	Wert des Lagerbestandes am Ende der Periode	$90\,€/t \cdot 300\,t$	=	27.000,00 €
Stufe 3	Trocknen und Pressen	$\frac{800\,t \cdot 90\,€/t + 14.900\,€}{790\,t}$	=	110,00 €/t
Lager 3	Lagerbewertung Holzpellets	Da kein Anfangsbestand:	=	110,00 €/t
Lager 3	Wert des Lagerbestandes am Ende der Periode	$110\,€/t \cdot 90\,t$	=	9.900,00 €
Stufe 4	Verwaltung und Vertrieb	$\frac{700\,t \cdot 110\,€/t + 3.500\,€}{700\,t}$	=	115,00 €/t

Abb. 5.17. Beispiel für die Rechenschritte der mehrstufigen Divisionskalkulation

Falls auch die Zwischenprodukte eines mehrstufigen Produktionsprozesses verkauft werden, ist es zweckmäßig, nur die Herstellkosten bis zur letzten Produktionsstufe nach dem Verfahren der mehrstufigen Divisionskalkulation zu bestimmen. Die Verwaltungs- und Vertriebskosten wären dann auf die verschiedenen Produkte zu schlüsseln – und zwar nach dem Prinzip der mehrfachen Divisionskalkulation.

Bislang wurden die einfachen Varianten der reinen Divisionskalkulation besprochen, die dann angewendet werden, wenn es um die Kalkulation eines Produktes geht. Werden mehrere Produkte in großen Stückzahlen (Massenfertigung) hergestellt, kann eine **mehrfache Divisionskalkulation** durchgeführt werden.

Wenn mehrere Produkte in voneinander unabhängigen Prozessen erstellt und vertrieben werden, ist es möglich, die gesamten Kosten für jede Produktart einzeln zu erfassen. Um die Selbstkosten pro Leistungseinheit zu ermitteln, können dann für die einzelnen Produktarten deren Gesamtkosten durch die jeweilige Ausbringungsmenge (Stückzahlen, Anzahl der Aufträge etc.) geteilt werden. Das kann, wie oben im Einzelnen erläutert, einstufig, zweistufig oder auch mehrstufig erfolgen.

Eine gesonderte Überlegung erfordert die mehrfache Divisionskalkulation dann, wenn Produktartengemeinkosten vorliegen, die nicht direkt zugerechnet werden können. Für solche Gemeinkosten müssen Verteilungsschlüssel bestimmt werden. Sie können unter anderem zu gleichen Anteilen auf die Produktarten verteilt, als Gemeinkostenzuschlagssatz zu den Einzelkosten addiert oder auf der Grundlage anderer Schlüsselgrößen (z.B. Gewicht der Ausbringungsmenge) verteilt werden.

Zu den Typen der Massenfertigung, für die sich diese Grundform der mehrfachen Divisionskalkulation eignet, zählt die Serienfertigung (auf weitere Typen, für die Sonderformen der mehrfachen Kalkulation geeignet sind, gehen wir in den folgenden Abschnitten ein). Bei der Serienfertigung werden mehrere Produkte nacheinander auf den gleichen Produktionsanlagen erstellt. Produkte aus Serienfertigung (wie Fernseher und Videogeräte) weisen hinsichtlich der verwendeten Materialien und der Fertigungsprozesse deutliche Unterschiede auf.

Ein Unternehmen hat sich auf die Serienfertigung von Figuren aus Kunstholz (mit Leim gemischtes Holzmehl) spezialisiert. Auf einer Fertigungsanlage werden aus dem Kunstholz drei Serien von Holzfiguren gegossen, eingefärbt und lackiert: Krippenfiguren, Figuren für Miniatureisenbahnen (Bäume, Häuser etc.) und Regalreiter (Engelsfiguren mit einem 90-Grad-Winkel zur Regaldekoration). Für jede Serie muss die Anlage vollständig umgerüstet werden. Die Produkte werden dann in je unterschiedlichen Setgrößen (z.B. 20 Krippenfiguren) verpackt und an den Großhandel abgegeben.

Ein Großteil der Kosten kann den Produktarten aufgrund der separaten Fertigungsprozesse direkt zugerechnet werden. Gemeinkosten fallen für die Überwachung und Instandhaltung der Fertigungsanlage, Verwaltung und Vertrieb an. Für die Verteilung der Gemeinkosten ist eine mehrfache Divisionskalkulation geeignet; allerdings muss entschieden werden, welche Schlüsselgrößen verwendet werden. Abbildung 5.18 zeigt beispielhaft, welche Selbstkosten sich nach verschiedenen Schlüsselgrößen ergeben.

An der Beispielskalkulation in Abbildung 5.18 zeigt sich, dass der Wahl der Schlüsselgröße eine große Bedeutung zukommt, denn sie bestimmt maßgeblich die Höhe der kalkulierten Selbstkosten.

Wie bereits im Hinblick auf Stundensätze angemerkt, sind die Grenzen zwischen Divisions- und Zuschlagskalkulation fließend. Am Beispiel der mehrfachen Divisionskalkulation wird deutlich, dass die Divisions- und Zuschlagsverfahren auch miteinander kombiniert werden können. Eine solche Kombination liegt vor, wenn (wie in Alternative 2 der Beispielskalkulation) die Gemeinkosten per Zuschlagssatz verrechnet werden.

Erfassung relevanter Daten (vergangene Periode)				
	Krippen-figuren	Figuren für Eisenbahnen	Regalreiter	Unterneh-men gesamt
Ausbringungsmenge (in Sets)	7.000	5.000	4.000	16.000
Gewicht der Ausbringung (in kg)	3.500	2.000	1.500	7.000
Produktarteneinzelkosten (in €)	140.000,00	120.000,00	160.000,00	420.000,00
Produktartengemeinkosten				42.000,00

Kalkulation (aktuelle Periode)				
Einzelkosten pro Leistungseinheit (in €/Set)	20,00	24,00	40,00	
Verteilung der Gemeinkosten und Bestimmung der Selbstkosten (in drei Alternativen)				
Alternative 1 **– Gleichverteilung der Gemeinkosten:** 42.000 € : 3 = 14.000 € pro Produktart				
Gemeinkosten gesamt (in €)	14.000,00	14.000,00	14.000,00	42.000,00
Gemeinkosten pro Leistungseinheit (in €/Set)	2,00	2,80	3,50	
Selbstkosten gesamt (in €)	154.000,00	134.000,00	174.000,00	462.000,00
Selbstkosten pro Leistungseinheit (in €/Set)	22,00	26,80	43,50	
Alternative 2 **– Verrechnung der Gemeinkosten mit Zuschlagssatz:** (42.000 € : 420.000 €) · 100 = 10 %				
Gemeinkosten gesamt (in €)	14.000,00	12.000,00	16.000,00	42.000,00
Gemeinkosten pro Leistungseinheit (in €/Set)	2,00	2,40	4,00	
Selbstkosten gesamt (in €)	154.000,00	132.000,00	176.000,00	462.000,00
Selbstkosten pro Leistungseinheit (in €/Set)	22,00	26,40	44,00	
Alternative 3 **– Schlüsselung der Gemeinkosten nach Ausbringungsgewicht:** 42.000 € : 7.000 kg = 6 € pro kg				
Gemeinkosten gesamt (in €)	21.000,00	12.000,00	9.000,00	42.000,00
Gemeinkosten pro Leistungseinheit (in €/Set)	3,00	2,40	2,25	
Selbstkosten gesamt (in €)	161.000,00	132.000,00	169.000,00	462.000,00
Selbstkosten pro Leistungseinheit (in €/Set)	23,00	26,40	42,25	

Abb. 5.18. Mehrfache zweistufige Divisionskalkulation mit unterschiedlicher Schlüsselung von Gemeinkosten

Die nun folgenden zwei letzten Kalkulationsverfahren stellen ebenfalls Varianten der mehrfachen Divisionskalkulation dar. Auch sie dienen der Auftrags- beziehungsweise Stückkalkulation mehrerer Produkte in Massenfertigung. Ihre Besonderheit ist, dass sie jeweils an bestimmte Produktionsbedingungen bei Massenfertigung geknüpft sind: Die Äquivalenzziffernkalkulation findet Anwendung bei der Sortenfertigung (vgl. Abschnitt 5.4.2), wohingegen Varianten der Kuppelkalkulation angewendet werden, wenn im Rahmen der Produktion ein Kuppelprozess vorliegt (vgl. Abschnitt 5.4.3).

5.4.2 Äquivalenzziffernkalkulation

Bei der **Sortenfertigung** werden wie bei der Serienfertigung mehrere Produkte auf den gleichen Fertigungsanlagen hergestellt. Im Unterschied zur Serienfertigung sind die Produkte allerdings relativ ähnlich. Sie unterscheiden sich nur in bestimmten Details, wie zum Beispiel Schokoladensorten mit unterschiedlichen Zutaten, Holzlatten verschiedener Stärke, Papier in verschiedener Stärke oder mit unterschiedlichem Aufdruck. Charakteristisch für Sorten ist, dass sie wegen der erforderlichen Modifikationen des Fertigungsprozesses (unterschiedliche Materialien, Zeitdauer bei Bearbeitung oder Lagerung etc.) in einem festen Kostenverursachungsverhältnis stehen. Dieses Kostenverhältnis kann durch Gewichtungsfaktoren ausgedrückt werden, die sogenannten **Äquivalenzziffern**. Sie werden im Rahmen der Äquivalenzziffernkalkulation genutzt, um Kosten möglichst verursachungsgerecht auf die einzelnen Sorten zu verteilen. Bei den zu verteilenden Kosten kann es sich um Herstellkosten oder Gesamtkosten handeln, je nachdem, auf welche Kostenblöcke sich die Äquivalenzziffern beziehen.

Abbildung 5.20 fasst am Beispiel einer Bierproduktion die Vorgehensweise der Äquivalenzziffernkalkulation zusammen. Diese Vorgehensweise wird unten schrittweise erläutert.

Im ersten Schritt werden die einzelnen Sorten aufgelistet und deren Ausbringungsmengen erfasst. Außerdem werden Informationen über die Kostenrelationen dieser Sorten benötigt, zum Beispiel aus dem Einkauf oder der technischen Abteilung. Je nach Produktart können das Informationen über Kosten verursachende Inhaltsstoffe, Lagerdauern, geometrische Ausmaße, Unterschiede der Fertigungsprozesse etc. sein. Bei der Bierproduktion sind es unter anderem Rohstoffe (z.B. verschiedene Arten von Hefe und Hopfen), Details des Fertigungsprozesses (z.B. die Maischtemperatur und die Lagerdauer) sowie unterschiedliche Flaschengrößen, derentwegen sich die Kosten der einzelnen Biersorten unterscheiden.

Abb. 5.19. Wie viele Kosten einer Brauerei lassen sich einer Biersorte zurechnen? [wa]

Gesamtkosten der Brauerei im Monat Mai: 53.400,00 €						
Sorte	Leistungsmenge (LM)	Äquivalenzziffer (ÄZ)	Äquivalenzmenge (ÄM)	Kosten pro Leistungsmengeneinheit ($k_{LM} = k_{ÄM} \cdot ÄZ$)		Sortenkosten ($k_{LM} \cdot LM$)
Schritt 1			*Schritt 2*	*Schritt 4*		
Pils	50.000 l	1	50.000 l	0,60 €/l · 1 =	0,60 €/l	30.000,00 €
Weizen	30.000 l	0,9	27.000 l	0,60 €/l · 0,9 =	0,54 €/l	16.200,00 €
Altbier	10.000 l	1,2	12.000 l	0,60 €/l · 1,2 =	0,72 €/l	7.200,00 €
			89.000 l			53.400,00 €

Schritt 3	
Kosten pro Äquivalenzmengeneinheit ($k_{ÄM}$)	
53.400 € : 89.000 l =	0,60 €/l

Abb. 5.20. Beispiel einer Äquivalenzziffernkalkulation

Aus solchen Informationen werden die Kostengewichtungsfaktoren, die Äquivalenzziffern gebildet. Dazu wird eine Sorte als **Richtsorte** festgelegt, der (als rechnerische Konvention) die Äquivalenzziffer 1 zugewiesen wird. Rein rechnerisch kann dies jede beliebige Sorte sein. Üblich ist, entweder, wie im Beispiel, das volumenreichste Hauptprodukt als Richtsorte zu wählen oder ein Basisprodukt, das anschließend noch weiter bearbeitet wird (z.B. unliniertes Papier, wenn außerdem liniertes, kariertes und rautiertes Papier produziert wird).

Im Beispiel ist bekannt, dass Weizenbier 10 % weniger Kosten verursacht als die Richtsorte Pils, Altbier 20 % mehr. Da Pils als Richtsorte die Äquivalenzziffer 1 hat, ergeben sich die Äquivalenzziffern 0,9 für Weizen und 1,2 für Altbier. Diese Ziffern stellen Gewichtungsfaktoren dar, die das Kostenverursachungsverhältnis der produzierten Sorten abbilden sollen.

Im zweiten Schritt werden die Ausbringungsmengen mit dem Kostenverursachungsverhältnis gewichtet, indem sie mit der jeweiligen Äquivalenzziffer multipliziert werden. Diese mit dem Kostenverhältnis gewichteten Mengen werden **Äquivalenzmengen** genannt. Dabei handelt es sich um rein rechnerische Größen zur Kostenverteilung. Die Äquivalenzmenge ist eine hypothetische Menge, die produziert worden wäre, wenn bei gleichen Kosten nur die Richtsorte mit Äquivalenzziffer 1 hergestellt worden wäre.

Im dritten Schritt werden die zu verteilenden Kosten (im Beispiel die Gesamtkosten) durch die gesamte Äquivalenzmenge dividiert. Dadurch erhält man den Kostenverrechnungssatz pro Äquivalenzmengeneinheit.

Dieser Verrechnungssatz wird im vierten Schritt mit der jeweiligen Äquivalenzziffer multipliziert. Dadurch ergeben sich die Kosten pro Leistungsmengeneinheit, also im Beispiel die Kosten pro Liter Bier der einzelnen Sorten. Multipliziert mit der (tatsächlich) produzierten Menge erhält man die **Sortenkosten**.

Durch Addition der Sortenkosten kann die Kalkulation überprüft werden. Die Summe muss dann wieder den zu verteilenden Kosten entsprechen.

Im Beispiel wurden die Gesamtkosten verteilt, somit entsprechen die Ergebnisse bereits den Selbstkosten (pro Mengeneinheit und pro Sorte). Möglich ist jedoch auch, über die Äquivalenzziffernkalkulation lediglich die Herstellkosten oder die Kosten bestimmter Fertigungsstufen auf die Sorten zu verteilen. In solch einem Fall müssten, um zu den Selbstkosten zu gelangen, noch die fehlenden Kostenanteile (z.B. Kosten der Weiterverarbeitung oder des Vertriebs) addiert werden. Dies kann über die bereits bekannten Verfahren der Divisions- oder Zuschlagskalkulation geschehen.

5.4.3 Verfahren der Kuppelkalkulation

Die verschiedenen Verfahrensvarianten der Kuppelkalkulation finden Anwendung, wenn im Fertigungsbereich ein **Kuppelprozess** vorliegt. Von einem Kuppelprozess ist die Rede, wenn bedingt durch natürliche oder technische Gegebenheiten mehrere Produkte in demselben Produktionsprozess entstehen. Auch wenn es sich dabei neben dem oder den Hauptprodukten um unerwünschte Nebenprodukte handelt, verursachen sie Kosten, die bei der Kalkulation mit berücksichtigt werden sollten. Beispiele für verbundene Prozesse finden sich vor allem in der chemischen Industrie, aber auch in anderen Bereichen. So entstehen in einem Sägewerk neben dem Holzzuschnitt auch Sägemehl und Hobelspäne. Dies sind (Neben-) Produkte, die vielfältige Verwertungsmöglichkeiten aufweisen (z.B. in der Papierindustrie, für die Herstellung von Katzenstreu oder von Müsliriegeln). In einer Winzerei bleiben bei dem Pressen von Weintrauben die Schalen und Kerne, der sogenannte Trester, zurück. Während der Traubenmost für die Weinherstellung genutzt wird, kann der Trester durch Destillation zu Tresterbrand (in Italien: Grappa) weiterverarbeitet werden.

Im Prinzip stellt fast jeder Produktionsprozess einen Kuppelprozess dar, da meistens Abfälle, Abgase etc. entstehen, die entsorgt oder gefiltert werden müssen und dadurch Kosten verursachen. Von einem Kuppelprozess im engeren Sinne spricht man im Fall von marktfähigen Haupt- und Nebenprodukten, also Produkten, die veräußert werden können. Allerdings sind die Grenzen zwischen Produkten und Abfällen fließend. Schließlich gibt es zahlreiche Verwertungsmöglichkeiten, zum Beispiel

Glas- oder Kunststoffrecycling, Nutzung von Abwärme etc., die aus rein Kosten verursachenden „Nichtprodukten" verwertbare und marktfähige Produkte machen.

Das Vorliegen eines Kuppelprozesses stellt insofern spezielle Anforderungen an die Kalkulation, als alle Kosten, die bei diesem Prozess entstehen, Produktgemeinkosten darstellen. Solche Kosten eines Kuppelprozesses (auch Kuppelkosten genannt), die durch den Verbrauch von Rohstoffen (wie Holz oder Weintrauben), Energie, Arbeitskraft etc. entstehen, können aufgrund des zwangsläufig verbundenen Fertigungsprozesses nicht verursachungsgerecht auf die einzelnen Produkte zugerechnet werden. Während zumindest manche der bislang vorgestellten Kalkulationsverfahren eine näherungsweise verursachungsgerechte Kostenzurechnung anstreben, ist dies bei der Kuppelkalkulation schlichtweg nicht möglich. Hier werden andere Gesichtspunkte zur Kostenverteilung benötigt und angewendet.

Grundlegend lassen sich zwei Verfahrenstypen der Kuppelkalkulation unterscheiden: Wenn die Kuppelprodukte in Haupt- und Nebenprodukte unterschieden werden, wird die Restwertmethode angewandt. Die Kostenverteilungsmethode dient zur Verteilung von Kosten auf mehrere Hauptprodukte.

Ein Kuppelprozess ist quasi naturgegeben (bzw. technisch bedingt), eine Unterscheidung der Kuppelprodukte in Haupt- und Nebenprodukten jedoch keineswegs. Dabei handelt es sich vielmehr um eine (revidierbare) betriebliche Entscheidung, für die beispielsweise die Marktfähigkeit der einzelnen Kuppelprodukte ein wesentliches Kriterium ist.

Die **Restwertmethode** beruht auf dem Grundgedanken, dass die als Nebenprodukte kategorisierten Kuppelprodukte nicht den eigentlichen Produktionszweck darstellen. Die mit den Nebenprodukten erzielbaren Erlöse werden daher kostenmindernd verrechnet. Der so ermittelte **Restwert** der Kosten wird dem Hauptprodukt zugerechnet (über eine einfache Divisionskalkulation) beziehungsweise auf die Hauptprodukte verteilt (über die Kostenverteilungsmethode, siehe unten).

Eine grundlegende Formel zur Ermittlung des Restwertes lautet also:

Gesamtkosten des Betriebes
– Erlöse der Nebenprodukte
= Restwert der Gesamtkosten (auf die Hauptprodukte zu verrechnen)

Um Informationen darüber zu erhalten, ob mit den Nebenprodukten wirtschaftlich umgegangen wird, kann es allerdings sinnvoll sein, zunächst den Nutzen beziehungsweise den **Deckungsbeitrag** der Nebenprodukte zu ermitteln:

Erlöse der Nebenprodukte
– Kosten der Weiterverarbeitung und des Vertriebs der Nebenprodukte
= Deckungsbeitrag der Nebenprodukte

Wenn nämlich solche Kosten, die durch die Verwertung der Nebenprodukte entstehen, größer sind als deren Erlöse (der Deckungsbeitrag also negativ ist), sollte geprüft werden, ob es Möglichkeiten gibt, diese Einzelkosten der Nebenprodukte zu senken, oder eine Entsorgung der Nebenprodukte kostengünstiger wäre. Ein negativer Deckungsbeitrag zeigt also Handlungsbedarf auf.

Zur Kalkulation der Hauptprodukte kann die Ermittlung des Restwerts entsprechend erweitert werden:

Gesamtkosten des Betriebes
– Kosten der Weiterverarbeitung und des Vertriebs der Nebenprodukte
– Deckungsbeitrag der Nebenprodukte
= Restwert der Gesamtkosten (auf die Hauptprodukte zu verrechnen)

Dabei handelt es sich lediglich um eine erweiterte Variante der Ermittlung des gleichen Restwerts, die eine zusätzliche Information, nämlich den Deckungsbeitrag, enthält.

Eine andere Alternative ist die Ermittlung eines **Restwerts der Kuppelkosten**.

Kuppelkosten (Material- und Fertigungskosten des Kuppelprozesses)
– Deckungsbeitrag der Nebenprodukte
= Restwert der Kuppelkosten (auf die Hauptprodukte zu verrechnen)

Sie ist dann vorteilhaft, wenn zweistufig oder mehrstufig kalkuliert werden soll. Wie oben dargestellt, dient eine zweistufige Divisionskalkulation dazu, Verzerrungen durch Lagerbestandsveränderungen zu vermeiden. Sie ist dann zweckmäßig, wenn die produzierte Menge nicht der abgesetzten Menge entspricht. Eine mehrstufige Kalkulation ist dann sinnvoll, wenn der Fertigungsprozess der Hauptprodukte neben dem Kuppelprozess noch weitere Fertigungsstufen umfasst. Mit dem folgenden Beispiel wird die Anwendung der Restwertmethode bei zweistufiger Divisionskalkulation illustriert.

Abb. 5.21. Wie lassen sich die Kosten eines Sägewerks auf die entstehenden Kuppelprodukte verteilen? [hn]

In einem Sägewerk werden Kanthölzer für den Bau zugeschnitten. Nach dem Holzzuschnitt werden die Kanthölzer imprägniert, transportfertig verpackt und an die Kunden ausgeliefert. Die bei dem Holzzuschnitt anfallenden Sägespäne und das Sägemehl werden als Nebenprodukte angesehen. Sie werden in Säcke verpackt und an den Großhandel verkauft. Abbildung 5.22 zeigt die für die Kalkulation relevanten Daten sowie die einzelnen Schritte der Kalkulation.

Erfassung relevanter Daten (vergangener Monat)

Produktgemeinkosten:				
Kosten des Holzzuschnitts				2.019.400 €
Vertriebs- und Verwaltungsgemeinkosten				504.000 €
Produkteinzelkosten (für Weiterverarbeitung, Verpackung, Transport) und weitere Informationen:				
	Einzelkosten	Produktionsmengen	Absatzmengen	Verkaufspreise
Kantholz	100.000 €	20.000 m³	18.000 m³	350 €/m³
Hobelspäne	4.000 €	8.000 m³	8.000 m³	4 €/m³
Sägemehl	3.600 €	3.000 m³	3.000 m³	5 €/m³

Kalkulation der Selbstkosten des Hauptprodukts (Kantholz)

Schritt 1: Ermittlung des Deckungsbeitrags der Nebenprodukte		
	Erlöse (Produktionsmenge · Verkaufspreis) – Einzelkosten =	Deckungsbeitrag
Hobelspäne	8.000 m³ · 4 €/m³ – 4.000 € =	28.000 €
Sägemehl	3.000 m³ · 5 €/m³ – 3.600 € =	11.400 €
Nebenprodukte gesamt		39.400 €
Schritt 2: Ermittlung des Restwerts der Kuppelkosten		
Kuppelkosten		2.019.400 €
- Deckungsbeitrag der Nebenprodukte		39.400 €
= Restwert		1.980.000 €
Schritt 3: Kalkulation der Selbstkosten des Hauptprodukts		
Herstellkosten pro m³	1.980.000 € : 20.000 m³ =	99 €/m³
Verwaltungs- und Vertriebskosten pro m³	504.000 € : 18.000 m³ =	28 €/m³
Selbstkosten pro m³		127 €/m³

Abb. 5.22. Beispiel einer Kuppelkalkulation nach der Restwertmethode

Anders als die Restwertmethode beruht das Prinzip der **Kostenverteilungsmethode** darauf, Kosten nach bestimmten Schlüsselgrößen auf die Hauptprodukte zu verteilen. In dieser Hinsicht ähnelt die Methode der Kostenverteilung nach Äquivalenzziffern. Äquivalenzziffern bilden allerdings ein Kostenverursachungsverhältnis ab, das auf Inputgrößen (z.B. Materialpreisen) oder Prozessgrößen (z.B. Bearbeitungszeiten) beruht. Bei Vorliegen eines Kuppelprozesses können Kostenverursachungsverhältnisse hingegen nicht bestimmt werden; folglich werden andere Arten von Schlüsselgrößen benötigt. Infrage kommen hierfür vorrangig zwei Arten von Größen:

1. Technische Maßgrößen, die sich auf den Output beziehen. In einer Kokerei kann hierfür zum Beispiel das Verhältnis der durch die Kuppelprodukte Koks und Gas produzierbaren Wärmeeinheiten herangezogen werden.
2. Marktpreise beziehungsweise erzielbare Erlöse der Kuppelprodukte. In diesem Fall erfolgt die Kostenverteilung nach dem Tragfähigkeitsprinzip.

Ein Unternehmen bezieht verschiedene Getreidesorten aus landwirtschaftlichen Betrieben und bereitet sie zum Weiterverkauf auf. Ein Produktionsschritt ist die Gerstensortierung. Hier wird die eingekaufte Gerste nach Keimgröße sortiert: Braugerste wird an Brauereien verkauft; Futtergerste an Viehzuchtbetriebe. Um die Kosten dieses Produktionsschritts zu kalkulieren, können die Kuppelkosten der Gerstensortierung über die Kostenverteilungsmethode nach erzielbaren Erlösen auf die Hauptprodukte verteilt werden.

Kuppelkosten der Gerstensortierung	
Materialkosten (Verbrauch von 9 t Gerste à 80 €/t)	720,00 €
Fertigungskosten	220,00 €
Kuppelkosten Gesamt	940,00 €

Kuppelprodukte	Erzielbare Erlöse		Erlösanteil	Kuppelkosten
Braugerste	8 t · 138 €/t =	1.104,00 €	92 %	864,80 €
Futtergerste	1 t · 96 €/t =	96,00 €	8 %	75,20 €
Gesamt		1.200,00 €	100 %	940,00 €

Abb. 5.23. Beispiel einer Kuppelkalkulation nach der Kostenverteilungsmethode

Abbildung 5.23 zeigt die Schritte dieser Kalkulation. Im Februar 2008 fielen insgesamt 940 € Kuppelkosten bei der Gerstensortierung an. Zum Verkauf aufbereitet wurden 8 t Braugerste und 1 t Futtergerste. Für die Braugerste kann ein Preis von 138 €/t erzielt werden, für die Futtergerste ein Preis von 96 €/t. Aus diesen Daten werden die erzielbaren Erlöse und Erlösanteile ermittelt. Nach dem prozentualen Verhältnis der Erlöse werden schließlich die Kuppelkosten auf die Produkte verteilt.

5.5 Preiskalkulation und Erfolgsermittlung auf Vollkostenbasis

Mit allen oben vorgestellten Kalkulationsverfahren lassen sich die Selbstkosten von Produkten und Kundenaufträgen ermitteln. Auf dieser Basis können sowohl kostenorientierte Preise kalkuliert als auch bei vorgegebenen Preisen (z.B. Marktpreise oder Preisangebote potenzieller Kunden) beziehungsweise bei bereits erzielten Erlösen ein Stück- beziehungsweise Auftragserfolg ermittelt werden.

Grundsätzlich gilt, dass sich ein Gewinn nur dann erzielen lässt, wenn die Erlöse die Kosten übersteigen. Insofern sollte bei einer kostenorientierten Preissetzung auf die Selbstkosten ein angemessener Gewinnaufschlag kalkuliert werden. Ist der Preis vorgegeben oder der Erlös bereits erzielt, kann der Gewinn beziehungsweise Erfolg pro Stück oder Auftrag entsprechend als Differenz zwischen Erlös und Selbstkosten des Stücks oder Auftrags bestimmt werden.

Eine **kostenorientierte Preiskalkulation** ist vorrangig bei Handelsunternehmen üblich. Zudem ist sie für die Kalkulation öffentlicher Aufträge (z.B. zur Sanierung von Schulen) vorgeschrieben. Insbesondere bei der **Handelskalkulation** werden zusätzlich zu einem Gewinnaufschlag noch weitere Größen berücksichtigt, je nachdem, welche Konditionen für einzelne Kunden oder Kundengruppen vorgesehen sind. Dazu zählen insbesondere die folgenden drei.

1. Ein **Skonto** wird häufig für den Fall gewährt, dass Kunden ihre Rechnung innerhalb einer bestimmten Zahlungsfrist begleichen. Sie können dann zum Beispiel 3 bis 5 %, je nach gewährtem Skontosatz, von der Rechnungssumme abziehen. Wird das in der Vorkalkulation eines Angebotspreises nicht berücksichtigt, wird die vorgesehene Gewinnspanne durch Inanspruchnahme der Skonti geschmälert.

2. Für die Abnahme größerer Mengen zu einem Zeitpunkt (Mengenrabatt) oder für Kunden, die regelmäßig bestimmte Mengen abnehmen (Treuerabatt), kann ebenso ein Nachlass auf den Rechnungspreis vereinbart werden. Als Boni werden nachträglich gewährte Preisnachlässe (z.B. nach Überschreiten einer bestimmten Bestellmenge) bezeichnet. Auch **Rabatte** und **Boni** reduzieren die Gewinnspanne, wenn nicht vorab ein entsprechender Betrag aufgeschlagen wurde.
3. Für den Ausweis eines Preises auf Rechnungen und Preislisten oder das Auspreisen von Waren in Verkaufsräumen ist außerdem die **Umsatzsteuer** zu berücksichtigen.

Rabatte werden allerdings nicht nur für Abnahmemengen, sondern häufig auch für Mindestbestell- beziehungsweise Rechnungssummen eingeräumt, also auch im Fall der Abnahme mehrerer Produkte. Ähnlich auch Boni: Nach aufgelaufenem Umsatz (z.B. über Kundenkarten festgehalten) werden Kunden Beträge gutgeschrieben oder ausgezahlt. In solchen Fällen, in denen sich Rabatte oder Boni nicht auf einzelne Produkte oder Aufträge beziehen, liegen eine Mischkalkulation und Gemeinerlöse beziehungsweise Erlösschmälerungen vor.

Abbildung 5.24 zeigt, wie diese Größen nach dem Schema der Handelskalkulation berücksichtigt werden.

Gewinnaufschlag und Umsatzsteuer errechnen sich also, wie in der Zuschlagskalkulation üblich, als prozentualer Anteil der Zuschlagsbasis. Bei den Zuschlägen für eventuelle Skonti und Rabatte muss jedoch bedacht

Schema der Handelskalkulation	
	Selbstkosten
+	Gewinnaufschlag (Zuschlag in % auf Selbstkosten)
=	Barverkaufspreis
+	Aufschlag für Skonto (Zuschlag für Abzug in % vom Zielverkaufspreis)
=	Zielverkaufspreis
+	Aufschlag für Rabatte bzw. Boni (Zuschlag für Abzug in % vom Nettoverkaufspreis)
=	Nettoverkaufspreis
+	Umsatzsteuer (Zuschlag in % auf Nettoverkaufspreis)
=	Bruttoverkaufspreis

Abb. 5.24. Schema der Handelskalkulation

werden, dass sie prozentuale Abzüge vom Ziel- beziehungsweise Nettoverkaufspreis darstellen. Über Anwendung eines einfachen Dreisatzes lassen sie sich wie folgt bestimmen:

$$\text{Aufschlag für Skonto} = \frac{\text{Bruttoverkaufspreis} \cdot \text{Skontosatz (in \%)}}{100\% - \text{Skontosatz (in \%)}}$$

$$\text{Aufschlag für Rabatt} = \frac{\text{Nettoverkaufspreis} \cdot \text{Rabattsatz (in \%)}}{100\% - \text{Rabattsatz (in \%)}}$$

Ein Großhändler verkauft Pullover an Supermarktketten weiter. Es soll der Bruttoverkaufspreis für die Preislisten kalkuliert werden, die an die Einzelhändler verschickt werden. Die Selbstkosten wurden mit 9,70 € pro Pullover kalkuliert. Es soll ein Gewinn von 20 % erzielt werden. Bei Zahlung innerhalb von 2 Wochen werden 3 % Skonto gewährt, bei Abnahme von Chargen à 50 Pullover wird ein Mengenrabatt von 20 % gewährt. Die Umsatzsteuer beträgt 19 %. Abbildung 5.25 zeigt, wie sich der Bruttoverkaufpreis daraus errechnet.

Kalkulation einer Charge von 50 Pullovern		
Selbstkosten	50 Stück · 9,70 €/Stück =	485,00 €
+ Gewinnaufschlag (20 %)	485,00 € · 20 % =	97,00 €
= Barverkaufspreis		582,00 €
+ Aufschlag für Skonto (3 % vom Zielverkaufspreis)	(582,00 € · 3 %) : 97 % =	18,00 €
= Zielverkaufspreis		600,00 €
+ Aufschlag für Rabatt (20 % vom Nettoverkaufspreis)	(600,00 € · 20 %) : 80 % =	150,00 €
= Nettoverkaufspreis (Listenpreis)		750,00 €
+ Umsatzsteuer (19 %)	750,00 € · 19 % =	142,50 €
= Bruttoverkaufspreis		892,50 €

Abb. 5.25. Beispiel für eine Handelskalkulation

Um in den Preislisten stets glatte Summen auszuweisen, kann beispielsweise der Nettoverkaufspreis immer nach oben auf den nächsten vollen Eurobetrag gerundet werden oder auch auf die im Einzelhandel beliebten 99 Cent.

Bei der **Ermittlung des Erfolgs pro Stück oder Auftrag** wird hingegen retrograd gerechnet, ausgehend von dem tatsächlichen Erlös. Für unser Beispiel könnte sich die folgende Situation ergeben.

Ein Großkunde hat 5 Chargen à 50 Pullover bezogen. Dafür wurde der Rabatt von 20 % (auf den Nettoverkaufspreis) gewährt; Skonto hat der Kunde nicht in Anspruch genommen.

Abbildung 5.26 zeigt die Erstellung der Rechnung für den Kunden.

	Nettoverkaufspreis laut Liste	5 Chargen · 750,00 €/Charge =	3.750,00 €
–	Mengenrabatt (20 %)	3.750,00 € · 20 % =	750,00 €
=	Rechnungsbetrag Netto		3.000,00 €
+	Umsatzsteuer (19 %)	3.000,00 € · 19 % =	570,00 €
=	Rechnungsbetrag Brutto		3.570,00 €

Abb. 5.26. Beispiel für die Erstellung einer Rechnung

Die Umsatzsteuer in Höhe von 570,00 € ist vom Unternehmen abzuführen. Abbildung 5.27 zeigt, wie sich aus dem realisierten Nettoerlös der Erfolg dieses Auftrags ermitteln lässt. Im Vergleich zur Vorkalkulation konnte, bedingt durch den nicht in Anspruch genommenen Skonto, also ein höherer Gewinn realisiert werden. Prozentual lässt sich dieser in Gewinnmargen ausdrücken.

Schritt 1: Gewinnermittlung			
	Nettoerlös		3.000,00 €
–	Selbstkosten	5 Chargen · 485,00 €/Charge =	2.425,00 €
=	Gewinn		575,00 €
Schritt 2: Ermittlung der Gewinnmarge			
	Gewinnmarge		
	• als Anteil der Selbstkosten:	575,00 € : 2.425,00 € · 100 =	23,71 %
	• als Anteil des Nettoerlöses:	575,00 € : 3.000,00 € · 100 =	19,17 %

Abb. 5.27. Beispiel für die Ermittlung des Gewinns und der Gewinnmargen eines Auftrags

Eine **Gewinnmarge** als prozentualer Anteil von den Selbstkosten entspricht dem Gewinnaufschlag, der bei einer Vorkalkulation einberechnet wird. Eine Gewinnmarge wird aber auch oft als prozentualer Anteil vom Nettoerlös ausgedrückt. Dann ist es der Gewinnanteil, der sich über den Nettoerlös nach Abzug der Kosten erwirtschaften lässt.

Diesem Unterschied entsprechen auch zwei verschiedene Vorgehensweisen bei der kostenorientierten Preisfindung. Die hier ausführlicher dargestellte Variante wird auch als „Cost plus pricing" bezeichnet. Eine andere ist das sogenannte „Target return pricing". Dafür wird ausgehend von geschätzten Absatzzahlen der Gewinnaufschlag so bemessen, dass ein zuvor festgelegter Zielgewinn realisiert werden kann.

Insbesondere in Handelsunternehmen mit größerem Warensortiment und Produktions- oder Dienstleistungsunternehmen mit mehreren Produkten ist darüber hinaus eine **Mischkalkulation** bei der Preisfindung üblich. Dabei wird darauf abgezielt, Preise, welche die Kosten nur gerade decken oder zum Teil darunter bleiben, durch Preise anderer Produkte mit höheren Gewinnmargen auszugleichen. Beobachten können Sie das zum Beispiel im Textileinzelhandel: Dort wird typischerweise Kleidung der vergangenen Saison zu Sonderpreisen angeboten; Preise von Kleidungsstücken der neuen Kollektionen sind so angesetzt, dass sie eventuelle Verluste ausgleichen können.

Bereits diesem Beispiel kann entnommen werden, dass eine rein kostenorientierte Preisfindung (insbesondere für einzelne Produkte oder Aufträge) eher die Ausnahme darstellt. Aus eigener Anschauung als Kunde wissen Sie, dass außer den Kosten noch zahlreiche andere Faktoren die Preise zumindest mitbestimmen können. Abhängig von der Art der Produkte sind das zum Beispiel die Geschäftslage, Markennamen oder saisonale Einflüsse. Zudem können Preise auf den meisten Absatzmärkten nicht vom Unternehmen festgesetzt werden. Vielmehr gibt oft der Markt beziehungsweise die Nachfrage vor, welcher Preis erzielt werden kann. Daher ist die Ableitung der Preise aus den Kosten mit dem Risiko verbunden, dass sich der so ermittelte Preis aufgrund seiner Höhe nur schwer am Markt realisieren lässt. Andererseits könnte er auch zu niedrig sein. Denn unter Umständen wären die Kunden bereit gewesen, einen wesentlich höheren Preis zu bezahlen. Aus diesem Grund sollten die auf einer kostenorientierten Preiskalkulation basierenden Preise stets mit den tatsächlichen Preisen am Markt verglichen und dann über eine Änderung des Gewinnaufschlags entsprechend angepasst werden.

An dieser Überlegung zeigt sich auch, dass die Kosten- und Erlösrechnung die Frage, welchen Preis ein Unternehmen für sein Produkt erzielen kann, nicht allein beantworten kann. Vielmehr sind dafür auch Preis- und Produktpolitik gefragt. Aus der Kostenrechnung kommen allerdings wichtige Hinweise darauf, wie hoch Preise mindestens sein sollten. Ihre Ergebnisse zeigen, ob ein erzielbarer Preis ausreicht, um die Kosten zu decken oder einen Gewinn zu erzielen. Dazu, nämlich für eine **Preisbeurteilung,** können die vorgestellten Verfahren gleichermaßen herangezogen werden.

Eine kostenrechnerische Preisbeurteilung und Erfolgsermittlung stößt bei einer reinen Ausrichtung am Erfolg pro Stück oder pro Auftrag allerdings rasch an ihre Grenzen. Probleme stellen dabei insbesondere Fix- beziehungsweise Gemeinerlöse und Fix- beziehungsweise Gemeinkosten dar. So gilt es zur Ermittlung eines Stückerfolgs, Fixerlöse (z.B. aus Telefon-Bereitstellungsgebühren) beziehungsweise Gemeinerlöse (z.B. für Pauschal- oder Paketangebote) auf einzelne Produkte zu verteilen. Auch Erlösschmälerungen (z.B. durch Rabatte oder Boni) sind auf einzelne Produkte zu verteilen. Allerdings ist das dann problematisch, wenn sie sich auf Umsatzhöhen und nicht auf Produktmengen beziehen. Außerdem wirken sich bei der Stückerfolgsermittlung die immer wieder angesprochenen Probleme bei der Schlüsselung von Fix- und Gemeinkosten auf einzelne Leistungseinheiten aus. Auf welche Weise diese Schlüsselung im Rahmen der Kostenstellen- und auch der Kostenträgerrechnung vorgenommen wurde, beeinflusst maßgeblich die Höhe des kalkulatorischen Stückerfolgs. Da die Schlüsselung jedoch immer mit einer gewissen Willkür behaftet ist, ist die Aussagekraft eines Stückerfolgs, der auf Vollkostenbasis ermittelt wurde, sehr begrenzt.

Für eine längerfristige Analyse des Erfolgs einzelner Produktarten ist der aufgezeigte Weg der Erfolgsermittlung durchaus geeignet. Denn langfristig gesehen sollten die Kosten des Unternehmens gedeckt und ein Gewinn erzielt werden. Für kurzfristige Preis- und Absatzentscheidungen wird aufgrund der angesprochenen Probleme jedoch häufig auf eine Teilkostenbetrachtung und Deckungsbeitragsrechnung ausgewichen. Dies gilt ebenso für Kundenrechnungen, auf die wir in Kapitel 6 eingehen.

5.6 Produktrechnungen auf Teilkostenbasis

Im Rahmen der Produktrechnung beruht die Deckungsbeitragsrechnung auf der Grundidee, dass nicht jedes Produkt sämtliche Kosten tragen muss. Dabei sind es je nach der Perspektive auf die Kostenstruktur und -situation andere Kosten, die einem einzelnen Stück oder Auftrag nicht angelastet werden. Im Hinblick auf ihre Zurechenbarkeit geht es um Gemeinkosten, im Hinblick auf die Abhängigkeit von der Beschäftigung um die Fixkosten und bei dem Treffen einzelner betrieblicher Entscheidungen um die davon unabhängigen irrelevanten Kosten. Statt sie vollends tragen zu müssen, sollte ein Produkt einen Deckungsbeitrag erzielen, der, wie schon der Name sagt, dazu beiträgt, diese „problematischen“ Kosten zu decken. Solange der Deckungsbeitrag positiv ist, tut er das auch (vgl. Abschnitt 1.7). Diese Überlegung wird im Rahmen der Produktrechnung insbesondere zu Preis- und Programmentscheidungen herangezogen.

5.6.1 Preisentscheidungen auf Teilkostenbasis

Zu Preisentscheidungen wird der Deckungsbeitrag insbesondere dann verwendet, wenn fraglich ist, ob ein Kundenauftrag angenommen werden soll oder wenn man sich zwischen verschiedenen Aufträgen entscheiden muss, da nicht alle ausgeführt werden können. Das folgende Beispiel veranschaulicht die erste dieser beiden Entscheidungssituationen.

Abb. 5.28. Sollte die Werkstatt den Reparaturauftrag annehmen? [an]

Ein Student hat die Reparatur seines alten Citroën 2CV aufgrund akuten Geldmangels seit einer Weile herausgezögert. Jetzt steht jedoch die Hauptuntersuchung an und er spricht bei der Geschäftsführerin der nahe gelegenen Kfz-Werkstatt vor. Er kann maximal 350 € für die Reparatur zahlen. Wird sie bereit sein, den Auftrag zu diesem Preis anzunehmen?

Sie schätzt, dass die benötigten Ersatzteile circa 235 € an Kosten verursachen werden. Für die Entsorgung der schadhaften Teile, des Altöls etc. werden voraussichtlich 20 € anfallen. Auf den Betrieb der Kfz-Werkstatt entfallen monatlich 2.000 € an Arbeitskosten, 1.400 € Mietkosten, Abschreibungskosten in Höhe von 970 €, Energiekosten, weitere Betriebskosten und Verwaltungskosten in Höhe von 500 €.

Wie soll sie entscheiden?

Der Student ist bereit, 350 € zu zahlen. Bei 19 % Umsatzsteuer macht der erzielbare Nettoerlös für diesen Auftrag, und damit der relevante Erlös für die Entscheidung, circa 294 € aus.

Relevanter Erlös: 350 € · 100 : 119 = 294,12 €

Für die Entscheidung relevante Kosten sind diejenigen, die nur dann entstehen, wenn sie den Auftrag annimmt. Dies sind in diesem Fall die Kosten für Ersatzteile und für die Entsorgung. Alle weiteren Kosten fallen auch dann an, wenn sie diesen Auftrag nicht annimmt. Insofern sind sie für die Entscheidung irrelevant. Daraus folgt:

Relevante Kosten: 235 € + 20 € = 255 €
Irrelevante Kosten: 2.000 € + 1.400 € + 970 € + 500 € = 4.870 €

Der Deckungsbeitrag, den die Werkstatt durch die Annahme des Auftrags erzielen kann, lässt sich wie folgt bestimmen:

Deckungsbeitrag = Relevante Erlöse – relevante Kosten
= 294,12 € – 255 € = 39,12 €

Wenn wegen der Annahme des Auftrags kein anderer, womöglich lukrativerer Auftrag abgelehnt werden muss, sollte die Geschäftsführerin ihn annehmen. Denn daraus resultieren zumindest etwa 39 €, die zur Deckung der weiteren Kosten beitragen.

Nach diesem Prinzip werden aus Sicht der Teilkostenrechnung Preisentscheidungen getroffen, wenn Kapazitäten nicht voll ausgeschöpft sind und noch zusätzliche Aufträge aufgenommen werden können. Der Preis sollte dann mindestens den relevanten Kosten entsprechen; sie stellen die **Preisuntergrenze bei Unterbeschäftigung** dar. Dieses Prinzip lässt sich ebenso auf Situationen übertragen, in denen andere Kostenstrukturen betrachtet werden. Steht die Zurechenbarkeit auf Produkte im Vordergrund, sind die Einzelkosten eines Produktes oder Auftrags die Preisuntergrenze. Werden die Kosten im Hinblick auf ihre Abhängigkeit von der Ausbringung betrachtet, sind es die variablen Kosten. Wenn der Preis einer dieser Kostengrößen entspricht, ist der Deckungsbeitrag gleich Null. Es steht also kein Beitrag zur Deckung der weiteren Kosten zur Verfügung, es entstehen aber auch keine zusätzlichen Kosten. Die Preisuntergrenze sollte nicht unterschritten werden, da dies einen negativen Deckungsbeitrag zur Folge hätte. Mit jedem Euro hingegen, der über die Preisuntergrenze hinaus als Erlös erzielt werden kann, wird ein Deckungsbeitrag erwirtschaftet, der zur Deckung der anderen Kosten beiträgt, seien es irrelevante, Gemeinkosten oder Fixkosten.

Ein wenig anders stellt sich die Situation dar, wenn zwischen mehreren Aufträgen entschieden werden muss, deren Annahme sich gegenseitig ausschließt. Die Annahme eines der Aufträge würde dann bedeuten, dass die Kapazitäten ausgelastet sind und Vollbeschäftigung herrscht. In diesem Fall wird nach der günstigsten Alternative gesucht. Eine Entscheidungshilfe liefert die **Preisuntergrenze bei Vollbeschäftigung**. Sie liegt jeweils bei den relevanten, den variablen oder den Einzelkosten zuzüglich des Deckungsbeitrags der besten verdrängten Alternative. Das folgende Beispiel (in Anlehnung an Plinke/Rese 2006, S. 207) veranschaulicht diese Entscheidungssituation.

In einem Maschinen herstellenden Unternehmen liegen drei Kundenaufträge vor, jeweils über die Anfertigung einer Spezialmaschine. Nur einer dieser Aufträge kann angenommen werden, dann sind die Kapazitäten für diesen Monat ausgelastet. Die folgende Aufstellung zeigt, welcher Preis jeweils für die beauftragten Maschinen angesetzt ist, welche Einzelkosten durch ihre Anfertigung entstehen und welcher Deckungsbeitrag sich daraus für die einzelnen Aufträge ergibt (vgl. Abb. 5.29, Schritt 1). Daraus kann die Preisuntergrenze für jeden Auftrag ermittelt werden (vgl. Abb. 5.29, Schritt 2).

Wenn Auftrag A angenommen würde, wäre Auftrag B mit seinem Deckungsbeitrag von 4.000 € die beste verdrängte Alternative. Bei den beiden anderen Aufträgen hingegen wäre Auftrag A aufgrund des Deckungsbeitrags von 5.000 € die beste Alternative. Könnte für die einzelnen Aufträge jeweils der Preis erzielt werden, der auf diese Weise als Preisuntergrenze ermittelt wurde, wären die Aufträge gleichgestellt. Dann nämlich ergäbe sich jeweils ein Deckungsbeitrag von 5.000 €. Jedoch ist der Preis bereits festgelegt und liegt sowohl bei Auftrag B als auch C unter der Preisuntergrenze, die in dieser

	Auftrag A	Auftrag B	Auftrag C
Schritt 1: Ermittlung der Deckungsbeiträge			
Nettopreis	10.000 €	12.000 €	20.000 €
Einzelkosten	5.000 €	8.000 €	17.500 €
Deckungsbeitrag	5.000 €	4.000 €	2.500 €
Schritt 2: Ermittlung der Preisuntergrenzen			
Einzelkosten	5.000 €	8.000 €	17.500 €
Deckungsbeitrag der besten Alternative	4.000 €	5.000 €	5.000 €
Preisuntergrenze	9.000 €	13.000 €	22.500 €

Abb. 5.29. Preisentscheidung bei Vollbeschäftigung (in Anlehnung an Plinke/Rese 2006, S. 207)

Entscheidungssituation nicht unterschritten werden sollte. Demzufolge zeigen die Ergebnisse, dass Auftrag A angenommen werden sollte. Bei diesem Auftrag besteht sogar hinsichtlich des vorgegebenen Preises von 10.000 € noch ein Verhandlungsspielraum, falls der Kunde einen Preisnachlass verlangt. Denn solange für Auftrag A ein Preis über der Preisuntergrenze von 9.000 € erzielt werden kann, stellt dieser mit Blick auf den erzielbaren Deckungsbeitrag die beste Alternative dar.

Diese Entscheidungsregeln auf der Basis von Deckungsbeiträgen gelten allerdings nur für kurzfristige Entscheidungen. Langfristig gesehen sollten alle Kosten gedeckt werden, damit das Unternehmen keinen Verlust erwirtschaftet. Ein Gewinn kann erst dann erzielt werden, wenn die Erlöse die gesamten Kosten decken. Dazu sei noch einmal an die bereits aus Kapitel 1 bekannte Break-Even-Betrachtung (vgl. Abb. 1.17) erinnert. Abbildung 5.30 zeigt die gleiche Betrachtung aus Teilkostenperspektive, und zwar speziell aus der Perspektive des Direct Costing. Danach gilt, dass ein Gewinn erst dann erzielt wird, wenn die gesamten Deckungsbeiträge die Fixkosten decken. Zugleich verdeutlicht diese Darstellung die Grundidee der Teilkostenrechnung, dass nämlich jeder positive Deckungsbeitrag seinen Teil dazu leistet, der Gewinnschwelle näher zu kommen. Ebenso wie im Rahmen der Vollkostenrechnungen kann die **Break-Even-Analyse** im Rahmen der Deckungsbeitragsrechnung dazu eingesetzt werden, Preisszenarien durchzuspielen. So können beispielsweise auf der Grundlage von erwarteten Verkaufsmengen die jeweiligen Deckungsbeiträge ermittelt werden, die sich mit verschiedenen Preisen erzielen lassen. Dabei ist allerdings zu beachten, dass eine solche Analyse sich kaum dazu eignet, Preise festzusetzen. Vielmehr können Preise auf diese Weise beurteilt werden. Es handelt sich

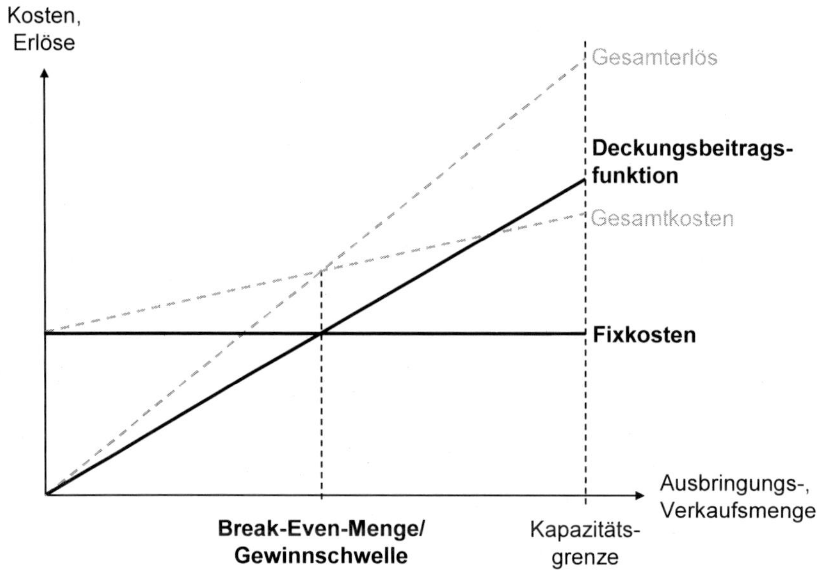

Abb. 5.30. Break-Even-Betrachtung aus der Perspektive des Direct Costing

schließlich um eine retrograde Rechnung, bei der von einem festgelegten Preis ausgegangen wird. Darauf aufbauend wird für bestimmte Mengen der Deckungsbeitrag und, unter Hinzunahme der restlichen Kosten, ein Gewinn ermittelt. Verwendet man hingegen die Deckungsbeitragsrechnung zur Preisfindung, so kann das zu betriebswirtschaftlich wenig sinnvollen Ergebnissen führen, wie das folgende Beispiel zeigt.

Ein Imbissbudenbetreiber überlegt, eine neue Currywurstbude in einer Gegend zu eröffnen, in der derzeit kein anderer Imbiss vertreten ist. In seiner Planung geht er von den folgenden Werten aus.

Fixkosten pro Monat		1.200,00 €
Variable Kosten pro Currywurst		0,85 €
Preis pro Currywurst		2,00 €
Geschätzte Absatzmenge pro Monat		2.000 Stück
Geschätzter Gesamtdeckungsbeitrag:	(2,00 € – 0,85 €) · 2.000 Stück =	2.300,00 €
Geschätzter Gewinn:	2.300,00 € – 1.200,00 € =	1.100,00 €

Tatsächlich treten diese Prognosen zur Freude des Imbissbudenbetreibers ein. Die guten Verkaufszahlen locken jedoch auch die Konkurrenz an. Kurze Zeit später macht direkt auf der anderen Straßenseite ein weiterer Imbiss auf. Dadurch geht der Absatz schlagartig um 1.500 Stück auf 500 Currywürste zurück.

Dadurch verändert sich die Gewinnsituation. Der Gesamtdeckungsbeitrag sinkt gewaltig und ein Verlust stellt sich ein:

Gesamtdeckungsbeitrag:	(2,00 € – 0,85 €) · 500 Stück =	575,00 €
Verlust:	575,00 € – 1.200,00 € =	– 625,00 €
Gesamtdeckungsbeitrag:	(2,00 € – 0,85 €) · 500 Stück =	575,00 €

Der Imbissbudenbesitzer überlegt nun, wie er wieder aus der Verlustzone herauskommen kann. Eine Möglichkeit wäre, den Preis zu verändern. Wenn die Absatzzahlen so niedrig bleiben, wie hoch muss dann der Preis sein, um einen Gewinn zu erzielen, der ihm angemessen erscheint, also mindestens 1.000,00 €?

$$(x - 0{,}85\ €) \cdot 500\ \text{Stück} - 1.200{,}00\ € = 1.000{,}00\ €$$
$$x = 2.200{,}00\ € : 500\ \text{Stück} + 0{,}85\ €$$
$$x = 5{,}25\ €\ \text{pro Currywurst}$$

An dem Ergebnis dieser Rechnung zeigt sich, dass der Preis nicht auf der Grundlage einer retrograden Rechnung bestimmt werden sollte. Würde der Imbissbudenbetreiber tatsächlich einen Preis von 5,25 € ansetzen, so würde er vermutlich keine einzige Currywurst mehr verkaufen. Das Problem daran ist die Abhängigkeit zwischen Menge und Preis. Und zwar ist die Menge funktional abhängig vom Preis, der Preis jedoch nicht von der Menge. Dies wird allerdings bei der oben angewendeten Break-Even-Logik unterstellt. Danach lässt sich für eine vorgegebene Menge ein Preis ermitteln, der erzielt werden sollte. Wie das Beispiel zeigt, kann dies aber ein Preis sein, der sich nicht realisieren lässt, weil er weit über dem Marktpreis liegt.

Weitaus realistischer ist es anzunehmen, dass ein hoher Preis eine geringe Absatzmenge zur Folge hat, ein geringer Preis jedoch mit einer hohen Absatzmenge einhergeht. Abbildung 5.31 zeigt im oberen Diagramm aus der Perspektive der Einzelkostenrechnung, wie sich Preis und Absatzmenge dann zueinander verhalten. (Zur Vereinfachung der Betrachtung wird ein linearer Zusammenhang angenommen.) Der erzielbare Deckungsbeitrag pro Stück wird mit jeder Preissenkung geringer, jedoch die Menge, die abgesetzt werden kann, steigt dadurch. Das untere Diagramm zeigt, was daraus für den Gesamtdeckungsbeitrag folgt. Bei geringeren Absatzzahlen wird zwar ein hoher Stückdeckungsbeitrag erzielt, durch die geringe Menge ist der Gesamtdeckungsbeitrag aber zunächst nur niedrig. Durch eine gleichzeitige Preissenkung und Absatzsteigerung sinkt zwar der Stückdeckungsbeitrag, der Gesamtdeckungsbeitrag steigt jedoch. Er steigt aller-

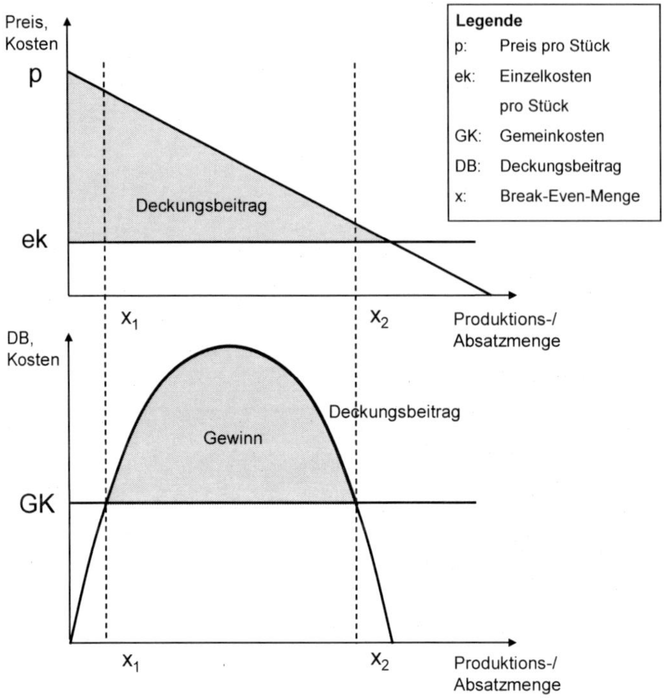

Abb. 5.31. Deckungsbeitrag und Gewinn bei einer linearen Preis-Absatz-Funktion

dings nur bis zu einem gewissen Punkt, ab dem sich dieses Verhältnis wieder umkehrt. Der Stückdeckungsbeitrag ist dann so weit gesunken, dass er durch die steigenden Absatzzahlen nicht mehr „aufgefangen" wird. Demzufolge sinkt der Gesamtdeckungsbeitrag. Ein Gewinn ergibt sich immer dann, wenn der Gesamtdeckungsbeitrag die Gemeinkosten übersteigt. Wie die Abbildung zeigt, kann das nur bei „mittleren" Absatzmengen und Preisen der Fall sein. Bei einem sehr hohen Preis ist die Menge zu niedrig, als dass insgesamt ein Gewinn erzielt werden könnte. Bei einem sehr niedrigen Preis ist die Menge zwar hoch, der Deckungsbeitrag jedoch zu niedrig, um zu einem Gewinn zu führen. Insofern ergeben sich nach dieser Betrachtung zwei Break-Even-Punkte, bei je zwei verschiedenen Mengen und Preisen.

Es sei allerdings hinzugefügt, dass dies vor allem eine analytische Betrachtung darstellt. Einige Aspekte bleiben dabei ausgeblendet. So wird beispielsweise unterstellt, dass die Verkaufsmenge allein durch den Preis beeinflussbar sei und nicht etwa durch betriebliche Aktivitäten wie Werbekampagnen oder Marketingstrategien. Zudem bietet sie keine Rechengrundlage, denn in kaum einem Unternehmen wird die genaue Preis-Absatz-

Funktion der Produkte bekannt sein. Dennoch gibt diese Darstellung einen Einblick in den Zusammenhang zwischen Preis und Menge, Deckungsbeitrag und Gewinn. Und im Gegensatz zur üblichen Annahme der Break-Even-Analyse macht sie darauf aufmerksam, dass es mehr als nur eine Gewinnschwelle geben kann.

5.6.2 Programmentscheidungen auf Teilkostenbasis

Programmentscheidungen stellen sich in Unternehmen, in denen mehrere Produkte gefertigt werden. Dabei geht es um die Frage, welche Produkte produziert werden sollen und in welcher Menge. Auch bei dieser Frage können Deckungsbeiträge als Entscheidungsgrundlage dienen. In welcher Weise sie verwendet werden, hängt zunächst wieder davon ab, ob noch ausreichend Kapazitäten verfügbar sind, also Unterbeschäftigung vorliegt, oder ob Vollbeschäftigung herrscht.

Im Fall von **Unterbeschäftigung** wird geprüft, ob die Produkte einen positiven Deckungsbeitrag erzielen. Sofern dies der Fall ist, ist es betriebswirtschaftlich sinnvoll, sämtliche absetzbaren Mengen zu produzieren. Denn wenn die Kapazitäten nicht ausgeschöpft sind, kompensiert jeder positive Deckungsbeitrag, ganz gleich wie gering er ist, einen Teil der Fix- beziehungsweise Gemeinkosten. Das folgende Beispiel verdeutlicht diesen Sachverhalt.

	Produkt A	Produkt B	Produkt C
Menge	1.500 St.	2.000 St.	1.000 St.
Preis	5,00 €	8,00 €	3,00 €
Einzelkosten	4,00 €	5,00 €	2,50 €
Stückdeckungsbeitrag (db)	1,00 €	3,00 €	0,50 €
Produktdeckungsbeitrag (DB)	1.500,00 €	6.000,00 €	500,00 €
Gesamtdeckungsbeitrag		8.000,00 €	
Gemeinkosten		10.000,00 €	

Abb. 5.32. Programmentscheidung bei Unterbeschäftigung (in Anlehnung an Plinke/Rese 2006, S. 209)

Alle drei Produkte, die im Fall dieses Unternehmens zur Debatte stehen, weisen positive Deckungsbeiträge auf (vgl. Abb. 5.32). Falls die Kapazitäten nicht ausgelastet sind und sich die geplanten Mengen absetzen lassen, sollten sie allesamt produziert werden. Über ihre Deckungsbeiträge decken die drei Produkte einen Teil der Gemeinkosten und verbessern daher das Ergebnis.

Im Fall der **Vollbeschäftigung**, das heißt, wenn die Kapazitäten bereits so stark ausgelastet sind, dass nicht mehr alle nachgefragten Produkte oder Mengen gefertigt werden können, müssen zusätzliche Überlegungen angestellt werden. In solchen Fällen liegt ein Engpass vor. Ein Engpass kann sich zum Beispiel durch eine Fertigungsmaschine ergeben, die maximal 10 Stunden am Tag Produkte bearbeiten kann. Reicht diese Zeit für die Bearbeitung der gesamten absetzbaren Mengen der verschiedenen Produkte nicht aus, muss entschieden werden, welchen Produkten der Vorzug gegeben wird. Gleiches gilt im Fall beschränkter Lagerkapazitäten oder bei Restriktionen, die Inputmengen betreffen, wenn also beispielsweise aufgrund von Lieferschwierigkeiten nur eine begrenzte Menge an Rohstoffen verarbeitet werden kann. In solchen Fällen empfiehlt es sich aus Sicht der Teilkostenrechnung, ein deckungsbeitragsoptimales Produktionsprogramm zusammenzustellen.

Zunächst wird auch dabei überprüft, ob die Produkte einen positiven Deckungsbeitrag aufweisen. Andernfalls wäre ihre Produktion aus Teilkostengesichtspunkten generell nicht wirtschaftlich. Danach wird verglichen, wie stark die Produkte den Engpass jeweils in Anspruch nehmen. In Bezug auf das Beispiel der Fertigungsmaschine muss also festgestellt werden, wie viel Zeit jeweils zur Bearbeitung von einem Stück benötigt wird. Ist dies für alle Produkte gleich, benötigen sie beispielsweise jeweils 2 Sekunden Bearbeitungszeit pro Stück, dann ist es wirtschaftlich sinnvoll, die Rangfolge der Produktion nach der absoluten Höhe der Deckungsbeiträge festzulegen. Von dem Produkt mit dem höchsten Deckungsbeitrag würde dann so viel produziert, wie abgesetzt werden kann. Sofern dann noch Kapazitäten zur Verfügung stehen, folgt das Produkt mit dem nächsthöchsten Deckungsbeitrag und so fort, bis der Engpass ausgeschöpft ist.

Eine weitere Überlegung ist erforderlich, wenn der Engpass durch die Fertigung der Produkte unterschiedlich in Anspruch genommen wird. So ist es beispielsweise möglich, dass ein Produkt eine Bearbeitungszeit von 15 Minuten pro Stück beansprucht, ein anderes jedoch nur 5 Minuten. In diesem Fall wird der Stückdeckungsbeitrag der einzelnen Produkte zum Engpass in Verhältnis gesetzt. Im Beispiel der Fertigungsmaschine wird er durch die benötigte Zeit geteilt. Dadurch ergibt sich der **engpassbezogene Deckungsbeitrag**, der der Programmentscheidung zugrunde gelegt wird. Das Produkt mit dem höchsten engpassbezogenen Deckungsbeitrag erhält dann den Rangplatz 1 im Produktionsprogramm, das nächste Rangplatz 2 etc. In dieser Reihenfolge wird wiederum produziert, bis der Engpass ausgeschöpft ist.

Abbildung 5.33 verdeutlicht die einzelnen Schritte, die in diesem Fall zur Bestimmung des deckungsbeitragsoptimalen Produktionsprogramms vollzogen werden.

	Produkt A	Produkt B	Produkt C
Max. mögliche Absatzmenge	3.500 St.	1.800 St.	6.000 St.
Preis	5,00 €	7,00 €	3,00 €
Einzelkosten	4,00 €	5,50 €	2,50 €
Stückdeckungsbeitrag	1,00 €	1,50 €	0,50 €
Engpass Gesamt (Bearbeitungszeit)	8 h = 28.800 sec		
Engpassnutzung	5 sec/St.	10 sec/St.	2 sec/St.
Engpassbezogener Deckungsbeitrag	0,2 €/sec	0,15 €/sec	0,25 €/sec
Rangfolge	2	3	1
Produktionsmenge	3.360 St.	0 St.	6.000 St.
Benötigte Produktionszeit	16.800 sec	–	12.000 sec
Verbleibende Produktionszeit	0 sec	–	16.800 sec

Abb. 5.33. Programmentscheidung bei Vollbeschäftigung (in Anlehnung an Plinke/Rese 2006, S. 209)

Wie aus den Daten ersichtlich ist, hat Produkt B den höchsten Stückdeckungsbeitrag im Vergleich der drei Produkte. Allerdings wird für seine Fertigung auch die meiste Bearbeitungszeit benötigt. Durch dieses Verhältnis ergibt sich für Produkt B der niedrigste engpassbezogene Deckungsbeitrag und damit Rangplatz 3 im Produktionsprogramm. Über die Rangfolge der Produktion kann schließlich auch das deckungsbeitragsoptimale Produktionsprogramm bestimmt werden. Das bedeutet, von dem jeweils ranghöchsten Produkt sollte so viel produziert werden, wie es zum einen die maximal möglichen Absatzmengen zulassen und zum anderen der Engpass.

In der Praxis gibt es oftmals eine Menge Engpässe beziehungsweise Restriktionen, die gleichzeitig berücksichtigt werden müssen. Diese können sich im Zeitablauf verändern und gegenseitig beeinflussen. Daher werden derartige Berechnungen in der Regel IT-unterstützt durchgeführt. In zahlreichen betrieblichen Bereichen wie der Produktion und der Logistik werden IT-Systeme eingesetzt, die auch Entscheidungsprobleme mit mehrfachen Restriktionen deckungsbeitragsoptimal lösen können.

Kernsätze zu Kapitel 5

- Das wesentliche Ziel der Kostenträgerrechnung ist die Ermittlung von Selbstkosten für die Produkte, die Erlöse generieren sollen, und die daher die Kosten des Unternehmens „tragen“ müssen.
- Die Verfahren der Kostenträgerrechnung lassen sich in Verfahren der Zuschlagskalkulation und Verfahren der Divisionskalkulation unterscheiden.
- Bei den Verfahren der Zuschlagskalkulation wird meist über das Verhältnis der Gemeinkosten zu den Einzelkosten ein Zuschlagssatz bestimmt. Dieser Zuschlagssatz wird dann auf die Einzelkosten des Kostenträgers aufgeschlagen, um so die Gemeinkosten zu berücksichtigen.
- Spezielle Varianten der Zuschlagskalkulation sollen die Nachteile der pauschalen Verrechnung der Gemeinkosten nach den jeweiligen Einzelkosten abmildern. Zu diesen Verfahren gehören die Maschinenstundensatzrechnung, die Lohnstundensatzrechnung und die Kostenverrechnung nach Prozesskostensätzen.
- Bei der Divisionskalkulation werden stets Kosten durch Leistungsmengeneinheiten geteilt. Da hierbei jedoch allen Leistungsmengeneinheiten die gleichen anteiligen Kosten zugeordnet werden, müssen diese stets homogen sein.
- Für Produkte, die mehrere Fertigungsstufen durchlaufen, bietet sich eine mehrstufige Divisionskalkulation an. Eine Divisionskalkulation für mehrere Produkte hingegen wird als mehrfache Divisionskalkulation bezeichnet.
- Bei einer Sortenproduktion bietet sich die Äquivalenzziffernkalkulation an. Danach werden die Kosten anhand des jeweiligen Verbrauchs an Inputfaktoren möglichst verursachungsgerecht auf die Kostenträger geschlüsselt.
- Bei Kuppelprodukten hingegen ist keine verursachungsgerechte Kostenverrechnung möglich, da im Kuppelprozess echte Gemeinkosten anfallen, die keinem Produkt direkt zurechenbar sind. Eine Kostenkalkulation kann in diesem Fall nach der Restwertmethode oder der Kostenverteilungsmethode erfolgen.

- Nach Ermittlung der Selbstkosten kann über eine Handelskalkulation ein Verkaufspreis bestimmt werden. Dieser muss jedoch nicht dem Preis entsprechen, der sich tatsächlich am Markt realisieren lässt.
- Das Prinzip der Preiskalkulation und Erfolgsermittlung auf Vollkostenbasis lässt sich aber auch anwenden, um einen erzielbaren Preis dahingehend zu beurteilen, ob er die angefallenen Kosten deckt.
- Aufgrund der Verrechnungsprobleme von Fix- sowie Gemeinkosten auf ein Produkt kann die Produktrechnung alternativ auf der Basis von Deckungsbeiträgen durchgeführt werden.
- Im Rahmen der Produktrechnung dienen Deckungsbeiträge insbesondere dazu, Preisuntergrenzen festzulegen und ein deckungsbeitragsoptimales Produktionsprogramm zu ermitteln.

Interview mit Dr. Alexander Henrici (Intendis)

Welche Rolle spielt in Ihrem Unternehmen die Kostenträgerrechnung?

Die Steuerung des Gesamtunternehmens, deren Teilkonzerne und Divisionen erfolgt anhand von Größen des externen Rechnungswesens wie Umsatz und EBITDA. Somit ist auf der obersten Aggregationsebene sichergestellt, dass das interne Steuerungssystem mit der Außenberichterstattung konform geht. Die Kostenträgerrechnung ist eher innerhalb einer Division auf regionaler oder funktionaler Ebene bei Entscheidungen zu Investitionen relevant. Ein Beispiel hierfür ist die Entscheidung, ob ein neues Produkt in einen bestimmten Markt eingeführt werden soll. Dabei müssen die Gewinnmargen mittels einer Kostenträgerrechnung prognostiziert werden.

Welches Verfahren findet dabei Anwendung?

Die Kostenträgerrechnung wird bei uns ausschließlich auf Vollkostenbasis durchgeführt, d.h. einer Steuerungseinheit werden auch Gemeinkosten allokiert. Im Geschäftsbereich der Dermatologie werden je nach Produkt sämtliche Kosten der Fertigung pro Gramm oder Stück kalkuliert.

Wie gestaltet sich die Preisfindung in der Healthcare-Branche?

Der Preisfindungs- und Preissetzungsmechanismus ist von Land zu Land unterschiedlich. Es gibt grundsätzlich zwei Modelle. Bei Produkten, bei denen die Kosten von Dritten (beispielsweise Krankenkassen oder dem Staat) erstattet werden und der Patient nicht selbst zahlen muss, werden die Preise vor der Produkteinführung mit den jeweiligen Behörden oder/und Krankenkassen verhandelt und dann fixiert. Somit ist hier in den meisten Ländern die Preissetzung stark reglementiert und die Reglementierung hat in den letzten Jahren deutlich zugenommen. Demgegenüber findet bei Produkten, deren Kosten der Patient selber tragen muss, keine Preisregulierung im eben erläuterten Sinne statt. In solchen Bereichen wird genauso wie in anderen Branchen bei der Markteinführung des Produkts der Markt an sich betrachtet und segmentiert. Dazu gehören Überlegungen, was der Markt hergibt und wie das Produkt positioniert werden soll. Darauf aufbauend muss dann entschieden werden, mit welchem Preis das Produkt auf den Markt kommt.

In diesem Zusammenhang ist zur Preisfindung und zum Monitoren des Geschäfts eine Kostenträgerrechnung erforderlich, da wir uns natürlich auch die Vollkosten des Produkts anschauen. Schließlich müssen wir abschätzen, welche Margen sich mit dem Produkt bei den jeweiligen Preisen erzielen lassen, um Investitions- oder Desinvestitionsentscheidungen treffen zu können.

Weiterführende Literatur zu Kapitel 5

- Zu Kostenträgern und Kalkulationsverfahren vgl. Ossadnik/Leister (2002)
- Zur kostenorientierten Preisfindung vgl. Schmalen/Schachtner (2002)
- Zum Vergleich von Voll- und Teilkostenrechnung vgl. Hoitsch (2002)
- Zu Preisuntergrenzen vgl. Zentes (2002)
- Zu Programmentscheidungen vgl. Plinke/Rese (2006)

6 Kundenrechnung

Ein Unternehmen stellt Gartenmobiliar her und verkauft seine Produkte in Deutschland an größere und kleinere Handelsunternehmen. Ein wichtiger Kunde, ein großer Kaufhauskonzern, möchte ein neu herausgebrachtes Gartenstuhl- sowie ein Tischmodell in sein Sortiment aufnehmen, verlangt dafür aber einen hohen Preisnachlass. Der Vertriebschef des Möbelunternehmens will dieser Forderung angesichts des hohen Umsatzvolumens nachkommen, zumal er weiß, dass einige Tochterunternehmen des Kaufhauskonzerns mit einer Vielzahl von Möbelprodukten des eigenen Unternehmens beliefert werden.

Wegen der Höhe des geforderten Rabatts benötigt der Vertriebschef aber die Genehmigung des Geschäftsführers. Dieser steht der Anfrage skeptisch gegenüber. Er stellt dem Vertriebschef die Frage, ob man angesichts der aggressiven Preisforderungen nicht nur beeindruckende Umsätze mit diesem Kunden mache, sondern auch ebenso gute Profite erwirtschafte. Auf die Frage kann der Vertriebsleiter seinem Chef keine fundierte Antwort geben. Der Gartenmöbelhersteller verfügt – wie übrigens die meisten Unternehmen – über kein Zuordnungssystem kundenspezifischer Kosten und Erlöse, führt also keine Kundenrechnung durch.

6.1 Auftragsbezogene Ansätze

Um der Beantwortung der Frage des Geschäftsführers näher zu kommen, wäre zunächst zu prüfen, inwieweit der sich aus den Produktarten „Gartenstühle“ und „Gartentische“ zusammensetzende Gesamtauftrag profitabel ist. Diesbezüglich könnte man meinen, dass die bereits beschriebenen Vorgehensweisen der Produktrechnung aus Kapitel 5 ausreichend seien. Der Ansatz könnte lauten: Multipliziere die jeweiligen Stückpreise mit den verkauften Produktmengen und ziehe davon die mit den Produktmengen multiplizierten Stückkosten ab. Dabei gilt es jedoch, einige auftragsspezifische Aspekte zu beachten, um keine verzerrten Ergebnisse zu erhalten.

Zunächst sind die **produktübergreifenden Preiskonditionen** zu berücksichtigen. Dieser Aspekt gewinnt dann an Relevanz, wenn ein Kunde

O. Plötner et al., *Kosten- und Erlösrechnung*, Springer-Lehrbuch, 2nd ed.,
DOI 10.1007/978-3-642-11920-0_6, © Springer-Verlag Berlin Heidelberg 2010

verschiedene Produktarten eines Anbieters kauft, zumal wenn zwischen ihnen erlösbezogene Verbundeffekte bestehen. Um derartige Verbundeffekte handelt es sich im obigen Beispiel, da der Kaufhauskonzern die große Anzahl von Stühlen (nur) zusammen mit den Tischen bestellen möchte und wegen des hohen Auftragsvolumens einen Preisabschlag auf die Gesamtsumme verlangt. Hier können für die Erlösermittlung des Auftrages die Stückpreise der einzelnen Produkte aus der Kostenträgerrechnung nicht ohne weiteres mit den verkauften Mengen multipliziert werden. Vielmehr muss auch der Rabatt des Gesamtauftrages Berücksichtigung finden (und sollte auch nur auf diesen bezogen werden, da seine Zuordnung zu den einzelnen Produkten willkürlich wäre).

Auch der Ansatz der Stückkosten bedarf möglicherweise über die Ergebnisse der klassischen Kostenträgerrechnung hinaus spezieller Aufmerksamkeit. Im Hinblick auf die kundenspezifische Perspektive ist dabei vor allem zu berücksichtigen, dass manche Kunden auch bei Serien- oder Massenprodukten **auftragsspezifische Produktvarianten** wünschen. Das ist besonders bei großen Kunden der Fall. So wäre es denkbar, dass das Handelsunternehmen im obigen Beispiel von dem Möbelhersteller verlangt, ein kleines Schild mit dem Namen beziehungsweise Logo des Kaufhauskonzerns an den gekauften Möbelstücken anzubringen. Die beim Hersteller anfallenden Kosten würden sich aus der Produktperspektive zwar als Gemeinkosten darstellen, bezüglich des Kundenauftrages würde es sich jedoch um Einzelkosten handeln. Dementsprechend sollten diese Werte in entsprechender Höhe und direkt in die Ergebnisermittlung des Kundenauftrages eingehen.

Besonderes Augenmerk verdienen auch jene Kosten, die in den Systemen der Zuschlags- und Divisionskalkulation als **Vertriebsgemeinkosten** behandelt werden. Neben einer Reihe anderer Kostenarten werden ihnen die Spesen und Reisekosten der Vertriebsverantwortlichen zugeordnet, die für die Besuche des Kaufhauskonzerns anfielen, bei denen die dortigen Entscheidungsträger von den Vorteilen der neuen Möbelprodukte überzeugt wurden. Auch diese Kosten sind den Stühlen und Tischen nicht verursachungsgerecht zurechenbar, können aber bei der Ergebnisanalyse eines Kundenauftrages unmittelbare Berücksichtigung finden.

Gerade im Maschinen- und Anlagenbau können die spezifischen Vertriebskosten für den Erhalt eines großen Auftrages sehr hoch sein. Aus einer Studie des VDMA (Verband Deutscher Anlagen und Maschinenbauer) aus dem Jahr 1994 geht hervor, dass durchschnittlich nur jedes fünfte Angebot zum Auftragerhalt führt. Die Vertriebskosten betragen in dieser Branche circa 14 % des Gesamtumsatzes und durchschnittlich ist jeder achte Mitarbeiter im Vertrieb beschäftigt.

6.2 Einzelkundenbezogene Ansätze

Die verursachungsgerechte Zuordnung der obigen Spesen und Reisekosten zu einem bestimmten Auftrag bietet sich jedoch nur dann an, wenn ein ganz bestimmtes Projekt zwischen Anbieter und Kunde zur Disposition steht. Das liegt bei Besuchen der Kunden durch Vertriebsverantwortliche nicht immer vor. Ein internationaler Hersteller unterschiedlichster Konsumgüter spricht im Rahmen eines einzigen Verkaufsgesprächs mit einer weltweit vertretenen Handelskette unter Umständen über zahlreiche Aufträge für mehrere Länder.

Darüber hinaus gibt es Treffen mit Kunden, die eher der allgemeinen Beziehungspflege dienen. So werden Vertreter des Kunden von einem Anbieter zum Abendessen eingeladen, um sich für die langjährige, gute Zusammenarbeit zu bedanken und über generelle Möglichkeiten gemeinsamer Entwicklungen zu sprechen. Die Spesen eines solchen Abendessens stellen nicht nur in Bezug auf einzelne Produkte Vertriebsgemeinkosten dar, sondern lassen sich auch hinsichtlich eines Auftrages nicht als Einzelkosten kategorisieren. Allerdings kann – und sollte – man sie der Bezugsgröße „Kunde“ verursachungsgerecht zuordnen.

Damit wird die Perspektive des Einzelauftrages verlassen und stattdessen die Perspektive der Geschäftsbeziehungen eingenommen. **Geschäftsbeziehungen** liegen vor, wenn zwischen Anbieter und Kunde über einen längeren Zeitraum eine Vielzahl von Geschäften getätigt wird und die Wiederholungen nicht durch Zufall zustande kommen. Ein Grund für die anhaltende Zusammenarbeit kann etwa in gegenseitigem Vertrauen bestehen, das die Basis dafür ist, einander besser einschätzen zu können. Diese Kenntnis des anderen wiederum entsteht durch umfassende Kommunikationsprozesse, deren Inhalt über den Bezug konkreter Aufträge weit hinausgehen kann. Oftmals wird von großen Unternehmen ein sogenannter Key Account Manager beschäftigt, der ausnahmslos für die auftragsübergreifende Betreuung eines bedeutenden Kunden zuständig ist.

Abb. 6.1. Geschäftsessen mit Kunden – produktbezogene Gemeinkosten, aber kundenbezogene Einzelkosten [pk]

Um die Sortierung von Kosten und Erlösen entsprechend ihrer verursachungsgerechten Zurechenbarkeit auf spezifische Kunden zu verdeutlichen, soll noch einmal das obige Beispiel des Gartenmöbel-Herstellers herangezogen werden. Angenommen, eine Gegenüberstellung auftragsspezifischer Kosten und Erlöse zeigt dem Geschäftsführer, dass bei Gewährung des hohen Preisnachlasses mit diesem Auftrag kein positiver Deckungsbeitrag erzielt wird, dass also, wie in Abschnitt 1.7 beschrieben, die Differenz aus den Erlösen des Auftrages und den auftragsspezifischen Einzelkosten ein negatives Ergebnis anzeigt. Diese Information würde den Gedanken nahelegen, den Rabattforderungen nicht nachzukommen – auch auf die Gefahr hin, dass das Geschäft dann nicht zustande kommt. Vielleicht würde eine solch „harte" Haltung den Kaufhauskonzern allerdings dazu veranlassen, sämtliche Aufträge seiner Tochterunternehmen mit diesem Möbelhersteller in Frage zu stellen. Ein kundenbezogenes Rechnungssystem könnte in einem solchen Fall dem Geschäftsführer vorher die Information liefern, welche Deckungsbeiträge sein Unternehmen mit dem fraglichen Kunden insgesamt erwirtschaftet. Und vielleicht zeigten die Ergebnisse dann, dass die mit diesem Kunden erzielten Deckungsbeiträge insgesamt weit überdurchschnittlich sind. Falls dem so wäre, sollte der Geschäftsführer seine „harte" Haltung noch einmal überdenken. Denn möglicherweise kompensieren die überdurchschnittlichen Ergebnisse anderer Aufträge das schlechte Ergebnis des einen, sodass die Geschäftsbeziehung insgesamt profitabel ist.

Eine logische Weiterentwicklung des Konzepts der Geschäftsbeziehungen ist die Errechnung eines sogenannten Customer Life Time Value. Dabei handelt es sich um eine zukunftsorientierte Planrechnung, bei der ein Anbieter eine wirtschaftliche Bewertung seiner Zusammenarbeit mit einem Kunden periodenübergreifend, das heißt, über den gesamten erwarteten Zeitraum der Geschäftsbeziehung, vornimmt. Allerdings werden bei dem Konzept in der Praxis üblicherweise eher Ein- und Auszahlungen herangezogen als Kosten- und Leistungsgrößen.

Ein weiterer Aspekt im Zusammenhang mit Geschäftsbeziehungen sind die **Wechselkosten**. Mit ihnen wird erfasst, wie viel es kosten würde, eine Geschäftsbeziehung aufzugeben und stattdessen mit einem Wettbewerber des bisherigen Partners zu kooperieren. Dabei interessieren nicht nur die direkten „Kündigungskosten", sondern auch die Anstrengungen, die notwendig sind, um erneut eine vergleichbare Beziehung aufzubauen. Vielleicht waren Rahmenverträge ausgehandelt worden, mit denen man sich beim neuen Geschäft zeitintensives Preisfeilschen ersparen konnte. Vielleicht gab es Abmachungen bei den Logistikprozessen, die den Güterfluss besonders effizient machten. Oder es wurde spezielles Wissen über die zukünftige Ausrichtung des Partners aufgebaut, sodass man dessen Bedarf besonders gut antizipieren konnte. All dies wäre mit spezifischen Investitionen verbunden, die ein Unternehmen in die Entwicklung einer Geschäftsbeziehung steckt. Bei einem Wechsel der Geschäftspartner wären diese Investitionen verloren. Die mit dem Aufbau einer Geschäftsbeziehung verbundenen Kosten müssten im Hinblick auf einen neuen Partner erneut getätigt werden.

6.3 Kundengruppenbezogene Ansätze

Bisweilen ist es notwendig, den Blick über den einzelnen Kunden hinaus auf Kundengruppen zu richten, zum Beispiel auf alle Kunden in einem bestimmten Land.

Es sei nun angenommen, der Gartenmöbel-Hersteller beschließt angesichts einer guten Geschäftslage auf seinem Heimatmarkt, regional zu expandieren. Analysen haben ergeben, dass der Markt eines Nachbarlandes sehr attraktiv ist, soweit man sich kundenseitig auf die dort besonders hohe Zahl mittlerer Handelsunternehmen konzentriert. Um eine erfolgreiche Markteinführung zu schaffen, werden die potenziellen Nachfrager zu einer Kundenkonferenz eingeladen, es wird eine landesweite Anzeigenkampagne in Fachzeitschriften lanciert und man präsentiert sich aufwändig auf einer nationalen Messe.

Am Ende des ersten Jahres möchte der Geschäftsführer wissen, ob sich der Eintritt in diesen neuen Markt gelohnt hat. Das bedeutet, dass die mit den dortigen Kunden erzielten Erlöse den entsprechenden Kosten gegenübergestellt werden. Dabei können die Marketingkosten für die Konferenz, Anzeigen und Messe weder einem einzelnen Auftrag noch einem bestimmten Kunden verursachungsgerecht zugeordnet werden. Würde man sie als Vertriebsgemeinkosten auf alle Kostenträger des Unternehmens verteilen, ließe sich nicht genau ermitteln, ob der Markteintritt im ersten Jahr die Investitionen in die Marketingmaßnahmen gerechtfertigt hat oder nicht. Aus diesem Grund ist es hier sinnvoll, jene Kosten und Erlöse zu vergleichen, die sich der Bezugsgröße „Kunden in Land XY" sinnvoll zuordnen lassen.

Neben Ländern können allerdings auch kleinere geografische Bezugsobjekte gebildet werden. Derartige Bezugsobjekte werden als **Verkaufsbezirke** bezeichnet. Dabei werden Kundengruppen der Vertriebsabteilung auf Basis regionaler Organisationseinteilungen zugeordnet. Aus der Perspektive der Kosten- und Leistungsrechnung findet auch hier eine Gruppierung von Kunden statt, für die es sinnvoll ist, soweit wie möglich eine verursachungsgerechte Kosten- und Erlöszuordnung vorzunehmen.

Allerdings kann die Einteilung von Kunden auch nach Parallelen in ihrem Nachfrageverhalten gebildet werden. In der Literatur spricht man dann von einer **Absatzsegmentrechnung**. Segmente sind Kundengruppen, die für die Vermarktungsaktivitäten eines Anbieters relevante Übereinstimmungen in ihrem Verhalten aufweisen. Im Konsumgüterbereich werden etwa Kundensegmente wie „liberal-intellektuelles Milieu“ und „traditionell-bürgerliches Milieu“ gebildet. Im Investitionsgüterbereich werden Segmente häufig nach Branchen oder nach Betriebsgrößen der Kundenunternehmen unterschieden.

6.4 Anwendungen der Kundenrechnung

Führt man sich die drei zuvor beschriebenen Bezugsgrößen „Auftrag“, „Kunde“ und „Kundengruppe“ vor Augen, erkennt man schnell, dass sie in einer hierarchischen Ordnung zueinander stehen. So umfasst eine Kundengruppe mehrere Kunden und ein Kunde beziehungsweise die Geschäftsbeziehung zu diesem Kunden umfasst mehrere Aufträge. Die folgende Abbildung 6.2 einer **Bezugsgrößenhierarchie** verdeutlicht diesen Zusammenhang.

Die theoretische Grundlage zur sinnvollen Erfassung und Analyse der entsprechenden Kosten- und Erlösgrößen stellt die **Relative Einzelkostenrechnung** dar, die insbesondere von Riebel entwickelt wurde. Es handelt sich um eine Teilkostenrechnung, bei der – dem in Abschnitt 1.7 vorgestellten Ansatz zur Einzelkostenrechnung folgend – zwischen Einzel- und Gemeinkosten unterschieden wird. Ergänzt wird diese Logik durch die Bildung einer Bezugsgrößenhierarchie, bei der die Einzelkosten eines bestimmten Objekts diesem zugeordnet werden. Die Gemeinkosten einer Bezugsebene werden nicht auf die Objekte verteilt, vielmehr werden sie der nächsthöheren Stufe zugeordnet, um zu prüfen, ob dort eine verursachungsgerechte Verteilung möglich ist. Man bezeichnet diesen Rechenansatz als relativ, weil die Einteilung von Einzel- und Gemeinkosten nicht nach einem

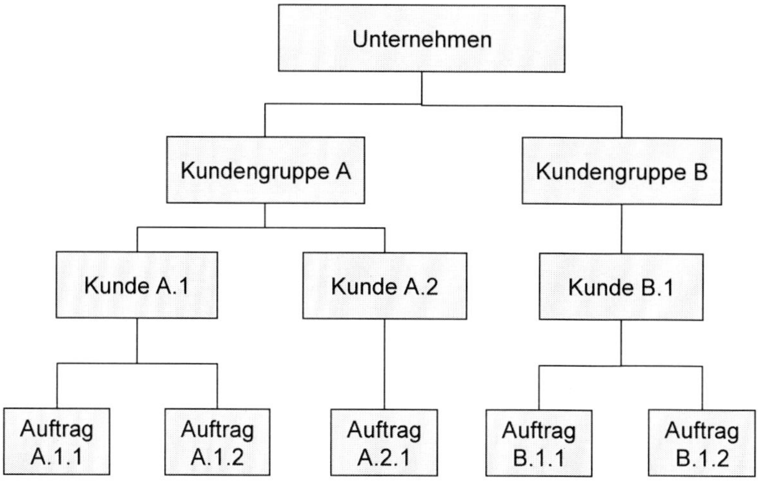

Abb. 6.2. Beispiel einer kundenorientierten Bezugsgrößenhierarchie

fest definierten beziehungsweise absoluten Schema stattfindet, sondern mit der Wahl des jeweiligen Bezugsobjekts variiert.

Der Kostenrechnung kann eine entsprechende erlösbezogene Rechnung gegenübergestellt werden. Das macht dann Sinn, wenn die Entstehung der Kosten- und Erlösgrößen auf einer identischen betrieblichen Entscheidung beruht (Riebel spricht in diesem Zusammenhang vom sogenannten Identitätsprinzip). Wenn also die Entscheidung getroffen wurde, einen bestimmten Auftrag anzunehmen, sollten die Einzelkosten auf der Auftragsebene dem entsprechenden Erlös des Auftrags gegenüberstellt werden. Aus einer Subtraktion der Kosten von den Erlösen ergibt sich dann der Deckungsbeitrag je Auftrag. Diese Vorgehensweise kann selbstverständlich auch für die anderen Bezugsebenen durchgeführt werden, sodass man den Deckungsbeitrag pro Kunde oder Kundengruppe erhält. Eine sich so ergebende sukzessive Ermittlung der Deckungsbeiträge je Hierarchiestufe nennt man **stufenweise Deckungsbeitragsrechnung**. Dieser Ansatz wird in Abbildung 6.3 verdeutlicht.

Wichtig ist zudem, dass das Ergebnis einer stufenweisen Deckungsbeitragsrechnung sich nicht nur aus der verursachungsgerechten Zurechenbarkeit der Kosten und Erlöse auf ein Bezugsobjekt ergibt, sondern von entscheidender Bedeutung ist auch die Dauer des gewählten Betrachtungszeitraums. Schließlich ist davon auszugehen, dass die zurechenbaren Größen desto kleiner sind, je kürzer die zugrunde gelegte Periode ist. So kann der Jahresbonus eines Key Account Managers dem Bezugsobjekt „Kunde" aus

Alle Angaben in €	Kundengruppe A			Kundengruppe B	
	Kunde A.1		Kunde A.2	Kunde B.1	
	Auftrag A.1.1	Auftrag A.1.2	Auftrag A.2.1	Auftrag B.1.1	Auftrag B.1.2
Umsätze	3.500	7.000	5.600	4.400	3.700
Einzelkosten (der Aufträge)	1.500	2.000	2.000	1.400	1.200
DB I (pro Auftrag)	2.000	5.000	3.600	3.000	2.500
– zusätzlich den Kunden zurechenbare Kosten	1.850		1.520	2.180	
DB II (pro Kunde)	5.150		2.080	3.320	
– zusätzlich den Kundengruppen zurechenbare Kosten	2.200			1.600	
DB III (pro Kundengruppe)	5.030			1.720	
– zusätzlich dem Unternehmen zurechenbare Kosten	8.400				
Unternehmenserfolg	–1.650				

Abb. 6.3. Beispiel einer stufenweisen Deckungsbeitragsrechnung

einer Jahresbetrachtung zwar sinnvoll zugeordnet werden, in einer monatlichen Analyse aber nicht.

Selbstverständlich lässt sich das Prinzip der Relativen Einzelkostenrechnung auch auf andere Bereiche als auf Kundenrechnungen anwenden. So ist es möglich, produktbezogene Bezugsgrößenhierarchien zu bilden. Dabei könnte auf der untersten Ebene die einzelne Produktart stehen, zum Beispiel „Gartenstühle“, dann die Produktsorte, wie „Gartenmobiliar“, und auf der höchsten Ebene die Produktsparte, beispielsweise „Möbel“ (Letzteres wäre sinnvoll, wenn der oben vorgestellte Gartenmöbelhersteller Teil eines Konzerns wäre, der sowohl andere Möbel als auch Produkte wie Fenster- und Türrahmen produziert). Auch bei einer produktbezogenen Ausrichtung werden dem jeweiligen Bezugsobjekt immer nur Einzelkosten und -erlöse zugeordnet und die Ergebnisse unterer Hierarchiestufen in den oberen Ebenen aggregiert.

Insofern können mehrere unterschiedliche Bezugsgrößenhierarchien mit einer Reihe von Bezugsobjekten gebildet werden. Auf die Weise entstehen mehrere parallele Hierarchien, aus denen sich eine **multidimensionale Zuordnung** einzelner Kostengrößen ergeben kann. Das bedeutet, dass auch zwischen den einzelnen Hierarchiestrukturen Bezugsobjekte miteinander verbunden sein können. Dieser Zusammenhang lässt sich in Netzwerken veranschaulichen, bei denen die Bezugsobjekte Knotenpunkte und die Verbindungslinien die Beziehung der Objekte untereinander darstellen. Abbildung 6.4 zeigt dafür ein Beispiel.

Ein solcher Ansatz ist zwar komplex, lässt sich unter Zuhilfenahme moderner Informationstechnologie jedoch durchaus bewältigen. Gerade im

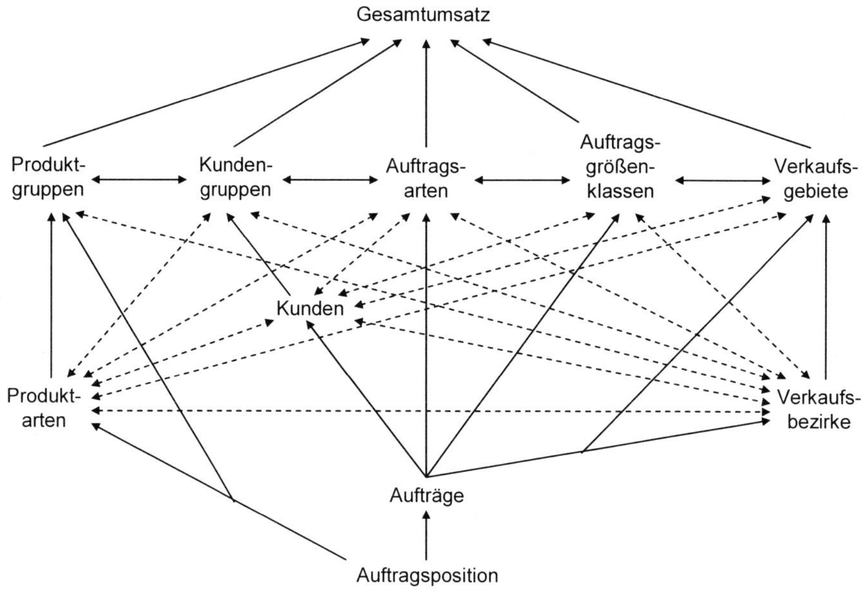

Abb. 6.4. Netzwerk einer multidimensionalen Bezugsobjekthierarchie (vgl. Riebel 1994, S. 180)

Bereich der Business Intelligence wurden hier in den letzten Jahren neue Möglichkeiten geschaffen, aus externen und internen Daten Bezugsobjekte zu definieren und sie in hierarchischen Strukturen zueinander in Beziehung zu setzen. In Abschnitt 9.1 werden derartige Systeme genauer vorgestellt. Die erfolgreiche Anwendung solcher analytischen Informationssysteme setzt voraus, dass die erforderlichen Bezugsobjekte in eine sinnvolle logische Struktur gebracht werden und die Logik der Aggregation – in diesem Rahmen jene der stufenweisen Deckungsbeitragsrechnung – im System richtig abgebildet wird. Dabei gilt, wie bei der relativen Deckungsbeitragsrechnung generell, dass die Struktur der Bezugsgrößenhierarchie aus dem Informationsbedarf des Managements abgeleitet werden sollte. Dieser wiederum ergibt sich aus den Marktgegebenheiten, der Geschäftsstruktur und der Strategie eines Unternehmens. So würde es für ein Unternehmen, das lediglich zwei große Kunden hat, wie dies bei manchen Zulieferern der Flugzeugindustrie der Fall ist, wenig Sinn ergeben eine Bezugsgröße „Kundengruppe“ einzuführen. Ebenso wenig zielführend wäre es, wenn ein Telekommunikationsanbieter das Telefonat eines seiner Kunden als einzelnes Bezugsobjekt ansähe, denn in diesem Fall könnten keine Einzelkosten zugeordnet werden.

Kernsätze zu Kapitel 6

- Gerade im Hinblick auf absatzpolitische Fragestellungen kann es sinnvoll sein, Kosten und Erlöse den Kategorien beziehungsweise Bezugsgrößenobjekten „Auftrag“, „Kunde“ und „Kundengruppe“ zuzuordnen.
- Diese Kategorien können durch Bezugsgrößenhierarchien dargestellt werden. Dazu werden die Bezugsgrößenobjekte in eine hierarchische Struktur gebracht, deren Ebenen die jeweiligen Einzelkosten und -erlöse zugeordnet werden.
- Basis für die Bildung von Bezugsgrößenhierarchien ist die Relative Einzelkostenrechnung.
- Je nach Informationsbedarf des Managements können auch mehrere Bezugsgrößenhierarchien gebildet werden, bei denen die einzelnen Elemente der Hierarchien untereinander verbunden sein können. In diesem Fall spricht man von einer multidimensionalen Zuordnung.

Interview mit Andreas Goschin (Coca-Cola Erfrischungsgetränke)

Bitte erläutern Sie uns kurz das Geschäftsmodell von Coca-Cola.

Die Coca-Cola Company hat ihren Sitz in Atlanta und unterhält praktisch in fast jedem Land der Erde Tochtergesellschaften. In Deutschland ist die Coca-Cola GmbH für nationales Marketing (Print, Kino, Fernsehwerbung) zuständig. Zudem ist sie Verkäufer des Konzentrats, welches wir beziehen, um unsere Getränke abzufüllen. Die Coca-Cola Erfrischungsgetränke AG (für die ich tätig bin) ist Deutschlands einziger zugelassener Konzessionär. Wir dürfen daher als einziges Unternehmen in Deutschland Coca-Cola-Produkte herstellen und verkaufen.

Wie strukturieren Sie Ihre Kunden?

Unsere Kunden werden primär geografisch strukturiert. An oberster Stelle haben wir weltweit verhandelnde Kunden. McDonald’s ist beispielsweise ein Kunde, der direkt mit der Coca-Cola Company in Atlanta verhandelt. Die Verträge finden dann auch bei uns in Deutschland Anwendung. Bei den Kunden, mit denen wir direkt verhandeln, unterscheiden wir weiter zwischen nationalen und lokalen Kunden. Nationale Kunden sind alle, die deutschlandweit agieren, beispielsweise große Handelsunternehmen wie REWE, Edeka und Lidl. Lokale Kunden hingegen sind nur in einem Bundesland aufgestellt. Hierzu gehören auch sehr kleine Unternehmen wie beispielsweise der Imbiss um die Ecke.

Führen Sie eine Kundenrechnung durch?

Ja, dabei schauen wir uns die Bruttoerlöse des Kunden an. Weiterhin werden die Selbstkosten, die Rabattstruktur sowie die Belieferungswege, das heißt Distributions- und Lagerkosten, berücksichtigt. Aus diesen Erlösen und Kosten bestimmen wir unseren DB2. Alle weiteren Kosten werden nicht direkt zugeordnet, sondern werden als Gemeinkosten anhand des Verkaufsvolumens auf die Kunden verteilt.

Gibt es bei Ihnen Key Account Manager und werden deren Personalkosten den Kunden direkt zugeordnet?

Es gibt zahlreiche Key Account Manager. Bei der Coca-Cola Company wurde z.B. für McDonald's ein eigenes Accounting-Team eingerichtet, um kurze Wege zu schaffen. Aber auch bei uns gibt es Teams, die sich ausschließlich mit bestimmten nationalen Kunden beschäftigen. Zudem besteht eine Vielzahl von Verkaufsbereichen, die direkt vor Ort in den Regionen die lokalen Kunden betreuen.

In der Kundenrechnung werden diese Personalkosten jedoch nicht erfasst. Dies liegt darin begründet, dass gerade bei diesen Kunden auch sehr hohe Umsätze vorliegen. Bei nationalen Kunden haben wir bspw. oftmals Umsätze in der Größenordnung von 2 Milliarden Euro. Da fallen die Personalkosten eines kleinen Teams, das diesen Kunden betreut, nicht ins Gewicht. Die Schlüsselung dieser Kosten zusammen mit anderen Gemeinkosten über Zuschlagssätze ist daher praktikabler.

Weiterführende Literatur zu Kapitel 6

- Zur Relativen Einzelkostenrechnung vgl. Riebel (1994)
- Zu kundenbezogenen Rechnungen und ihrem Einsatz im Marketing vgl. Homburg (2002)

7 Betriebsrechnung

7.1 Betriebsrechnung als kurzfristige Erfolgsrechnung

In den vorangegangenen Kapiteln wurden verschiedenartige Zuordnungsmöglichkeiten für Kosten und Erlöse vorgestellt: Arten von Input- und Outputgütern, Stellen (betriebliche Teilbereiche), Prozesse, Produkte und Produktarten sowie Kunden beziehungsweise Kundengruppen. In diesem Kapitel kommen wir wieder zurück auf den gesamten Betrieb.

Im Rechnungswesen wird als Betrieb eine organisatorische Einheit verstanden, in der mit einer eigenen Zielsetzung (Betriebszweck) Leistungen erstellt und verwertet werden. Ein Unternehmen kann dabei aus einem Betrieb oder mehreren Betrieben (zum Beispiel Filialen einer Einzelhandelskette oder einer Bankgesellschaft) bestehen.

Die Übergänge zwischen einzelnen Betriebsstätten eines Unternehmens und Profit-Centern (vgl. Abschnitt 3.1) sind dabei fließend: Je nach Größe, Arbeitsorganisation, Umsatzstruktur und ähnlichen Kriterien kann das Unternehmen einen Betrieb als ein Profit-Center definieren oder in mehrere Profit-Center unterteilen. So können in Warenhausketten wie Karstadt oder Kaufhof die verschiedenen Abteilungen einer Filiale (Lebensmittel, Textilien, Haushaltswaren, Restaurant etc.) jeweils als ein Profit-Center definiert werden. Bei Unternehmen wie Aldi Nord oder Lidl ist es wahrscheinlicher, dass die einzelnen Filialen aufgrund ihrer Größe und der Arbeitsorganisation als ein Profit-Center angesehen werden.

Wird der Gesamtbetrieb als Zuordnungskategorie für Erlöse und Kosten gewählt, kann durch deren Vergleich ein **betrieblicher Periodenerfolg** ermittelt werden. Bereits in Kapitel 1 wurde die grundlegende Differenzierung des pagatorischen (externen) Erfolgs und des kalkulatorischen (internen) Erfolgs behandelt.

O. Plötner et al., *Kosten- und Erlösrechnung*, Springer-Lehrbuch, 2nd ed.,
DOI 10.1007/978-3-642-11920-0_7, © Springer-Verlag Berlin Heidelberg 2010

Externes Rechnungswesen: pagatorischer Erfolg = Ertrag – Aufwand
Internes Rechnungswesen: kalkulatorischer Erfolg = Erlöse – Kosten

Auf diesem Unterschied zwischen pagatorischen und kalkulatorischen Größen baut die klassische kalkulatorische Erfolgsermittlung auf (vgl. Abschnitt 7.2). Allerdings zeichnet sich seit Längerem insbesondere im Hinblick auf die Betriebserfolgsermittlung eine Angleichung des externen und internen Rechnungswesens ab: Immer mehr Unternehmen verzichten zur Ermittlung des Periodenerfolgs auf einen Ansatz kalkulatorischer Größen. Entweder wird lediglich der externe, pagatorische Erfolg ermittelt oder es wird eine Erfolgsgröße herangezogen, die auf pagatorischen Größen aufbaut und diese modifiziert. Solch eine modifizierte Erfolgsgröße stellt der sogenannte Economic Value Added (EVA) dar (vgl. Abschnitt 7.3).

Um zur zielgerichteten Steuerung im Unternehmen eingesetzt zu werden, sollte sich die Betriebserfolgsermittlung auf kürzere Zeitabstände beziehen, als es für die externe Erfolgsermittlung vorgeschrieben ist. Üblicherweise wird der betriebliche Periodenerfolg einmal im Monat ermittelt. Demgegenüber muss die Gewinn- und Verlustrechnung (GuV) verpflichtend nur einmal im Jahr (im Rahmen des Jahresabschlusses) aufgestellt werden. Darum gilt die Betriebsrechnung auch als kurzfristige Erfolgsrechnung.

Eine weitere Gemeinsamkeit der verschiedenen hier vorgestellten Betriebserfolgsgrößen ist ihre Bedeutung für die Unternehmenssteuerung: Das Vorzeichen des Betriebsergebnisses zeigt, ob in der Periode ein Gewinn oder ein Verlust erzielt wurde. Dabei spielt die absolute Höhe des Betriebserfolgs nur eine untergeordnete Rolle. Die größte Bedeutung für die Unternehmenssteuerung hat die Tendenz der Veränderung im Vergleich zu vergangenen Perioden, und zwar sowohl die absolute Höhe der Veränderung als auch die Richtung der Veränderung. So kann ein geringer werdender Verlust anzeigen, dass Maßnahmen zur Umsatzsteigerung oder Maßnahmen zur Kostensenkung greifen und der Betrieb „auf dem richtigen Weg“ ist. In diesem Fall weist die Veränderung des Betriebserfolgs auf eine positive Tendenz hin. Die Veränderung des Erfolgs kann allerdings auch Anzeichen für eine negative Tendenz sein. So kann ein verringerter Gewinn als Warnsignal für eine Trendwende interpretiert werden, die eventuell gegensteuernde Maßnahmen erfordert.

7.2 Klassische kalkulatorische Periodenerfolgsrechnung

Bei der klassischen Betriebserfolgsrechnung wird der kalkulatorische Erfolg ermittelt, indem die Erlöse und Kosten gegenübergestellt werden, die auf die in einer Periode erstellten und abgesetzten Produkte entfallen. Analog zur externen Erfolgsermittlung im Rahmen der Gewinn- und Verlustrechnung können dabei das Gesamtkosten- oder das Umsatzkostenverfahren verwendet werden. Bereits diese Verfahrensbezeichnungen geben darüber Aufschluss, dass sich diese Verfahren hinsichtlich der Erfassung und Gliederung der Kosten der Periode unterscheiden. Zu beachten ist jedoch, dass beide Verfahren trotz unterschiedlicher Rechenwege stets zu denselben Ergebnissen führen.

1. Bei dem Gesamtkostenverfahren werden die gesamten Kosten der Periode ausgewiesen, und zwar entweder gegliedert nach Kostenarten (z.B. Materialkosten, Personalkosten und Abschreibungskosten) oder nach (End-)Kostenstellen (z.B. Kosten der Materialstelle, Fertigungskosten, Verwaltungs- und Vertriebskosten).
2. Bei dem Umsatzkostenverfahren werden die Erlöse der Periode nach Produktgruppen geordnet. Ihnen werden die Kosten gegenübergestellt, die jeweils für diese Produktgruppen angefallen sind.

Bei dem **Gesamtkostenverfahren** (GKV) werden also sämtliche Kosten der Periode den gesamten Erlösen der Periode gegenübergestellt. Da sich Produktions- und Verkaufsmengen allerdings häufig nicht entsprechen, müssen dabei auch die Veränderungen der Lagerbestände an Zwischen- und Fertigprodukten berücksichtigt werden. Würde man lediglich die aktuell angefallenen Kosten für Herstellung, Verwaltung und Vertrieb erfassen und den aktuell erzielten Umsatzerlösen gegenüberstellen, käme es zu Verzerrungen. Mitunter würde man dann Äpfel mit Birnen vergleichen.

Wurden in einer Periode weniger Produkte hergestellt als verkauft, kommt es zu einer **Bestandsminderung**. Das heißt, außer den aktuell produzierten Produkten wurden auch solche verkauft, die in früheren Perioden produziert und eingelagert worden waren. Solche Bestandsminderungen sind kostenwirksam, denn sie stellen einen Verbrauch an Gütern dar. Darum müssen Bestandsminderungen zu den Kosten der laufenden Produktion hinzugerechnet werden. Nur so können die Gesamtkosten der Periode erfasst werden.

Wurden in einer Periode mehr Produkte hergestellt als verkauft, kommt es zu einer **Bestandserhöhung**. Es konnten entweder nicht alle in der Periode hergestellten Produkte verkauft oder nicht alle Zwischenprodukte weiterverarbeitet werden. Stattdessen wurden produzierte Güter und eventuell auch Zwischenprodukte eingelagert. Solche Bestandserhöhungen sind erlöswirksam, denn, wie in Kapitel 1 erläutert, stellen alle wertschöpfenden Tätigkeiten, die zur Güterentstehung erbracht werden, Erlöse dar. Darum müssen Bestandserhöhungen zu den Umsatzerlösen der Periode hinzugerechnet werden. Nur so können die gesamten Erlöse der Periode erfasst werden.

Die Bewertung von Lagerbeständen und Bestandsveränderungen wurde in früheren Kapiteln besprochen. Grundsätzlich sollten Zwischen- und Fertigprodukte zu Anschaffungs- beziehungsweise Herstellkosten bewertet werden. Wenn diese Kosten zwischen den Perioden schwanken, können die verschiedenen Sammelbewertungsverfahren wie beispielsweise LIFO, FIFO oder gewogener Durchschnitt zur Anwendung kommen (vgl. Abschnitt 2.2.1). Für die nach GKV zu berücksichtigenden Kosten und Erlöse durch Bestandsveränderungen werden die gleichen Bewertungsprinzipien zugrunde gelegt.

Die Ermittlung des Betriebserfolgs nach GKV kann in Konten- oder Staffelform durchgeführt werden. Bei Anwendung der Kontenform ergibt sich der kalkulatorische Betriebserfolg als Differenz zwischen der Kosten- oder Erlösseite. Dieser Saldo, der grundsätzlich positiv ist, gleicht die Summen der beiden Seiten aus. Entsteht der Saldo auf der Kostenseite, handelt es sich um einen kalkulatorischen Gewinn, ein Saldo auf der Erlösseite bedeutet einen Verlust. Bei Anwendung der Staffelform ergibt sich der kalkulatorische Betriebserfolg als positives oder negatives Ergebnis der Rechnung. Ein positives Ergebnis zeigt einen Gewinn an, ein negatives Ergebnis einen Verlust. Abbildung 7.1 verdeutlicht beide Formen der Gewinnermittlung nach GKV.

Bei dem **Umsatzkostenverfahren** (UKV) orientiert man sich an den abgesetzten Produkten. Dabei werden den Umsatzerlösen der Periode die dafür angefallen Kosten gegenübergestellt. Darum werden nach UKV Bestandsveränderungen nicht gesondert ausgewiesen. Das Umsatzkostenverfahren kann ebenso in Konten- oder in Staffelform durchgeführt werden. Abbildung 7.2 veranschaulicht beide Rechenwege nach UKV.

Betriebserfolgsermittlung nach GKV in Kontenform	
Kosten	Erlöse
Kosten der Periode Bestandsminderungen (Lagerabgänge zum Verkauf) Saldo: **kalkulatorischer Gewinn**	Umsatzerlöse der Periode Bestandserhöhungen (Lagerzugänge aus aktueller Produktion) Saldo: **kalkulatorischer Verlust**
Summe	Summe

Betriebserfolgsermittlung nach GKV in Staffelform	
	Umsatzerlöse der Periode
+	Bestandserhöhungen (Lagerzugänge aus aktueller Produktion)
=	Erlöse der Periode
–	Kosten der Periode
–	Bestandsminderungen (Lagerabgänge zum Verkauf)
=	**Kalkulatorischer Betriebserfolg** (Gewinn oder Verlust)

Abb. 7.1. Betriebserfolgsermittlung nach dem Gesamtkostenverfahren

Betriebserfolgsermittlung nach UKV in Kontenform	
Kosten	Erlöse
Selbstkosten der abgesetzten Produkte Saldo: **kalkulatorischer Gewinn**	Umsatzerlöse der Periode Saldo: **kalkulatorischer Verlust**
Summe	Summe

Betriebserfolgsermittlung nach UKV in Staffelform	
	Umsatzerlöse der Periode
–	Selbstkosten der abgesetzten Produkte (gegliedert nach Produktarten)
=	**Kalkulatorischer Betriebserfolg** (Gewinn oder Verlust)

Abb. 7.2. Betriebserfolgsermittlung nach dem Umsatzkostenverfahren

Das nachfolgende Beispiel verdeutlicht die unterschiedlichen Rechenwege zur Erfolgsermittlung nach GKV und UKV.

Ein Unternehmen hat für den vergangenen Monat folgende Daten erfasst:

Produzierte Menge	1.000 Stück
Abgesetzte Menge	800 Stück
Umsatzerlöse	92.000 €
Herstellkosten	90.000 €
Verwaltungs- und Vertriebskosten	10.000 €

Ein Zwischenlager für Halbfertigprodukte existiert nicht; das Fertigwarenlager war am Anfang des Monats leer.

Für die Erfolgsermittlung nach GKV lässt sich zunächst feststellen, dass es in diesem Monat zu einer Bestandserhöhung kam: Es wurden 200 Stück mehr produziert als abgesetzt. Diese sind zu Herstellkosten zu bewerten, also zu 90 € pro Stück (90.000 € : 1.000 Stück).

Aus diesen Informationen errechnet sich der Betriebserfolg, wie in Abbildung 7.3. dargestellt.

Betriebserfolgsermittlung nach GKV in Kontenform			
Kosten		Erlöse	
Kosten der Periode: Herstellkosten	90.000 €	Umsatzerlöse	92.000 €
Verwaltungs- und Vertriebskosten	10.000 €	Bestandserhöhung 200 St. · 90 €	18.000 €
Saldo: **kalkulatorischer Gewinn**	10.000 €		
	110.000 €		110.000 €

Betriebserfolgsermittlung nach GKV in Staffelform		
Umsatzerlöse der Periode		92.000 €
Bestandserhöhungen	+	18.000 €
Erlöse der Periode	=	110.000 €
Kosten der Periode	–	100.000 €
Kalkulatorischer Erfolg (Gewinn)	=	10.000 €

Abb. 7.3. Beispiel zur Betriebserfolgsermittlung nach dem Gesamtkostenverfahren

Für die Erfolgsermittlung nach UKV werden zunächst die Selbstkosten der abgesetzten Produkte zweistufig kalkuliert:

Herstellkosten pro Stück	90.000 € : 1.000 Stück = 90,00 €
Verwaltungs- und Vertriebskosten pro Stück	10.000 € : 800 Stück = 12,50 €
Selbstkosten pro Stück	102,50 €

Aus diesen Informationen errechnet sich der Betriebserfolg, wie in Abbildung 7.4. dargestellt.

Betriebserfolgsermittlung nach UKV in Kontenform			
Kosten		Erlöse	
Selbstkosten der abgesetzten Produkte: 800 St. · 102,50 €	82.000 €	Umsatzerlöse	92.000 €
Saldo: **kalkulatorischer Gewinn**	10.000 €		
	92.000 €		92.000 €

Betriebserfolgsermittlung nach UKV in Staffelform		
Umsatzerlöse der Periode		92.000 €
Selbstkosten der abgesetzten Produkte	–	82.000 €
Kalkulatorischer Erfolg (Gewinn)	=	10.000 €

Abb. 7.4. Beispiel zur Betriebserfolgsermittlung nach dem Umsatzkostenverfahren

Wie das Beispiel zeigt, führen GKV und UKV stets zum gleichen Betriebsergebnis. Dabei setzen beide Verfahren eine Produktrechnung voraus (vgl. Kapitel 5). Beim Gesamtkostenverfahren ist diese für die Erfassung der Bestandsveränderungen notwendig. Beim Umsatzkostenverfahren ist die Produktrechnung notwendig, um den Umsätzen auch die Kosten der verkauften Produkte gegenüberstellen zu können. Eine Ausnahme bilden dabei Unternehmen, die entweder ihre Produkte nicht lagern oder auch gar nicht lagern können. Letzteres ist beispielsweise bei reinen Dienstleistungsunternehmen der Fall. Bei solchen Unternehmen kann bei Verwendung des Gesamtkostenverfahrens auf eine Produktrechnung verzichtet werden.

Hinsichtlich der Aussagekraft der Ergebnisse hat die Erfolgsermittlung nach UKV einen klaren Vorteil, der sich aus der Gliederung der Kosten und Erlöse ergibt. Nach GKV werden Kosten und Erlöse nach unterschiedlichen Prinzipien gegliedert. Dagegen erfolgt die Gliederung nach UKV sowohl bei den Erlösen als auch bei den Kosten nach Produktgruppen. Darum ist in diesem Fall aus der Periodenerfolgsermittlung auch der Erfolg einzelner Produktgruppen direkt ablesbar. Dies ist insbesondere für Mehrproduktunternehmen interessant. Aus diesem Grund wird das Umsatzkostenverfahren von vielen Unternehmen bevorzugt.

Insgesamt stellen beide Verfahren einen weiterführenden Schritt der bislang betrachteten Teile der Kosten- und Erlösrechnung dar, denn sie greifen auf die dort ermittelten Größen zurück – zumindest auf die Ergebnisse der Kosten- und Erlösartenrechnung, meist auch auf weitere Ergebnisse aus der Stellen- und der Produktrechnung. Die folgende Art der Erfolgsermittlung kann dagegen auch als einzelner Schritt – ohne eine differenzierte Kosten- und Erlösrechnung durchgeführt werden.

7.3 Interner Periodenerfolg als modifizierter externer Erfolg

Wie schon einleitend angemerkt, zeichnet sich eine Tendenz der Angleichung des externen und internen Rechnungswesens ab. Es wird zwar nicht vollständig auf eine Kosten- und Erlösrechnung verzichtet, für bestimmte Zwecke orientieren sich Unternehmen jedoch zunehmend an pagatorischen Größen. Dies ist insbesondere im Bereich der Betriebserfolgsermittlung der Fall. So stellte sich in einer Anfang 2004 durchgeführten Befragung von 870 deutschen und österreichischen Großunternehmen heraus, dass die Hälfte der befragten Unternehmen zur Bestimmung eines internen Betriebsergebnisses das pagatorische Ergebnis heranziehen und dann entsprechend modifizieren (vgl. Haring/Prantner 2005).

Bei diesen Modifikationen werden meist einige ausgewählte Kostenarten wie beispielsweise kalkulatorische Zinsen berücksichtigt. Es gibt allerdings auch Varianten dieser Modifikationen, die auf völlig eigenständigen Ansätzen beruhen. Ein Beispiel für eine solche Modifikation des externen Betriebsergebnisses ist der sogenannte **Economic Value Added (EVA)**. Dabei werden Größen des externen Rechnungswesens mit finanzwirtschaftlichen Größen verrechnet.

Der Begriff Economic Value Added deutet bereits an, dass es sich um eine wertorientierte Kennzahl handelt: EVA wird als eine Steuerungsgröße verstanden, die über den Wertzuwachs des Unternehmens Auskunft gibt. Diese Erfolgsgröße wurde von der Unternehmensberatung Stern Stewart & Co entwickelt und steht im Zusammenhang mit dem sogenannten Shareholder-Value-Ansatz (vgl. Rappaport 1999). Nach diesem Ansatz soll die Unternehmensleitung im Sinn der Anteils- beziehungsweise Kapitaleigner (Shareholder) darauf hinarbeiten, den Unternehmenswert über die Gewinnerzielung langfristig zu erhöhen.

Die Idee hinter diesem Konzept weist eine gewisse Ähnlichkeit zu den bereits behandelten kalkulatorischen Zinsen auf (vgl. Abschnitt 2.2.4). Deren Ansatz wurde mit dem Opportunitätsprinzip begründet. Dieses besagt, dass das Geld, welches dem Unternehmen zur Verfügung stand, alternativ in eine sichere langfristige Geldanlage hätte investiert werden können. Daher sollte mindestens die Verzinsung erreicht werden. Der Shareholder-Value-Ansatz gründet auf einer ähnlichen Idee: Bei großen Unternehmen wie Aktiengesellschaften erwarten die Anleger eine gewisse Verzinsung in Form einer Dividende oder eines Kursgewinnes. Es handelt sich jedoch um eine Geldanlage, die mit einem gewissen Risiko verbunden ist. Es ist naheliegend, dass die Anleger desto mehr Gewinne erwarten, je unsicherer die Anlage ist. Schließlich hätten sie auch die Möglichkeit gehabt, ihr Kapital in ein anderes Unternehmen zu investieren, das womöglich sicherer ist.

Diese Erwartungshaltung betrifft vorrangig das Kapital, das im Eigenkapital eines Unternehmens gebunden ist. Fremdkapital besteht im Wesentlich aus Krediten, die von Banken zur Verfügung gestellt werden. Die Fremdkapitelgeber sind allerdings nicht am Gewinn beteiligt; ihnen steht die jeweils vertraglich geregelte Verzinsung des geliehenen Kapitals zu. Allerdings sind die vereinbarten Fremdkapitalzinsen auch höher, wenn es sich um ein Unternehmen handelt, bei dem fraglich ist, ob es sich am Markt behaupten kann.

In der Finanzwirtschaft werden aus den entsprechenden Erwartungen der Eigen- und Fremdkapitalgeber die **Kapitalkosten** ermittelt. Ausführliche Erläuterungen dazu finden Sie beispielsweise bei Kruschwitz (2007). Um die Grundlogik zur Ermittlung des EVA darzustellen, wird im Folgenden vereinfachend von gegebenen Kapitalkosten ausgegangen.

Der Grundidee des EVA folgend, sollte das Unternehmen einen über die Kapitalkosten hinausgehenden Gewinn erwirtschaften. Dieser Gewinn stellt dann einen zusätzlichen Unternehmenswert dar. Um diesen Gewinn bestimmen zu können, wird eine pagatorische Größe herangezogen: der operative Gewinn. Dieser wird in der Gewinn- und Verlustrechung separat ausgewiesen. Er ergibt sich aus der Differenz von Zweckertrag und Zweckaufwand. Dabei werden allerdings keine Zinsaufwendungen abgezogen, da sonst Zinsen mehrfach berücksichtigt werden würden.

Operativer Gewinn = Zweckertrag – Zweckaufwand (ohne Zinsaufwand)

Diese Größe wird um die Steuern, die für den operativen Gewinn anfallen, verringert, da diese abgeführt werden müssen und folglich nicht in den Unternehmenswert mit einfließen können. Anschließend werden die Kapitalkosten abgezogen. Als Ergebnis bleibt der EVA übrig.

Operativer Gewinn – Steuern – Kapitalkosten = EVA

Nach der Logik des Shareholder Value-Ansatzes zeigt ein positiver EVA-Betrag an, dass zusätzlicher Unternehmenswert geschaffen wurde. Ist der Wert negativ, so wurde Unternehmenswert vernichtet.

EVA ermöglicht eine interne Steuerung, dient aber im Unterschied zu vielen anderen Größen der Kosten- und Erlösrechnung vor allem auch dazu, nach außen kommuniziert zu werden. So wird der EVA zum Beispiel von den im DAX erfassten deutschen Aktiengesellschaften im Rahmen des „Value Reporting“ offengelegt, das sich an deren Aktionäre richtet. Ziel ist es, den Aktionären auch interne Steuerungsgrößen zu kommunizieren. Dadurch soll Vertrauen geschaffen und das Verhältnis zu den Anlegern dauerhaft verbessert werden. Obwohl sich die Diskussion des Shareholder-Value vor allem auf Großunternehmen, insbesondere auf Aktiengesellschaften, konzentriert, sei hervorgehoben, dass eine Wertsteigerung, wie EVA und ähnliche Größen sie anzeigen, grundsätzlich von jedem (gewinnorientierten) Unternehmen angestrebt wird.

Ein Unternehmen weist einen pagatorischen Gewinn von 130.000 € aus, der neutrale Ertrag beträgt 30.000 €, der neutrale Aufwand 12.000 €. Die Kapitalkosten betragen 56.000 €, der Zinsaufwand 43.000 €. Wie hoch ist der EVA, wenn das Unternehmen 30 % Steuern zahlt?

Operativer Gewinn:	130.000 € – 30.000 € + 12.000 € + 43.000 € = 155.000 €
Steuern:	155.000 € · 0,3 = 46.500 €
EVA:	155.000 € – 46.500 € – 56.000 € = 52.500 €

Konzepte wie EVA sind seit einiger Zeit sehr modern. Dies liegt unter anderem daran, dass sie eine leichte Bestimmbarkeit und gute Nachvollziehbarkeit suggerieren. So verwenden derzeit 12 der 30 DAX-Unternehmen EVA als Steuerungsgröße.

Kernsätze zu Kapitel 7

- Eine klassische kalkulatorische Erfolgsrechnung kann mittels des Gesamtkosten- oder des Umsatzkostenverfahrens aufgestellt werden.
- Beim Gesamtkostenverfahren werden alle in einer Periode angefallenen Kosten und Erlöse gegenübergestellt. Da sich Produktionskosten und Umsatzerlöse auf unterschiedliche Mengen beziehen können, erfolgt eine Anpassung über Bestandsminderungen und -erhöhungen.

- Beim Umsatzkostenverfahren werden sowohl Kosten als auch Erlöse direkt auf verkaufte Mengen bezogen erfasst und einander gegenübergestellt. Darum werden keine Bestandsveränderungen ausgewiesen.
- Zur internen Steuerung und Kommunikation nach außen wird in der Praxis häufig auch eine Erfolgsgröße, die sich durch Modifikation aus dem pagatortorischen Gewinn ergibt, verwendet.
- EVA ist ein Konzept, das im Wesentlichen auf pagatorischen Größen beruht. Unter Berücksichtigung finanzwirtschaftlicher Größen wird daraus ein Erfolg bestimmt, der nach dem Shareholder-Value-Ansatz als zusätzlicher Unternehmenswert interpretiert werden kann.

Interview mit Alexander Hunger (Volkswagen)

Welche Größen werden bei Volkswagen zur Steuerung verwendet?

Grundsätzlich verwenden wir EVA. Allerdings kann EVA nur im Nachhinein, d.h. am Ende einer Periode betrachtet werden. Aus diesem Grund verwenden wir weitere Kennzahlen, anhand derer wir Zielvorgaben festlegen können. Auch die Analysten verwenden diese Kennzahlen für ihre Einschätzungen. Hierbei handelt es sich insbesondere um den operativen Gewinn. Allerdings werden auch Umsatzrendite und Kapitalbindung ermittelt und kommuniziert.

Dann verfolgen Sie eine Shareholder Value-Orientierung?

Nein. Volkswagen folgt streng dem Stakeholder Value-Ansatz, d.h. es werden nicht nur die Interessen der Anteilseigner berücksichtigt, sondern sämtlicher Personen und Organisationen, die ein Interesse an dem Unternehmen aufweisen. Dies schließt auch die Mitarbeiter, Zulieferer und Kunden mit ein. Wir möchten langfristig erfolgreich sein und dafür muss man sicherstellen, dass neben einer hohen Rendite auch die Mitarbeiter zufrieden sind, die Zulieferer Gewinne erwirtschaften und selbstverständlich auch die Kunden von unseren Produkten überzeugt sind. Um diese Ziele zu erreichen, setzen wir auf eine offene Kommunikation mit den Interessengruppen, bei der wir Kennzahlen verwenden, die eine hohe Transparenz schaffen.

Inwieweit wird EVA dabei eingesetzt und wo liegen die Grenzen dieses Ansatzes?

EVA ist eine zentrale Steuerungsgröße innerhalb des Konzerns, da er Auskunft darüber gibt, ob die Investitionen in Form der Kapitalkosten im Hinblick auf den operativen Gewinn gerechtfertigt sind. EVA wird für Regionen, Marken, Projekte und sogar zur Ermittlung der Boni der Manager herangezogen, da jeder Manager bei Volkswagen angehalten ist, die Investitionen auf das Nötigste zu begrenzen, um das Unternehmen langfristig und sicher voranzubringen.

Allerdings ist es bei Forschungs- und Entwicklungskosten auch wichtig, über den Tellerrand zu schauen, um nicht den Anschluss zu verpassen. Somit kann beispielsweise die Entwicklung des 1 1/2-Liter-Autos oder komplett elektrischer Autos nicht streng nach EVA erfolgen. Entscheidungen, wie die Serienproduktion eines neuen Modells, sind aufgrund der Vergangenheitsorientierung von EVA ebenfalls schwierig. Dafür müssen neben zu erwartenden Effizienzsteigerungen in der Produktion unter anderem auch Preisentwicklungen bei Modulen seitens der Zulieferer berücksichtigt werden. Hierüber können wir abschätzen, welche Einflüsse sich auf den operativen Gewinn und damit auch auf EVA ergeben werden.

Weiterführende Literatur zu Kapitel 7

- Zur klassischen Erfolgsermittlung vgl. Plinke/Rese (2006)
- Zur Erfolgsermittlung mittels EVA vgl. Weber (2004), Diedrich (2002) sowie Coenenberg/Alvarez (2002)
- Zu Kapitalkosten vgl. Kruschwitz (2007)

8 Konzepte des Kosten- und Erlösmanagements

8.1 Kosten- und Erlösmanagement als Ansätze zur Planung und Kontrolle

Bislang wurden einzelne Prinzipien und Instrumente zur Erfassung und Verrechnung von Kosten und Erlösen sowie zur Erfolgsermittlung dargelegt. In diesem Kapitel stellen wir nun einige ausgewählte Konzepte für ein breiter angelegtes Kosten- und Erlösmanagement vor. Mit diesen Ansätzen, die sich in der Praxis weithin bewährt haben, können betriebliche Prozesse vorbereitet, geleitet und auch kontrolliert werden. Sie dienen also allesamt Zwecken der Planung und Kontrolle. Mit Blick auf das Controlling als Kosten- und Erlösmanagement lassen sich dabei zwei verschiedene Ebenen der Planung und Kontrolle unterscheiden, eine operative und eine strategische Ebene (vgl. Abb. 8.1).

Zu der **operativen Ebene** gehören die Budgetierung von Kosten und Erlösen, Formen der Produktions- und Absatzplanung sowie der Kosten- und

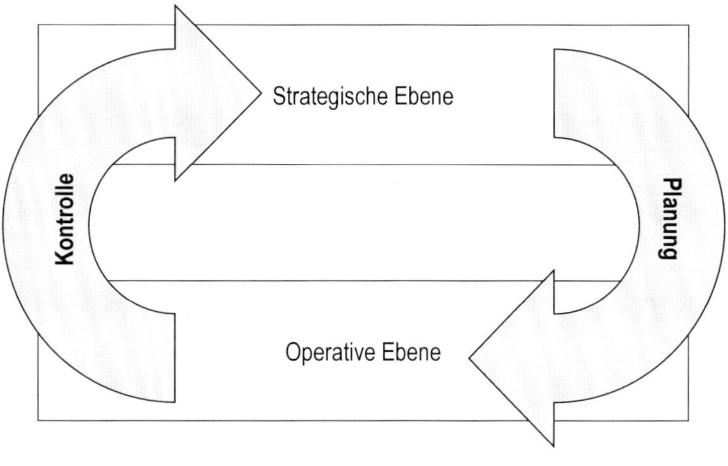

Abb. 8.1. Ebenen der Planung und Kontrolle

O. Plötner et al., *Kosten- und Erlösrechnung*, Springer-Lehrbuch, 2nd ed.,
DOI 10.1007/978-3-642-11920-0_8, © Springer-Verlag Berlin Heidelberg 2010

Umsatzplanung. Dieser Ebene lassen sich zunächst die bereits dargestellten Formen der Deckungsbeitragsrechnung zuordnen, insofern als sie zur Unterstützung operativer Entscheidungen herangezogen werden. Als Beispiele für ein operatives Kostenmanagement, das auf eine Veränderung von Kosten abzielt, werden im Folgenden die Ansätze des Gemeinkostenwertmanagements und des Zero-Based-Budgeting vorgestellt. Zudem erfolgt ein kurzer Einblick in das Target Costing.

Auf der **strategischen Ebene** wird das Ziel verfolgt, Erfolgs- und Fähigkeitspotenziale sowie Wettbewerbsvorteile zu erkennen und aufzubauen. Als Wettbewerbstrategie wird dabei ein Grundmuster des Verhaltens von Unternehmen verstanden, wie zum Beispiel Kostenführerschaft, Produktdifferenzierung oder Fokussierung. Als Erfolgspotenziale können Geschäftsfelder, Kunden-, Markt- oder Produktsegmente identifiziert werden. Bei dem Fähigkeitspotenzial (auch: Kernkompetenzen des Unternehmens) geht es darum, die Möglichkeiten zur Erschließung von Erfolgspotenzialen zu erkennen. Diese können in der Beherrschung innovativer Techniken liegen oder in der Fähigkeit zur Anpassung an Marktveränderungen und zu organisatorischem Wandel. Folglich geht es um den Versuch, die Zukunft gezielt zu gestalten. Als Beispiel eines rein strategischen Kosten- und Erlösmanagements werden die Lebenszyklusrechnung und das Erfahrungskurvenkonzept vorgestellt.

Um herauszufinden, ob ein Konzept, ein Ansatz oder eine Maßnahme eher auf der strategischen als der operativen Ebene ansetzt, können zwei einfache Merksätze herangezogen werden: Auf der strategischen Ebene wird gefragt „Machen wir das Richtige", auf der operativen Ebene dagegen „Machen wir es richtig?". Allerdings greifen die strategische und die operative Ebene, wie Abbildung 8.1 zeigt, auch ineinander. Strategische Ziele werden entwickelt und ihre Verwirklichung kontrolliert. Zu deren Umsetzung ist es notwendig, sie auf die operative Ebene zu überführen. Die operative Planung und Kontrolle dient wiederum als Grundlage, die Erfüllung strategischer Ziele zu kontrollieren, anzupassen und gegebenenfalls neue Ziele zu formulieren.

8.2 Gemeinkostenwertanalyse

Aufgrund immer komplexer werdender Umweltbedingungen steigt bei vielen Unternehmen der Anteil der Gemeinkosten. Diese Veränderung der Kostenstruktur liegt oftmals darin begründet, dass der Anteil der planenden, steuernden, koordinierenden und kontrollierenden Aktivitäten zunimmt, also solchen, die Gemeinkosten verursachen. So ist beispielsweise die Produktion eines Kraftfahrzeugs oder eines Computers ein äußerst komplexer Prozess. Gleichzeitig sehen sich die Unternehmen einer fortschreitenden Dynamik der Umweltbedingungen ausgesetzt. Betroffen sind hiervon, neben der Produktion, insbesondere indirekte (unterstützende) Leistungsbereiche wie Forschung und Entwicklung, Marketing, Verwaltung oder Vertrieb. Problematisch ist, dass sich die daraus resultierenden Gemeinkosten nur schwer planen und kontrollieren lassen; denn der Output, den indirekte Leistungsbereiche generieren, lässt sich oftmals nur schwer messen. An diesem Problem setzt die Gemeinkostenwertanalyse an. Ihr Ziel ist es, die Kosten solcher Bereiche zu senken.

Bei dem Verfahren der Gemeinkostenwertanalyse (GWA) handelt es sich um eine europäische Weiterentwicklung der Overhead-Value-Analysis (OVA), die ursprünglich von McKinsey in den USA entwickelt wurde. Daher weist die GWA den Charakter eines Beratungsprojekts auf.

Die GWA wird zu den inputorientierten Verfahren der Budgetvergabe gezählt. Den Ausgangspunkt der Analyse bilden der **Budgetinput** und dessen Kosten. Das heißt, es wird von dem bisherigen Budget ausgegangen. Dieser Wert wird dann beispielsweise durch Zu- oder Abschläge angepasst.

Budgets nehmen in der Praxis einen zentralen Platz im Controlling ein. Dennoch wird dessen Bedeutung in der Literatur mitunter stark vernachlässigt. Budgets können vereinfacht als Ziele definiert werden, die in einem formal aufgebauten Plan in Geldwerten abgebildet werden. Dieser Plan wird für eine bestimmte Zeit mit einer bestimmten Verbindlichkeit an einen Entscheidungsträger übergeben. So könnte die Marketingleiterin zur Einführung eines neuen Produktes mit einer Marketingkampagne beauftragt werden, die für einen Zeitraum von vier Wochen angesetzt und mit einem Budget von 150.000 € versehen wird.

In der Praxis stellen Budgets ein zentrales Planungs- und Steuerungsinstrument dar, das in nahezu sämtlichen Funktionsbereichen eingesetzt wird. Bei den Kosten, die in den Budgets enthalten sind (z.B. den Personalkosten von festangestellten Mitarbeitern), handelt es sich meist um Gemeinkosten.

Ziel der GWA ist es, in den Bereichen, in denen der Gemeinkostenanteil besonders hoch ist, die nicht notwendigen Leistungen zu eliminieren und Wege zu finden, die notwendigen Leistungen kostengünstiger zu erstellen. Dazu ist es erforderlich, das Kosten/Nutzen-Verhältnis der Leistungen dieser Bereiche zu bestimmen. Für eine solche Analyse folgt die GWA einem festen Projektablauf, dessen Phasen in Abbildung 8.2 dargestellt sind.

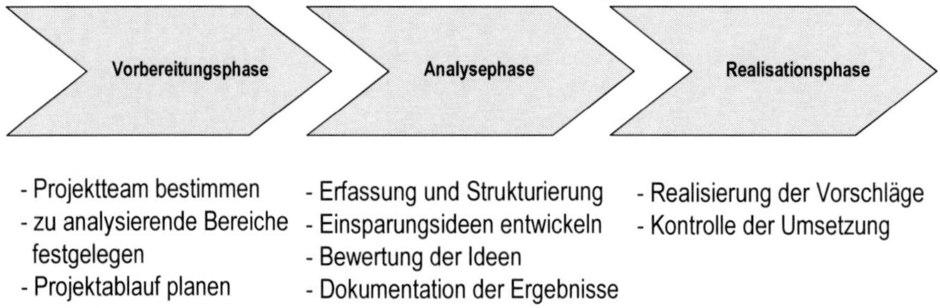

Abb. 8.2. Phasen der Gemeinkostenwertanalyse

In der **Vorbereitungsphase** wird zunächst ein GWA-Team bestimmt, das die Analyse durchführt. Anschließend werden die zu analysierenden Bereiche festgelegt. Daraufhin erfolgt die Planung des Projektablaufs.

In der anschließenden **Analysephase** werden in einem ersten Schritt die für die Leistungen des Bereiches anfallenden Kosten erfasst und strukturiert. Auf der Grundlage von Mitarbeiterbefragungen wird dazu untersucht, welche Leistungen in dem Bereich erbracht werden, welche Tätigkeiten wie häufig durchgeführt werden und wie viel Zeit sie in Anspruch nehmen. Daraufhin werden die jeweiligen Kostenstellenkosten nach Maßgabe der benötigten Zeit den Leistungen zugerechnet. In einem zweiten Schritt werden Einsparungsideen entwickelt. Diese können von der Umstrukturierung der Prozesse bis hin zur vollständigen Auslagerung von Tätigkeiten (Outsourcing) reichen. Die durch den jeweiligen Vorschlag mögliche Kostensenkung wird dann den zusätzlichen Kosten gegenübergestellt.

So könnte beispielsweise in einem ersten Schritt der Analyse festgestellt werden, dass zahlreiche manuelle Kontrollen vor dem Versand von Waren durchgeführt werden. Durch diese Kontrollen wird sichergestellt, dass die richtigen Waren auch an den richtigen Kunden gesendet werden. Allerdings nehmen diese Kontrollen übermäßig viel Zeit in Anspruch. Kosten und Nutzen der Kontrollen stehen dadurch in keinem besonders guten Verhältnis zueinander. Daher wird im zweiten Schritt vorgeschlagen, entweder weniger Kontrollen durchzuführen oder sie, durch Einsatz neuer Technik, zu automatisieren. Für beide Ideen muss eingeschätzt werden, wie hoch die Kostensenkung wäre und welche zusätzlichen Kosten dadurch entstehen würden. Oftmals wird dem GWA-Team der Wert vorgegeben, um den das analysierte Budget gemindert werden soll. In der Praxis ist dabei häufig von circa 40 % des Budgets die Rede. Dieser recht hohe Wert wird verwendet, um die Motivation und Kreativität bei der Ausarbeitung von Vorschlägen zu unterstützen.

In einem dritten Schritt werden die ausgearbeiteten Ideen dann im Team bewertet. Dabei wird oftmals auf externe Berater zurückgegriffen, um mit deren Hilfe die Vorschläge zu klassifizieren und deren Realisierungsmöglichkeiten abzuschätzen. Zudem müssen die Konsequenzen, die sich für den Gesamtbetrieb ergeben können, beurteilt werden. So wäre es beispielsweise möglich, dass durch die Reduzierung der Kontrollen beim Versand zwar die Prüfkosten gesenkt werden, die Kosten für Rücksendungen aufgrund fehlerhafter Auslieferungen und diejenigen für eine erneute Versendung der Waren jedoch steigen. Darüber hinaus könnte die Kundenzufriedenheit abnehmen, was einen Einbruch bei den Folgebestellungen und damit verbundene Umsatzminderungen hervorrufen könnte. Aus diesem Grund müssen neben der Wirtschaftlichkeit auch weitere Risiken, die aus den Maßnahmen folgen können, berücksichtigt werden. Dabei sollte die Dauer, die für deren Umsetzung erforderlich ist, mit in die Beurteilung einfließen.

In einem vierten Schritt werden die Ergebnisse dokumentiert und der Unternehmensleitung in Form konkreter Maßnahmen vorgeschlagen. Dazu werden die Maßnahmen in Aktionsprogramme mit konkretem Zeitrahmen überführt. Sofern sich die Unternehmensleitung dann als letzte Instanz für eine Umsetzung der Pläne ausspricht, kann mit der **Realisationsphase** begonnen werden. Um sicherzugehen, dass die Umsetzung den zuvor erarbeiteten Vorschlägen entspricht, sollte spätestens in dieser Phase eine Kontrolle durchgeführt werden. Dabei geht es insbesondere um die Überprüfung, ob die Kosten in der anvisierten Höhe sinken. Oftmals findet aber auch eine projektbegleitende Maßnahmenkontrolle statt, um die Effizienz der einzelnen Prozessphasen zu überprüfen.

Generell ist davon auszugehen, dass die ersten beiden Phasen circa 3 bis 5 Monate in Anspruch nehmen, wohingegen bei der Realisationsphase von 1 bis 3 Jahren ausgegangen wird. Dieser verhältnismäßig lange Zeitraum begründet sich darin, dass häufig Fixkosten in Form von Personalkosten abgebaut werden. Die tatsächlichen Einsparungswerte sind dann zwar wesentlich geringer als ursprünglich angestrebt, aber in der Praxis dennoch vergleichsweise hoch. Horváth (2006) spricht in diesem Zusammenhang von Werten im Bereich von 12 bis 20 % der Gemeinkosten.

Die Gemeinkostenwertanalyse kann, sofern die Einschätzungen richtig waren und die Umsetzung wie geplant verlaufen ist, die Effektivität und Effizienz der analysierten betrieblichen Bereiche erheblich steigern. Da die GWA ein relativ radikales Instrument zur Senkung der Gemeinkosten ist, wird sie oftmals in Krisensituationen eingesetzt, um bestimmte Bereiche oder das gesamte Unternehmen überhaupt weiterführen zu können. Die strikten Ziele der Kostensenkung und die damit verbundene Ausrichtung auf Personalkosten verursachen in der Praxis mitunter Akzeptanzprobleme, da die Mitarbeiter verständlicherweise um ihre Arbeitsplätze besorgt sind. Des Weiteren sind die Kosten für ein derartiges Projekt vergleichsweise hoch. Deshalb sollte die GWA eher in Notfällen oder aufgrund der hohen Kosten zumindest nur in größeren zeitlichen Abständen durchgeführt werden. Allerdings muss der GWA zugute gehalten werden, dass sie ein strukturiertes Vorgehen bietet und transparent macht, welche Kosten in betrieblichen Abläufen entstehen. Überdies lässt sich durch die Einbindung der Mitarbeiter auf das unternehmenseigene Wissen zugreifen, wodurch ineffiziente Prozesse unter Umständen leichter aufzudecken sind.

8.3 Zero Based Budgeting

Wie die GWA ist das Zero Based Budgeting (ZBB) ebenfalls auf der Ebene der operativen Planung und Kontrolle angesiedelt und wurde, wie die GWA, in der Praxis entwickelt. So setzte Texas Instruments dieses Verfahren zu Beginn der 1960er Jahre erstmals ein.

Im Gegensatz zur GWA handelt es sich bei dem ZBB um ein outputorientiertes Instrument der Gemeinkostenplanung. Das bedeutet, dass nicht der bisherige Input, also die bisherigen Budgets, den Ausgangspunkt bilden, sondern der Budgetoutput, das heißt die Leistungen, die in dem betrachteten Bereich erbracht werden. Daher muss zunächst bestimmt werden, ob der bisherige Output reduziert, erhöht oder beibehalten werden soll. Dabei werden aber auch neue Outputs und Umverteilungen der Ressourcen mit in die Analyse einbezogen. Die Bezeichnung ZBB zeigt an, das dieses Verfahren von den Verantwortlichen der analysierten Bereiche verlangt, ihr Budget der Vorperioden zu verwerfen und ausgehend von null (Zero Base) neu zu planen. Das ZBB eignet sich besonders bei dezentral geführten Unternehmen, da damit in besonderem Maße Transparenz geschaffen wird. Die typische Gefahr, dass Budgets zum Ende der Periode noch schnell „verprasst" werden, damit sie in der nächsten Periode erneut bezogen werden können, kann dadurch gemindert werden. Da das Verfahren allerdings relativ komplex ist, wird es, ähnlich wie die GWA, nur unregelmäßig durchgeführt, nämlich dann, wenn der Bedarf einer Gegensteuerung erkannt wird.

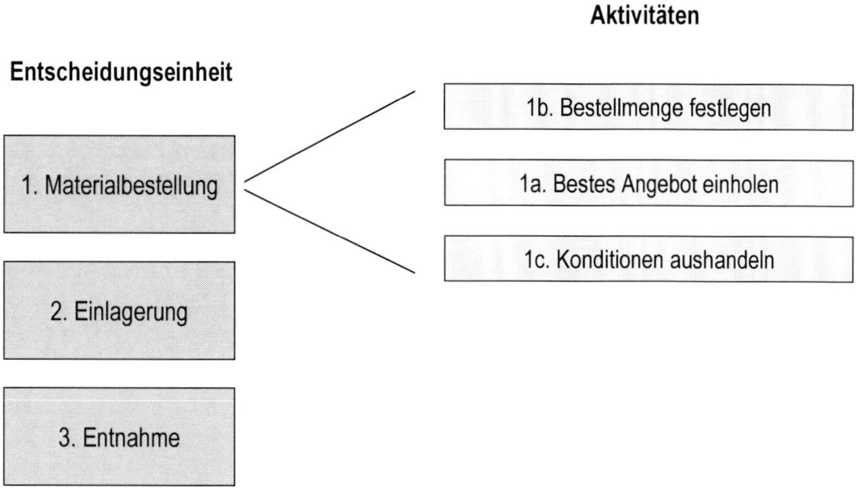

Abb. 8.3. Definition von Entscheidungseinheiten (in Anlehnung an Joos-Sachse 2004, S. 284)

Der Prozess des ZBB beginnt wie die GWA mit der Vorbereitung, in der Teams gebildet und die Ziele der Analyse identifiziert werden. Daraufhin werden in einer ersten Phase **Entscheidungseinheiten** definiert. Dabei handelt es sich um eine Gruppe von Aktivitäten, die analysiert werden soll.

Beispiele für Entscheidungseinheiten sind Kostenstellen, funktionale Bereiche von Kostenstellen, aber auch Abteilungen oder Arbeitsgruppen. So wurden in dem in Abbildung 8.3 dargestellten Beispiel funktionale Bereiche der Kostenstelle „Material" als Entscheidungseinheiten definiert. Die Entscheidungseinheit „Materialbestellung" setzt sich dabei aus einer Gruppe von Aktivitäten wie dem Einholen von Angeboten und dem Aushandeln von Konditionen zusammen. Für jede Entscheidungseinheit werden generelle Ziele und konkrete Leistungen in Form von Arbeitsergebnissen definiert. Zudem müssen die Personal- und Sachkosten zugeordnet und die zu erbringenden Leistungen sowie deren Empfänger festgestellt werden.

Im Anschluss daran werden **Leistungsniveaus** festgelegt. Sie beziehen sich auf die Quantität und die Qualität der Leistungen, die durch die Entscheidungseinheit erbracht werden. Ein geringes Niveau stellt in dem Zusammenhang die Mindestleistung zur Zielerreichung dar. Ein hohes Niveau spiegelt wünschenswerte Aspekte wider. Dahingegen beschreibt ein mittleres Niveau den Ist-Zustand. Am Beispiel der Materialbestellung könnte als geringes Leistungsniveau gelten, das erste günstige Angebot eines nahe gelegenen Lieferanten anzunehmen. Als hohes Leistungsniveau könnte hingegen von den Mitarbeitern verlangt werden, weltweit zu recherchieren, welche Kombination aus Preis und Lieferbedingungen die beste ist.

In der darauf folgenden zweiten Phase werden Alternativen zur Erreichung der Leistungsniveaus definiert. Dabei werden sowohl quantitative als auch qualitative Aspekte berücksichtigt. So werden Kostensenkungspotenziale identifiziert. Neben der reinen Mindestleistung zur Zielerreichung werden auch weitere, zusätzliche Leistungen, die dem Gesamtunternehmen dienen, mit in die Überlegungen einbezogen. Dadurch soll verhindert werden, dass beispielsweise eine Abteilung ihre Kosten zu Lasten einer anderen Abteilung reduziert. Entsprechende Auswirkungen können durch Simulationen mit unterschiedlichen Budgethöhen eingeschätzt werden. Die Aktivitäten der Entscheidungseinheiten zur Erreichung bestimmter Niveaus werden dann zu sogenannten **Entscheidungspaketen** zusammengefasst. Sie stellen die Grundlage für spätere Entscheidungen des Managements dar.

In einer dritten Phase wird darauf aufbauend eine Rangordnung der Entscheidungspakete gebildet. Dazu werden die jeweiligen Kosten und der Nutzen des Entscheidungspakets mit den übrigen verglichen. Dann werden die Entscheidungspakete in Abstimmung mit den Unternehmenszielen nach ihrer Dringlichkeit gereiht. Über die endgültige Rangordnung entscheidet die Unternehmensleitung. Sie legt auch das neue Budget fest und genehmigt die Entscheidungspakete bis zu dessen Ausschöpfung. Der sogenannte **Budgetschnitt** grenzt dabei die endgültig akzeptierten Entscheidungspakete von den nicht akzeptierten Paketen ab. Abbildung 8.4 verdeutlicht diese Schritte des ZBB.

Die Einsparungswerte des ZBB liegen vergleichbar mit denen der GWA zwischen 10 und 20 %. Wie die GWA zeichnet sich auch das ZBB durch ein strukturiertes und transparentes Vorgehen aus. Im Rahmen des ZBB steht jedoch die Umverteilung von Kosten im Mittelpunkt: Gegenüber einem vergleichsweise harten Sanierungskurs, wie ihn die GWA einschlägt, soll beim ZBB überdacht werden, wozu das Budget im Einzelnen verwendet wird. Die Wirtschaftlichkeit operativer Aktivitäten soll gesteigert werden, ohne die Ziele des Unternehmens beziehungsweise dessen strategische Ausrichtung zu behindern. Ebenso wie die GWA dient also das ZBB dazu, Kosteneinsparungspotenziale zu erkennen und zu nutzen. Allerdings ist das ZBB vergleichsweise komplex und es ist äußerst zeitaufwändig, sämtliche Aktivitäten des Unternehmens in den Analyseprozess des ZBB zu integrieren. In Krisensituationen wird daher vorzugsweise auf die GWA zurückgegriffen. Dagegen ist es jedoch beim ZBB einfacher, den Mitarbeitern die Ziele zu kommunizieren und sie in die Durchführung einzubinden, als bei der auf Rationalisierung abzielenden GWA, die auch einen Personalabbau mit einschließen kann.

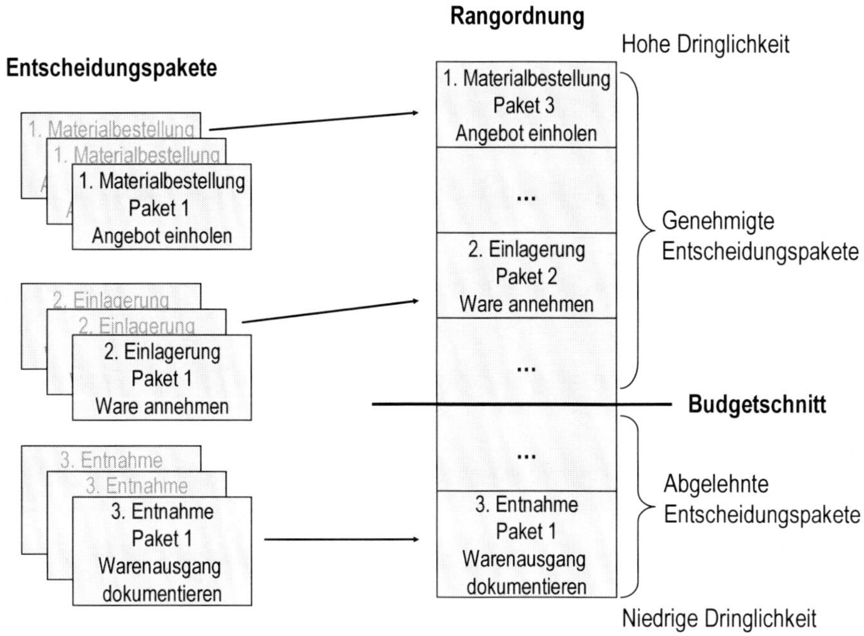

Abb. 8.4. Rangordnung der Entscheidungspakete und Budgetschnitt (in Anlehnung an Joos-Sachse 2004, S. 286)

8.4 Target Costing

Target Costing ist ein Verfahren des Zielkostenmanagements. Im Gegensatz zu den bislang in diesem Kapitel vorgestellten Konzepten stellt es im Kern eine Produktrechnung dar. Dabei ist seine Logik jedoch eine andere als die der Kalkulationsverfahren aus Kapitel 5. Grundlage dieser Verfahren sind die angefallenen oder geplanten Kosten. Aus ihnen werden die Selbstkosten eines Produkts ermittelt, die dann die Grundlage für die Bestimmung des Preises darstellen. Beim Target Costing hingegen wird nicht von den Kosten zum Preis, sondern vom Preis zu den Kosten gerechnet. Die zentrale Frage lautet: Wie viele Kosten dürfen für das Produkt anfallen?

Die ersten und zentralen wissenschaftlichen Publikationen zum Thema Target Costing stammen aus Japan, wo dieses Konzept frühzeitig eine breite Akzeptanz fand. Bereits 1965 wurde der Ansatz des Target Costing (Japanisch: Genka Kikaku) bei Toyota entwickelt und angewendet und setzte sich in den 1970er Jahren in Japan weitgehend durch.

In Europa und Amerika hingegen wurde das Target Costing kaum umgesetzt. Zwar lassen sich auch in diesen Regionen Ansätze des Zielkostenmanagements finden, doch nicht mit der in Japan üblichen Konsequenz. Dort entwickelte sich das Target Costing zu einem umfassenden Konzept, das sämtliche Unternehmensbereiche und -funktionen mit einschließt, wohingegen in westlichen Ländern lediglich die zentralen Gedanken berücksichtigt wurden.

Bei der Anwendung des Target Costings lassen sich vier Arbeitsschritte unterscheiden. Ausgangspunkt ist der Verkaufspreis, der sich für das Produkt am Markt realisieren lässt. Der Verkaufspreis liefert die Sollvorgabe (target), wie viele Kosten anfallen dürfen. Zur Schätzung des erzielbaren Marktpreises können vergleichbare eigene Produkte oder Produkte der Wettbewerber herangezogen werden. Alternativ lassen sich mittels Marktanalysen, zum Beispiel über Kundenbefragungen, Informationen gewinnen, die in die Preisfindung mit einbezogen werden können. Von diesem Preis wird eine Gewinnmarge abgezogen und man erhält die sogenannten **zulässigen Kosten**. Die zulässigen Kosten können dann den nach „klassischen" Kalkulationsverfahren bestimmten Selbstkosten gegenübergestellt werden. Die Differenz gibt Aufschluss darüber, in welcher Höhe Kosten reduziert werden müssen. Denn nur, wenn die Kosten des Produktes die zulässigen Kosten nicht übersteigen, kann der geplante Gewinn realisiert werden. Nachdem also im ersten Schritt die zulässigen Gesamtkosten des neuen Produkts bestimmt wurden, erfolgt im zweiten Schritt die sogenannte **Zielkostenspaltung**. Dafür werden die zulässigen Gesamtkosten auf einzelne Komponenten beziehungsweise deren Fertigungskosten verteilt. Im dritten Schritt der **Zielkostenerreichung** wird versucht, die Kosten zu reduzieren, um sich dem Kostenziel, den zulässigen Kosten zu nähern. So werden einzelne Materialien ersetzt, Komponenten verändert oder Funktionen gestrichen. Der vierte und letzte Schritt des Target Costings umfasst eine kontinuierlich bis zu der Fertigung mitlaufende Kostenkontrolle. Dieser permanente Soll-Ist-Vergleich soll die Einhaltung der geplanten Kosten sicherstellen.

Obgleich es damals noch kein umfassendes Konzept des Target Costing gab, wurde bereits in den 1930er Jahren bei VW in Deutschland der Zielkostengedanke angewendet. Anlass war die strikte Vorgabe der Geschäftsführung, einen Volkswagen zu solch niedrigen Kosten zu produzieren, dass er zu einem Preis von maximal 990 Reichsmark zum Kauf angeboten werden konnte. Um diese

Abb. 8.5. VW-Käfer – Ein Beispiel für Target Costing? [mb]

Vorgabe realisieren zu können, suchte man nach technischen Möglichkeiten und verglich sie miteinander. Franz (1993) berichtet, dass aufgrund dieser Überlegungen beispielsweise keine hydraulischen, sondern Seilzugbremsen in dem Volkswagen verbaut wurden. Im Vergleich zu anderen Modellen erbrachte das eine Kosteneinsparung von 25 Reichsmark. Dieses produktbezogene Kostenmanagement ermöglichte es, dass der Volkswagen relativ günstig angeboten werden konnte. Unter der Bezeichnung „VW Käfer" wurde das Auto bis ins Jahr 2002 produziert. Insgesamt wurden 21,5 Millionen Stück verkauft. Damit ist der VW-Käfer eines der meistverkauften Kraftfahrzeuge aller Zeiten.

Durch Verwendung des Target Costings entsteht somit eine vollkommen andere Sichtweise auf die Produkte und deren Kosten. Bei der klassischen Denkweise in Kapitel 5 wird der Schwerpunkt der Betrachtung auf die Fertigung des Produkts gelegt. Will man die Kosten pro Einheit reduzieren, verweisen die Verfahren der Divisionskalkulation beispielsweise auf die Möglichkeit, die Ausbringung zu erhöhen oder die Herstell- und Vertriebskosten zu senken. Allerdings können, wenn sich die Produkte bereits in der Fertigung befinden, bestenfalls noch einzelne Arbeitsschritte kostengünstiger gestaltet werden. So könnte statt menschlicher Arbeitskraft ein Fertigungsroboter eingesetzt werden, um die Herstellkosten zu senken. Demgegenüber verschiebt sich beim Target- oder Zielkostenmanagement der Fokus auf die vorgelagerte Produktentwicklung, denn schließlich wird überlegt, wie das gewünschte Produkt zu den zulässigen Kosten produziert werden kann. Das ist eine Frage, die eine Controllingabteilung nicht allein beantworten kann. Demzufolge vergrößert sich die Zahl der beteiligten Personen; insbesondere die Entwicklungsingenieure und -techniker werden mit einbezogen und funktionsübergreifende „Cost Management Departments" eingerichtet. Letztere haben die Aufgabe, die Kosten ab Planungsbeginn im Auge zu behalten. Dadurch sollen auch nachträgliche Produktänderungen vermieden werden, die oftmals zu teuren Anpassungen der betrieblichen Prozesse führen.

Zusammenfassend lässt sich festhalten, dass Target Costing ein umfassendes Konzept der operativen Kostenplanung und -kontrolle darstellt. Es zielt auf das Management von Produktkosten ab, indem bereits im Rahmen der Produktentwicklung Kosten vermieden und reduziert werden.

8.5 Life Cycle Cost Management

Das Life Cycle Cost Management (LCCM) oder auch Lebenszykluskostenrechnung bezeichnet ein Controllinginstrument der strategischen Planung und Kontrolle. Im Gegensatz zur klassischen Kostenrechnung, die die Kosten und Erlöse von Produkten in einzelnen Perioden betrachtet, beschäftigt sich das strategische Controlling mit Kosten und Erlösen, die periodenübergreifend für einen längeren Zeitraum anfallen beziehungsweise anfallen können. Die Lebenszyklusrechnung stellt in diesem Zusammenhang ein zentrales Werkzeug dar, denn empirisch besteht oft ein Zusammenhang zwischen quantitativen Größen (insbesondere Umsatz und Deckungsbeitrag) und dem „Lebensalter" eines Produktes.

Abbildung 8.6 zeigt den Zusammenhang des „klassischen" Produktlebenszyklus, wie er aus Marketinggesichtspunkten fokussiert wird, und den „Lebensphasen", die im Rahmen des LCCM aus der Perspektive des strategischen Controllings betrachtet werden. Nach dem klassischen Produktlebenszyklus werden fünf Phasen unterschieden: Einführung, Wachstum, Reife, Sättigung und Rückgang. Diese Phasen umfassen die gesamte Zeit, die sich ein Produkt am Markt befindet. Nur in dieser Zeit kann ein Produkt Umsatzerlöse generieren, und ein positiver Produkterfolg kann sich aufgrund der Produktkosten lediglich in der mittleren Marktphase einstellen. Kosten fallen für ein Produkt überdies bereits vor der Marktphase an und können auch noch entstehen, wenn das Produkt vom Markt genommen

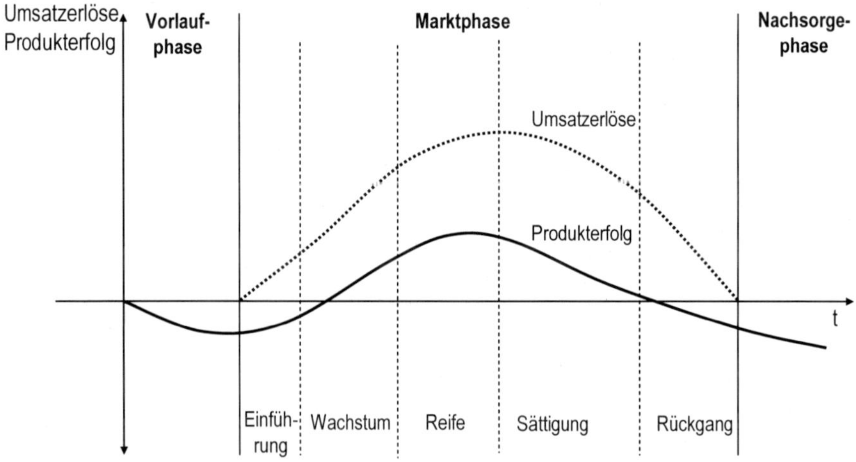

Abb. 8.6. Phasen des Lebenszyklus

wurde. Aus dieser Überlegung heraus werden bei der Lebenszykluskostenrechnung drei Phasen unterschieden: die Vorlaufphase, die Marktphase und die Nachsorgephase.

In der Entstehungsphase beziehungsweise **Vorlaufphase** fallen primär Kosten für Forschung und Entwicklung sowie die Absatzvorbereitung an. Im Anschluss an diese Phase muss die Entscheidung getroffen werden, ob das Produkt tatsächlich auf den Markt gebracht wird. Fällt die Entscheidung positiv aus, kommt es zur **Marktphase**, in der es um den Verkauf des Produkts geht. Den Verkaufserlösen stehen dann vor allem die Selbstkosten des Produkts gegenüber. Anschließend folgt eine **Nachsorgephase**, in der Kosten für nach dem Verkauf anfallende Leistungen entstehen. Dabei handelt es sich um Kosten zur Entsorgung des Produkts, um Serviceleistungen, Haftung und Gewährleistung. Wie die Beispiele in Tabelle 8.1 zeigen, können analog zu den jeweiligen Kosten phasenspezifische Erlöse unterschieden werden. Allerdings können sich die drei Phasen auch überschneiden. So ist es möglich, dass Entwicklungsleistungen bei nachträglichen Produktänderungen erforderlich sind oder Serviceleistungen bereits seit dem Beginn der Vermarktung parallel angeboten werden.

Entsprechende Erlöse und Kosten werden für die gesamte Lebensdauer eines Produktes prognostiziert, um sie anschließend einander gegenüberzustellen. Dadurch kann ermittelt werden, ab wann sich ein bestimmtes Produkt rechnen sollte. Negative Ergebnisse in der Vorlaufphase sollten durch hohe Erlöse während der Marktphase ausgeglichen werden. Aus strategischen Gesichtspunkten ist es zudem anzustreben, dass die Lebenszyklen verschiedener Produkte eines Unternehmens nicht parallel verlaufen. So ist es günstig, wenn sich zumindest ein Produkt in der Marktphase befindet, während ein neues Produkt entwickelt wird und sich andere bereits in der Nachsorgephase befinden. Aufgabe des Managements ist es daher, eine gute „Altersmischung" der Produkte herzustellen.

In der Lebenszykluskostenrechnung werden Kosten und Erlöse also periodenübergreifend betrachtet. Im Gegensatz dazu hat die klassische Kosten- und Erlösrechnung eher einen statischen Blick. Kosten und Erlöse werden dort ausschließlich periodenweise erfasst. So werden Kosten der Forschung und Entwicklung oder Entsorgungskosten zum Zeitpunkt ihres Entstehens als Gemeinkosten gesammelt und über Gemeinkostenzuschläge auf die in der aktuellen Periode hergestellten Produkte verteilt. Erlöse durch Subventionen oder den nachträglichen Verkauf von Lizenzen sind Gemeinerlöse, die in der Regel gar nicht in die klassische Produktrechnung eingehen.

Tabelle 8.1. Systematisierung von Lebenszykluskosten und -erlösen (in Anlehnung an Joos-Sachse 2004, S. 293)

Lebenszyklusphasen	Kosten	Erlöse
Vorlaufphase	**Vorlaufkosten:** • Produkt- und Verfahrensentwicklungskosten • Marktforschungskosten • Kosten durch Produkttests • Einkaufs- und Logistikkosten • …	**Vorlauferlöse:** • Subventionen
Marktphase	**Laufende Kosten:** • Herstellkosten • Verwaltungs- und Vertriebskosten • weitere Entwicklungskosten	**Laufende Erlöse:** • Umsatzerlöse
Nachsorgephase	**Folgekosten:** • Gewährleistungskosten • Kosten für Wartung und Instandhaltung • Entsorgungskosten	**Folgeerlöse:** • Erlöse für Inspektion und Wartung • Entsorgungserlöse • Lizenzerlöse

Es ist genau die periodenübergreifende Betrachtung, die den Vorteil der Lebenszykluskostenrechnung ausmacht und aufgrund derer sie zunehmend an Bedeutung gewinnt. Ausschlaggebend sind dabei unter anderem kürzer werdende Marktzyklen. Technologische Neuerungen drängen immer schneller auf den Markt und Produkte veralten sehr schnell. Die Unternehmen müssen daher sehr genau abschätzen, ob die Erlöse in der kurzen Marktphase überhaupt die Kosten rechtfertigen, die mit der Entwicklung neuer Produkte einhergehen. Zudem werden Kundenbedürfnisse vielfältiger und anspruchsvoller. Dies verlangt den Unternehmen eine stärkere Produktdifferenzierung ab, also die Einführung immer neuer Produkte und Produktvarianten. Des Weiteren lassen sich tendenziell steigende Kosten in der Vorlauf- und Nachsorgephase von Produkten beobachten. So wird der Bereich der Forschung und Entwicklung für viele Unternehmen bedeutsamer, was zu einem Kostenanstieg in der Vorlaufphase führt. Die Nachsorgephase wird durch zunehmende Verpflichtungen zur Rücknahme von Verpackungen und Entsorgung von Produkten kostenintensiver. All diese Entwicklungen begründen die Bedeutsamkeit einer strategischen Planung und Kontrolle der Kosten- und Erlössituation von Produkten, wie sie die Lebenszykluskostenrechnung ermöglicht.

8.6 Erfahrungskurvenkonzept

Last, but not least sei hier das Erfahrungskurvenkonzept als Ansatz zur strategischen Planung und Kontrolle vorgestellt. Dieses Konzept besagt, dass die Kosten eines Produktes mit zunehmender Produktionsmenge sinken. Damit macht das Konzept darauf aufmerksam, dass mit einem Produkt möglichst schnell große Marktanteile gewonnen werden sollten. Denn durch einen hohen Output können die Stückkosten gesenkt werden; daraus wiederum ergeben sich Wettbewerbsvorteile.

Bereits in den 1930er Jahren wurde eine Regelmäßigkeit entdeckt, die besagt, dass die Kosten eines Produkts mit zunehmendem Alter degressiv verlaufen. Mit jeder Verdopplung der kumulierten Produktionsmenge sinken danach die Stückkosten der Wertschöpfung (inflationsbereinigt) potenziell um einen konstanten Prozentsatz, der sich meist zwischen 20 und 30 % befindet (vgl. Abb. 8.7). Diese Kostenentwicklung wird als **Erfahrungskurve** bezeichnet.

Zu den Kostensenkungen, die sich aus der Ausweitung der Produktion ergeben, tragen viele Faktoren bei. Bei ihren Auswirkungen auf die Kosten spricht man von sogenannten Skaleneffekten (economies of scale), die dynamischer und statischer Art sein können.

Dynamische Skaleneffekte stellen sich periodenübergreifend ein, wenn die Produktionsmenge im Zeitverlauf immer weiter erhöht wird. Dazu gehören Lerneffekte, die entstehen, wenn die Mitarbeiter ihre Arbeit mit zunehmender Routine effizienter verrichten. Zudem werden typischerweise bei einer Ausweitung der Produktion Rationalisierungsmaßnahmen ergriffen, um die Produktivität zu erhöhen. So werden Maschinen oder computergesteuerte Anlagen beschafft, die einen Teil der Aufgaben der Mitarbeiter übernehmen. Darüber hinaus werden Produktionsanlagen durch den technologischen Fortschritt leistungsfähiger. Mit steigender Produktion können im Zeitverlauf Verfahrensweisen effizienter gestaltet und Produkte standardisiert werden. All dies führt dazu, dass die durchschnittlichen Stückkosten sinken.

Statische Skaleneffekte stellen sich bereits innerhalb einer Periode ein, wenn die Produktionsmenge erhöht wird. Wenn die Kapazitäten stärker ausgelastet werden, ergibt sich eine Fixkostendegression: Die Fixkosten können auf eine größere Stückzahl umgelegt werden; die stückfixen Kosten sinken daher. Des Weiteren ergeben sich Betriebsgrößeneffekte, da Unternehmen mit zunehmender Ausbringung auch größere Mengen Rohstoffe

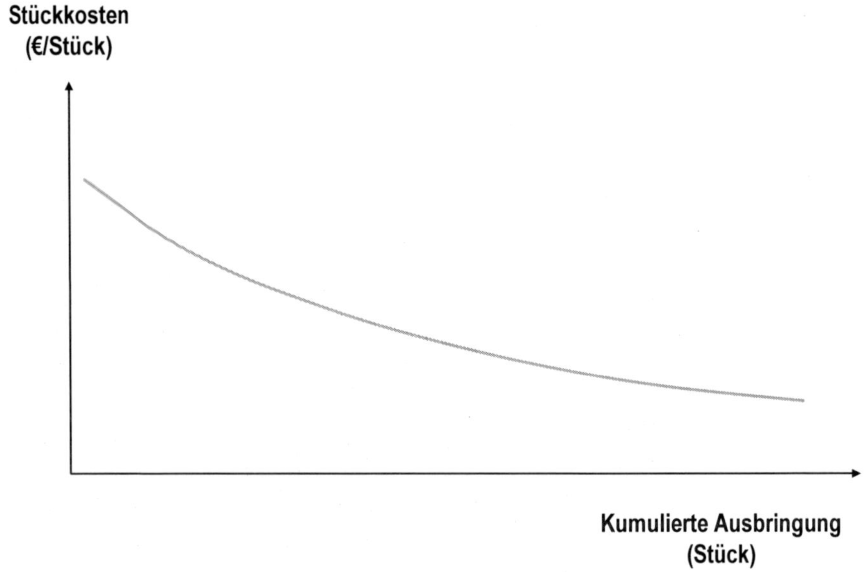

Abb. 8.7. Die Erfahrungskurve

einkaufen müssen. Dadurch erzielen sie eine Marktmacht, die sie beim Einkauf ausnutzen können, um geringere Einkaufspreise durchzusetzen.

Zur strategischen Planung und Kontrolle sollte das Management diese Lerneffekte, die sich in Kosteneinsparungen niederschlagen, integrieren. So wurde beispielsweise die Playstation 3® von Sony in der Einführungsphase bewusst unter den Herstellkosten angeboten, da davon auszugehen war, dass die Herstellkosten, wie die Erfahrungskurve zeigt, zukünftig sinken würden. Diese Strategie zielte darauf ab, schneller Marktanteile zu gewinnen, als es bei einem höheren Preis der Fall gewesen wäre.

Insgesamt muss jedoch betont werden, dass die Erfahrungskurve kein „Selbstläufer" ist. Ein steigender Marktanteil, der eine Zunahme der Produktionsmenge erlaubt, reicht allein nicht aus. So ergeben sich die Kosteneinsparungen nicht von selbst, sondern sind das Ergebnis eines kontinuierlichen Prozesses, in dem die Kosten gesenkt und die Auslastung und Effizienz erhöht werden.

Interview mit Dr. Jan Wüllenweber (McKinsey & Company)

Wie wichtig sind Informationen der Kosten- und Erlösrechnung für die Entwicklung einer Unternehmensstrategie?

Vor der Entwicklung einer Strategie sollte immer eine fundierte Unternehmensanalyse stehen. Gerade da kommt der Kosten- und Erlösrechnung zentrale Bedeutung zu. Sie hilft, Handlungsbedarf zu erkennen. Das gilt übrigens ganz besonders in Krisenzeiten.

Spielen in diesen Zeiten Konzepte zur Kostensenkung eine besonders wichtige Rolle?

Für Unternehmen in der Marktwirtschaft ist es immer erstrebenswert, Potentiale zur Gewinnverbesserung zu identifizieren. Allerdings gibt es im Rahmen dieses Themas über die Zeit Schwerpunktverlagerungen. Während früher eher Verfahren zur allgemeinen Kostensenkung in Gemeinkostenbereichen von Interesse waren, werden dort jetzt zunehmend ganz spezifische Ansatzpunkte zur Effizienzverbesserung eruiert. Durch den technischen Fortschritt und die zunehmende Globalisierung haben sich diesbezüglich neue Möglichkeiten ergeben, deren Vorteilhaftigkeit aber für jedes Unternehmen im Einzelfall genau geprüft werden muss.

Welche Möglichkeiten sind das?

Drei Optionen werden derzeit am meisten diskutiert:

- Offshoring, d.h. die geografische Verlagerung von Tätigkeiten im Unternehmen, insbesondere von Hochlohn- in Niedriglohnländer
- Shared-Service-Center, d.h. die Zusammenfassung von gleichartigen Prozessen in unterschiedlichen Unternehmensbereichen an einer zentralen Stelle
- Outsourcing, d.h. die Verlagerung von Aktivitäten, die bislang im eigenen Unternehmen durchgeführt wurden, an unternehmensexterne Dienstleister. Dabei geht es in diesem Fall sowohl um Kostensenkung, als auch um die Variabilisierung von Fixkosten.

Bedeutet dies, dass die Kosten- und Erlösrechnung einer zunehmend länderübergreifenden Perspektive gerecht werden muss?

Ja, genau darin liegt eine der zentralen Herausforderungen. Um Effizienz zu optimieren, werden in vielen Unternehmen die Wertschöpfungsketten globalisiert. Das Rechnungswesen muss diese Entwicklungen abbilden können. Globale Kostentransparenz zu erhalten mag dabei theoretisch einfach sein, ist in der Praxis aber sehr kompliziert. Dazu kommt, dass die Ansprüche an die zeitliche Dimension der internen Berichterstattung steigen. Statt ein übergreifendes Bild über die Kosten- und Erlöslage monatlich, quartalsweise oder gar nur einmal im Jahr zu erhalten, wird in immer mehr Unternehmen verlangt, dass die aktuellsten Informationen quasi jederzeit auf Knopfdruck zur Verfügung stehen.

Ist die Erreichung einer globalen Kostentransparenz in „real time" die wichtigste Herausforderung für die Zukunft?

Uns scheint darüber hinaus ein weiterer Aspekt an Bedeutung zu gewinnen: die Nachhaltigkeit des unternehmerischen Handelns. Diese Thematik hat viele Facetten, aber eine betrifft auch die Kosten- und Erlösrechnung. So verlangt eine langfristige Überlebensfähigkeit von einem Unternehmen die Flexibilität, sich ändernden Rahmenfaktoren immer wieder anpassen zu können. Um darauf vorbereitet zu sein, müssen Risikoszenarien antizipiert und Wirkungen auf das Unternehmen vom Rechnungswesen zahlenmäßig dargestellt werden können. Hier haben wir aus der letzten Krise viel gelernt und hier besteht bei vielen Unternehmen noch Nachholbedarf.

Weiterführende Literatur zu Kapitel 8

- Zu operativen und strategischen Ansätzen des Controllings vgl. Weber (2004) sowie Horváth (2006)
- Zu Gemeinkostenwertanalyse und Zero Based Budgeting vgl. Lange (2002) und Joos-Sachse (2004)
- Zur Lebenszykluskostenrechnung vgl. Joos-Sachse (2004) und Horváth (2006)
- Zu Target Costing vgl. Franz (1993) und Sakurai (1997)

9 Controlling in der Praxis

Nachdem in den vorangegangenen Kapiteln die Grundlagen und Methoden der Kosten- und Erlösrechnung sowie des Controllings erläutert wurden, wird im Folgenden ein Blick darauf geworfen, wie sie in der Praxis angewendet werden und welche Anforderungen dies an die Ausführenden stellt. Angesichts der Komplexität, der sich die Unternehmen ausgesetzt sehen, ist es kaum verwunderlich, dass Informationstechnik beziehungsweise Informationstechnologie (IT) bei der täglichen Arbeit des Controllers eine zentrale Rolle einnimmt. So kommt in einem Unternehmen eine Vielzahl von Kostenarten zusammen. Die genaue Höhe jeder dieser Kostenarten muss ständig neu bestimmt werden; gleichermaßen müssen die Kosten zahlreicher Produkte kalkuliert werden. In den meisten Unternehmen wäre ein effizientes Controlling ohne IT-Unterstützung daher kaum möglich. Im Umkehrschluss hat der Einsatz von IT-Systemen dazu geführt, dass sich die Rolle des Controllers geändert hat. Statt der Bestimmung der Unternehmensdaten rücken daher deren Interpretation und die damit verbundene Ableitung von Gestaltungsempfehlungen, die betriebliche Entscheidungen vorbereiten, in den Vordergrund. Dadurch haben die Beratungsfunktion des Controllings ebenso wie das Management von Kosten und Erlösen an Bedeutung gewonnen.

9.1 IT-Einsatz im Controlling

Heute steht eine Vielzahl von IT-Systemen zur Verfügung, um die Kosten- und Erlösrechnung in einem Unternehmen zu unterstützen. Demzufolge könnten Studierende sich fragen, weshalb sie die Methoden der Kosten- und Erlösrechung überhaupt lernen sollen, wenn sie doch überwiegend automatisiert ausgeführt werden. Die Antwort darauf ist einfach: IT-Systeme können die Prozesse entscheidend unterstützen. Dennoch müssen die Anwender die zugrunde liegenden Rechenprinzipien kennen, um die Ergebnisse nachzuvollziehen zu können. Dies ist die Voraussetzung dafür, betriebliche Konsequenzen aus den ermittelten Unternehmensdaten aufzu-

O. Plötner et al., *Kosten- und Erlösrechnung*, Springer-Lehrbuch, 2nd ed.,
DOI 10.1007/978-3-642-11920-0_9, © Springer-Verlag Berlin Heidelberg 2010

zeigen und Empfehlungen abzuleiten, die zu betrieblichen Entscheidungen führen. Dies können nur Personen, die über das notwendige Fachwissen verfügen.

Im Controlling wird heutzutage vorwiegend mit drei Programm- beziehungsweise Systemarten gearbeitet. Dabei handelt es sich um Tabellenkalkulationsprogramme, Enterprise Ressource Planning-Systeme und Business Intelligence-Systeme. Diese werden im Folgenden genauer betrachtet.

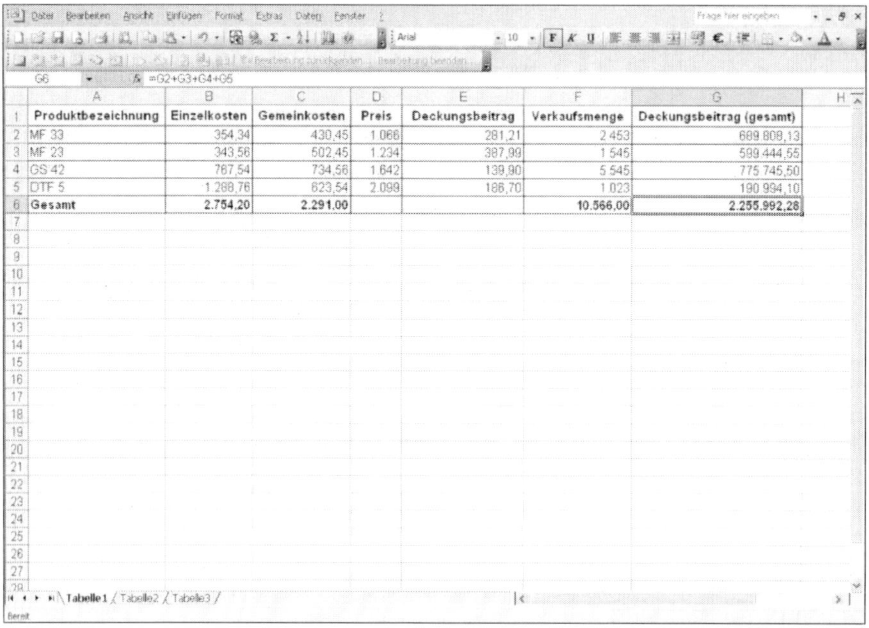

Produktbezeichnung	Einzelkosten	Gemeinkosten	Preis	Deckungsbeitrag	Verkaufsmenge	Deckungsbeitrag (gesamt)
MF 33	354,34	430,45	1.066	281,21	2.453	689.808,13
MF 23	343,56	502,45	1.234	387,99	1.545	599.444,55
GS 42	767,54	734,56	1.642	139,90	5.545	775.745,50
DTF 5	1.288,76	623,54	2.099	186,70	1.023	190.994,10
Gesamt	2.754,20	2.291,00			10.566,00	2.255.992,28

Abb. 9.1. Deckungsbeitragsrechnung mittels MS Excel® [ms]

Tabellenkalkulationsprogramme wie MS Excel® stellen eines der zentralen Werkzeuge dar, die Controller für ihre Arbeit nutzen. Derartige Programme ermöglichen die Eingabe, Verarbeitung und grafische Darstellung von Daten. Die Programmstruktur ist an Tabellen orientiert, die Daten werden somit in Zeilen und Spalten gegliedert. Jede einzelne Zelle kann sowohl Textzeichen als auch Zahlen beinhalten. Durch die Verbindung von Zellen zueinander können dabei komplexe Berechnungen auf übersichtliche und einfache Weise realisiert werden. Dadurch ist es möglich, eine Vielzahl von Daten zu speichern und mit ihnen zu arbeiten. So wird beispielsweise eine produktbezogene Deckungsbeitragsrechnung erleichtert (vgl. Abb. 9.1). Dafür wird eine Tabelle angelegt, in der grundlegende

Daten wie Produktbezeichnungen, Kosten und Preise sowie die Formeln zur Ermittlung der Deckungsbeiträge gespeichert sind. Auf dieser Basis können durch Eingabe von Daten wie beispielsweise den aktuellen Produktionsmengen oder den geänderten Preisen jederzeit Deckungsbeiträge ermittelt und in einer übersichtlichen Form dargestellt werden.

Programme wie MS Excel® werden lokal, das heißt auf dem Rechner des Benutzers, verwendet und die Daten werden lokal gespeichert. Sicherlich kann eine Excel-Arbeitsmappe mit ihren verschiedenen Tabellen auch zentral auf einem Server abgelegt werden, sodass befugte Personen aus dem gesamten Unternehmen darauf zugreifen können. Allerdings ergibt sich durch das Prinzip der lokalen Speicherung ein wesentlicher Unterschied gegenüber der Verwendung einer zentralen Datenbank, wie es bei ERP-Systemen (s.u.) der Fall ist. Damit sind auch die Schwächen von Tabellenkalkulationsprogrammen verbunden.

Da diese Anwendungen zur Nutzung an einem Rechner konzipiert sind, kann zu einem Zeitpunkt nur eine Person auf die Daten zugreifen, um sie zu bearbeiten. Die restlichen Nutzer können die Daten dann meistens nur lesen. Zudem können an einzelnen Arbeitsplätzen sowie an dem zentralen Speicherort unterschiedlich aktuelle Versionen der Tabellen gespeichert sein. Oft konzipieren die Mitarbeiter auch eigene Tabellen, in denen sie häufig genutzte Daten ablegen. Ändern sich diese Informationen, beispielsweise weil ein anderes Kalkulationsverfahren eingesetzt wird, muss jeder Mitarbeiter seine Daten anpassen. Dies kann dazu führen, dass einige Mitarbeiter unbemerkt mit veralteten oder falschen Daten arbeiten. Ein weiteres Problem ergibt sich aus den eingeschränkten Verknüpfungsmöglichkeiten mit externen Datenquellen. In ein Tabellenkalkulationsprogramm wie MS Excel® können zwar durchaus Daten importiert werden. Die Integration ist allerdings vergleichsweise kompliziert und dadurch relativ fehleranfällig.

Aus solchen Gründen kann es für ein Unternehmen problematisch sein, eine „Universal"-Tabelle, in der sämtliche Daten gespeichert sind, anzulegen und die Mitarbeiter dann darauf zugreifen zu lassen. Daher kommen in größeren Unternehmen meist ERP-Systeme zum Einsatz. Diese werden im Folgenden näher beschrieben.

In den letzten zwanzig bis dreißig Jahren haben sich die IT-Anwendungen, die ein effizientes Controlling ermöglichen, entscheidend weiterentwickelt. Kleinere Unternehmen verwenden oftmals spezielle Programme zur Unterstützung des Rechnungswesens. Neben der reinen Buchhaltung unterstützen diese Programme häufig auch die Kosten- und Erlösrechnung. Allerdings sind solche Programme für größere Unternehmen in der Regel

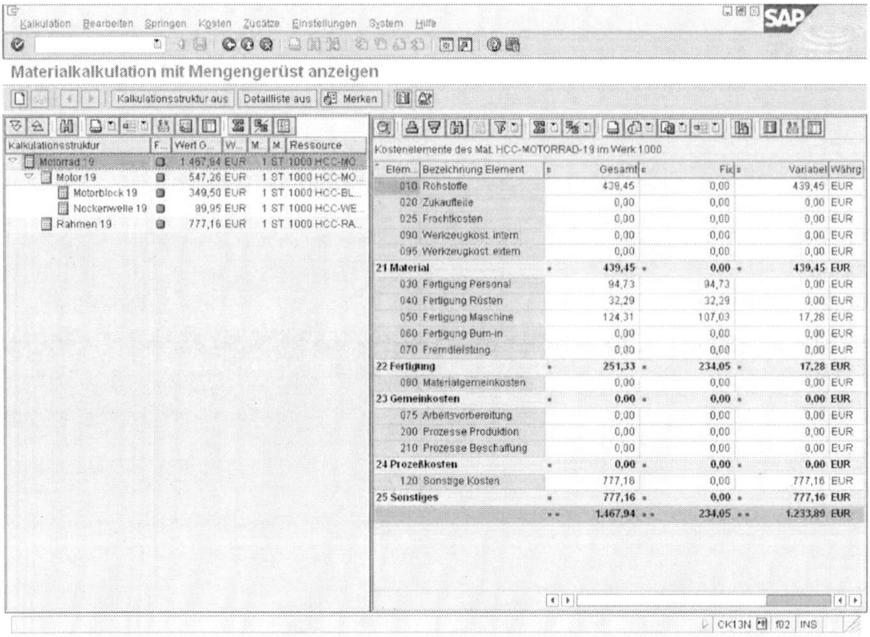

Abb. 9.2. Kostenträgerrechnung mittels SAP ERP® [sap]

nicht effizient genug. Aus diesem Grund werden **Enterprise Resource Planning (ERP)**-Systeme wie beispielsweise SAP ERP® (der Nachfolger von SAP R/3®) eingesetzt. Der Grundgedanke solcher Systeme ist, dass die Verantwortlichen jedes Funktionsbereichs im Unternehmen die für sie relevanten Daten in einem Gesamtsystem pflegen. In diesem System sind die Daten folglich zentral gespeichert. Dadurch wird es den Mitarbeitern zugleich ermöglicht, auf die Daten anderer Funktionsbereiche zuzugreifen. Da sämtliche Mitarbeiter mit den gleichen Daten arbeiten, können im Gegensatz zur Verwendung von Tabellenkalkulationsprogrammen keine redundanten Daten entstehen. Auch das Controlling als unterstützender Funktionsbereich profitiert in hohem Maße von solchen integrierten Systemen. Dies sei an dem folgenden Beispiel verdeutlicht.

In einem Unternehmen wurde ein neues Produkt entwickelt, welches nun im ERP-System „abgebildet“ werden soll. Eine Mitarbeiterin der Produktionsplanungsabteilung speichert dazu die Produktdaten zentral in dem ERP-System. Diese Daten enthalten unter anderem die voraussichtlichen Verbrauchsmengen der benötigten Rohstoffe sowie die Arbeitsschritte, die notwendig sind, um das Produkt zu fertigen. In diesem Zusammenhang bestimmt die Mitarbeiterin auch die Maschinen, auf denen das Produkt in verschiedenen Fertigungsstufen hergestellt wird. Ein Mitarbeiter der Einkaufsabteilung kann anschließend auf die Daten zugreifen und abrufen, welche Rohstoffe in welcher Menge benötigt werden. Diese Informationen braucht er, um Preise und Lieferkonditionen für die Rohstoffe auszuhandeln. Auch diese Daten werden anschließend im System gespeichert. In der Controllingabteilung können daraufhin auf der Grundlage all der hinterlegten Planungsdaten die Selbstkosten des Produkts kalkuliert werden. Die durch die einzelnen Arbeitsschritte entstehenden Fertigungskosten können dabei beispielsweise in Form einer Maschinenstundensatzrechnung in die Kalkulation eingehen. Der Verbrauch der Rohstoffe kann mit den ausgehandelten Einkaufspreisen bewertet werden, um die Materialeinzelkosten zu ermitteln. Will nun eine Vertriebsmitarbeiterin ein Kundenangebot erstellen, so kann sie auf das System zugreifen und direkt abrufen, wie hoch die Selbstkosten des Produktes sind oder welcher Deckungsbeitrag sich aus dem Auftrag ergibt. Durch die integrierte Verarbeitung der Daten ist dabei sichergestellt, dass alle Mitarbeiter zu jedem Zeitpunkt die gleichen Daten verwenden.

Die Eingabe der Daten selbst erfolgt im Rahmen von ERP-Systemen über standardisierte Oberflächen, die sogenannten „Masken“, in denen bestimmte Felder vom Nutzer ausgefüllt werden müssen. ERP-Systeme zeichnen sich gerade dadurch aus, dass sie die geschäftsprozessorientierten Daten in den Mittelpunkt stellen und nicht die Funktionsbereiche. Deshalb können die Mitarbeiter in sämtlichen Funktionsbereichen auf die für sie erforderlichen Daten zugreifen. Aufgrund dieser Strukturierung können ERP-Systeme vor allem eingesetzt werden, um funktionsübergreifende Prozesse zu begleiten. Gerade deshalb eignen sich derartige Systeme besonders gut für die Prozessrechnung. Denn um die im Rahmen der Prozessrechnung unterschiedenen Aktivitäten zu quantifizieren, können Kosteninformationen aus allen Funktionsbereichen abgerufen und zusammengeführt werden. Dennoch ermöglichen reine ERP-Systeme oftmals nur eine standardisierte Ausgabe der Daten. In der Praxis werden ERP-Systeme daher häufig mit Tabellenkalkulationsprogrammen oder Business Intelligence-Anwendungen (s.u.) verknüpft. Dies ermöglicht, überall im Unternehmen auf die relevanten Daten zuzugreifen und sie anschließend an die individuellen Bedürfnisse anzupassen. Ein typisches Beispiel dafür wäre, dass eine Controllerin die zentral gespeicherten Selbstkosten mehrerer hundert Produkte über SAP ERP® aufruft und anschließend in MS Excel® überführt. Dort kann sie die Daten übersichtlich anordnen und mit entscheidungsrelevanten Kommentaren versehen.

ERP-Systeme müssen an das konkrete Unternehmen und dessen Prozesse angepasst werden. Dies wird als „Customizing" bezeichnet. Bei dem Kauf eines ERP-Systems muss also stets auch die Dienstleistung der Anpassung in Anspruch genommen werden. Zudem können später weitere Anpassungen

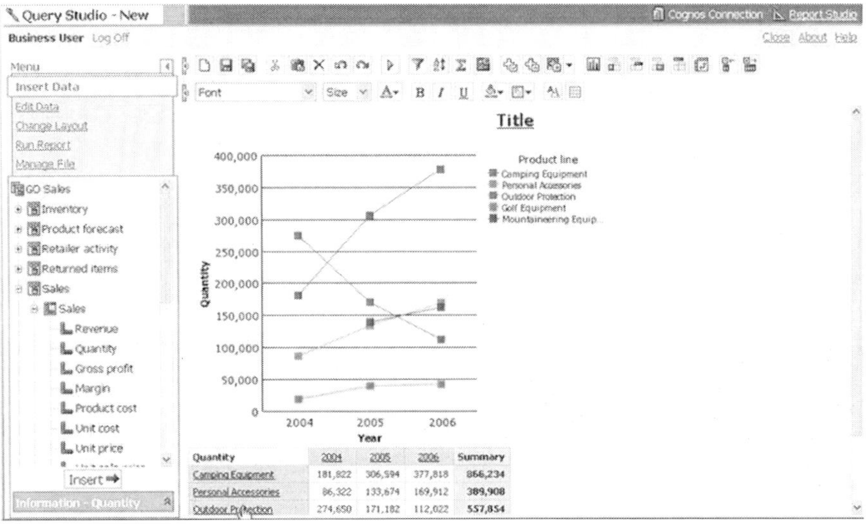

Abb. 9.3. Aufbereitung von Verkaufsdaten mittels Cognos 8 BI® [co]

notwendig sein, beispielsweise dann, wenn das Unternehmen umstrukturiert wird. Daher führt die Entscheidung, ein ERP-System einzuführen, regelmäßig zu erheblichen Kosten.

Neben den bereits dargestellten Werkzeugen hat in den letzten Jahren insbesondere der Markt der **Business Intelligence**-Anwendungen stark zugenommen. Dabei handelt es sich im Kern um Anwendungen, mit denen Unternehmensdaten zusammengetragen und analysiert werden können. Sie liefern Informationen, die operative oder auch strategische Entscheidungen unterstützen. Insofern gehören Business Intelligence-Anwendungen zu den analytischen Informationssystemen. Solche Systeme werden unter anderem von Cognos (vgl. Abb. 9.3) oder auch von SAP (SAP Netweaver BI®) angeboten. Sie zeichnen sich insbesondere dadurch aus, dass die Daten sehr flexibel angeordnet und grafisch dargestellt werden können. Wie sie im Zusammenhang mit der Kosten- und Erlösrechnung genutzt werden können, verdeutlicht das folgende Beispiel.

In der Vorstandssitzung soll entschieden werden, ob einer der Unternehmensstandorte aufgegeben oder weitergeführt wird. Als Entscheidungsgrundlage werden Informationen aus der Controllingabteilung angefordert. Dazu will eine Mitarbeiterin die Deckungsbeiträge verschiedener Produkte an verschiedenen Standorten für unterschiedliche Quartale des letzten Geschäftsjahres zusammentragen und miteinander vergleichen. Die Ergebnisse sollen in Diagrammen visualisiert werden, um sie anschließend dem Vorstand präsentieren zu können.

Eine solche Zusammenstellung verschiedener Produktions- und Verkaufsdaten und deren grafische Aufbereitung sind sehr zeitintensiv. Business Intelligence-Anwendungen übernehmen derartige Aufgaben und erlauben es, über einfaches Klicken die relevanten Daten miteinander in Beziehung zu setzen, sie wie gewünscht anzuordnen und darzustellen. Im Gegensatz zu Tabellenkalkulationsprogrammen erfolgt der Datenimport dynamisch, darum stehen auch stets aktuelle Unternehmensdaten zur Verfügung.

Eines der bekanntesten Business Intelligence-Konzepte ist das Online Analytical Processing (OLAP). Im Rahmen des OLAP werden die Daten multidimensional aufbereitet. Bei diesen Dimensionen kann es sich zum Beispiel um Produkte, Standorte oder Perioden handeln. Bei der Aufbereitung werden sämtliche Kombinationsmöglichkeiten dieser Dimensionen bestimmt. Alle Werte können dadurch im Vorfeld berechnet und anschließend gespeichert werden. Dies erlaubt einen sehr flexiblen Ungang mit den Daten, da sie bereits analysiert vorliegen.

Eine weitere Besonderheit ist, dass die mit den Dimensionen verbundenen Hierarchien ebenfalls integriert werden können. So können neben den Daten zu einem Produkt auch zugleich Daten zur gesamten Produktkategorie oder Sparte eingesehen werden. Neben den Daten zu einem Standort können auch Daten zur Region, zum gesamten Land oder gar dem ganzen Kontinent zusammengestellt werden. Folglich lassen sich diese Verfahren auch sehr gut für die relative Einzelkostenrechnung einsetzen, um damit beispielsweise eine Kundenrechnung durchzuführen, wie sie in Kapitel 6 dargestellt wurde.

Auch Business Intelligence lässt sich wiederum mit den bereits vorgestellten Informations- und Kommunikationssystemen verbinden. So können die Daten aus dem ERP-System SAP ERP® mithilfe der Business-Intelligence-Anwendung SAP NetWeaver BI® oder Cognos 8 BI® analysiert und anschließend in ein Tabellenkalkulationsprogramm wie MS Excel® überführt werden.

9.2 Die Rolle des Controllers im Wandel

Nachdem nun ein Einblick in die Werkzeuge gegeben wurde, die den Controller bei seiner täglichen Arbeit unterstützen, wird abschließend auf die Frage eingegangen, womit der Controller typischerweise seine Zeit verbringt. Die Beantwortung dieser Frage dürfte insbesondere für Studierende von Interesse sein, die sich in ihrem weiteren Werdegang vertiefend mit Controlling auseinandersetzen und gegebenenfalls später in diesem Feld arbeiten möchten.

Bereits im ersten Kapitel wurde verdeutlicht, dass jeder Studierende der Wirtschaftswissenschaften über Kenntnisse der Kosten- und Erlösrechung verfügen sollte, denn derartige Kenntnisse werden in der Praxis schlichtweg erwartet. Doch welche Voraussetzungen außer soliden Kenntnissen in dieser Disziplin werden an Mitarbeiter gestellt, die direkt im Controlling arbeiten möchten? Fragt man Nicht-Controller, wie sie sich typischerweise das Berufsbild des Controllers vorstellen, so stößt man oftmals auf Vorurteile. Diese Vorurteile ähneln denen, die auch gegenüber dem Finanzbuchhalter bestehen. So beschreibt Nadig (2000) das in vielen Köpfen vorherrschende Bild einer „trockenen", oft männlichen Person, die humorlos sämtliche Unternehmenszahlen verwaltet. Dabei wird mitunter unterstellt, Controller sowie Buchhalter hätten Probleme mit sozialen Kontakten und würden sich daher lieber hinter Zahlen und Tabellen verstecken und nur ungern mit anderen sprechen. Positiv wird diesen Berufsgruppen zugutegehalten, dass sie eine große Kompetenz besitzen. Daher wird oft und gern auf das Fachwissen des Controllers zurückgegriffen. Generell seien sie sehr präzise – vielleicht sogar zu präzise.

Auch wenn es in einigen Unternehmen noch Vertreter der Spezies „trockener Zahlenverwalter" geben mag, sind sie doch vom Aussterben bedroht. Gerade durch die neuen Möglichkeiten, die die Informations- und Kommunikationstechnologien bieten, ist es heutzutage kaum noch erforderlich, dass der Controller selbst mit Papier und Bleistift rechnet. Dadurch wurde ein Wandel ausgelöst, der das Berufsbild des Controllers nachhaltig veränderte. Aber nach wie vor ist die Controllingabteilung in vielen Unternehmen der zentrale Ansprechpartner, wenn Unternehmensdaten benötigt werden. Mitarbeiter aus dem Controlling rufen dabei die relevanten Informationen beispielsweise aus dem ERP-System ab und bereiten die Daten in Tabellenkalkulationsprogrammen übersichtlich auf. Die klassische Rolle als **Bereitsteller von Informationen** nimmt das Controlling somit auch heute noch ein. Allerdings wird diese Rolle, bei der der Controller als Sacharbeiter fungiert, heute teilweise dadurch eingeschränkt, dass auch Angehörige anderer Abteilungen über die IT-Systeme Zugang zu diesen Informationen erhalten können. Sofern ein solches System im Unternehmen verfügbar ist, kann ein Vertriebsmitarbeiter über ein ERP-System oder eine Business Intelligence-Anwendung die Selbstkosten der Produkte abrufen. Dafür ist er nicht mehr auf das Controlling angewiesen. Daher verliert diese herkömmliche Rolle des Controllings zunehmend an Bedeutung.

Im Zusammenhang damit, dass durch IT die Beschaffung von Informationen wesentlich vereinfacht wurde, hat sich der Schwerpunkt der Arbeit im Controlling verschoben. Statt der Beschaffung und Ermittlung von Daten steht nunmehr deren Analyse im Vordergrund. Angehörige des Controllings zählen dadurch zu den Mitarbeitern, die das Unternehmen und auch die Probleme, die in ihm bestehen, am besten kennen. Diese Gesamtsicht führt dazu, dass Controller im Unternehmen oftmals die Rolle **interner Berater** einnehmen. Zu den mit dieser Rolle verbundenen Aufgaben gehört es nicht nur, anderen bestimmte Unternehmenszahlen zu erläutern. Vielmehr werden gerade Angehörige des Controllings mit Projekten zur Effizienzsteigerung oder Kostenreduktion, wie sie in Kapitel 8 vorgestellt wurden, betraut und führen diese im Unternehmen durch. Zudem können Controller eine direkte Beratung des Managements übernehmen. Controller und Manager arbeiten dann als Team eng zusammen. Managern obliegt

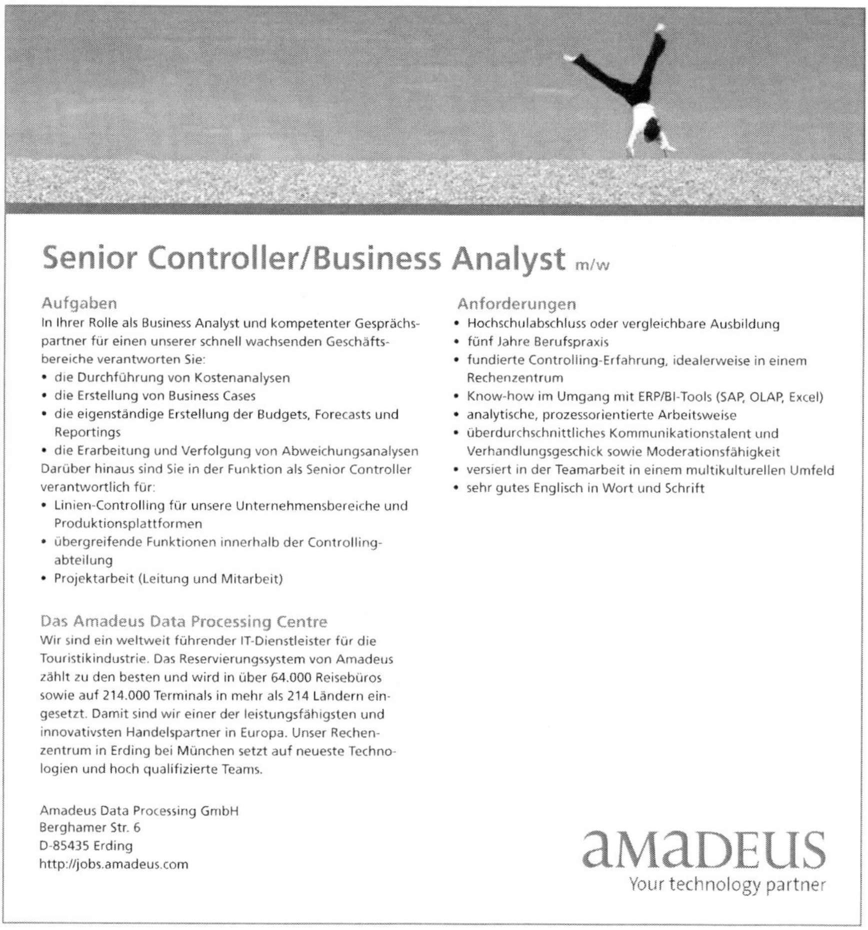

Abb. 9.4. An Controller werden vielfältige Anforderungen gestellt [am]

dabei die Rolle des Entscheiders und Controller versorgen sie mit den dazu relevanten Informationen. So ist der Controller beispielsweise dafür zuständig, die Folgen von Entscheidungen mittels der Kosten- und Erlösrechnung abzuschätzen und zu beurteilen.

Darüber hinaus können Controller auch selbst die Rolle des **Entscheiders** übernehmen, sofern ihnen die diesbezüglichen Kompetenzen eingeräumt werden. Das liegt darin begründet, dass sie über umfangreiche Kenntnisse des Unternehmens verfügen. Dabei kann es sogar zu einem Wechsel in eine Managementposition kommen. In diesem Fall wird von Controllern erwartet, dass sie ihre Fachkompetenz und Erfahrung einsetzen, um das Unternehmen zu führen. Allerdings wurde auch in diesem Buch häufig darauf hingewiesen, dass eine reine Sichtweise auf Kosten und Erlöse nicht ausreichen kann, um ein Unternehmen zu steuern. Aus diesem Grund ist es für Angehörige dieser Gruppe wichtig, sich nicht ausschließlich auf Zahlen zu konzentrieren.

Insgesamt kann festgehalten werden, dass der Umgang mit Menschen heute eine zentrale Bedeutung im Controlling aufweist. Soziale Kompetenz ist wichtig, da Controller vielseitig eingesetzt werden und dabei immer mit anderen Personen zusammenarbeiten. Die Stellenanzeige in Abbildung 9.4 verdeutlicht, dass die Anforderungen an Controller weit über den Umgang mit Zahlen hinausgehen.

Ein weiterer Aspekt, der in der Praxis immer mehr an Bedeutung gewinnt, betrifft die verstärkte Fokussierung auf das Kosten- und Erlösmanagement. Was mit einem bestimmten Verfahren erreicht werden kann, das heißt die damit verbundenen Ziele sowie die Schwächen, die berücksichtigt werden müssen, treten zunehmend in den Vordergrund. Das vorliegende Buch versucht dieser Entwicklung Rechnung zu tragen.

Weiterführende Literatur zu Kapitel 9

- Zu ERP-Systemen und speziell SAP vgl. Friedl/Hilz/Pedell (2008) und Dickersbach/Keller/Weihrauch (2006)
- Zu Business Intelligence vgl. Kemper/Mehanna/Unger (2004)
- Zu OLAP vgl. Messerschmidt/Schweinsberg (2003)
- Zur Rolle des Controllers vgl. Nadig (2000)

Aufgabenteil

Bitte besuchen Sie auch die Webseite www.springer.com/978-3-540-78437-1. Dort können Sie auf ein E-Learning-Programm mit weiteren Übungsaufgaben zugreifen.

Aufgabe 1 — Kapitel: 1

Ein Softwarehersteller hat 5 festangestellte Mitarbeiter, für die jährlich 112.500 € Personalkosten anfallen. Das Gebäude, in dem das Unternehmen seinen Sitz hat, verursacht 28.000 € Mietkosten pro Jahr. Die kalkulatorischen Zinsen betragen 24.500 €, die kalkulatorischen Abschreibungen 30.000 €, weitere laufende Kosten entstehen nicht.

Derzeit wird ein einziges Software-Programm entwickelt, das am Ende des Jahres Marktreife erlangen wird. Hinsichtlich der Produktionskosten wird geschätzt, dass bei diesem Produkt 2 € pro Stück für das Brennen auf eine DVD sowie 3 € pro Stück für eine Verpackung und ein Handbuch anfallen werden. Der Verkaufspreis soll bei 135 € pro Stück liegen. Das Unternehmen plant, dieses Jahr keine weiteren Produkte anzubieten.

1. Wie viel Stück von dem Produkt müssen dieses Jahr mindestens verkauft werden, damit das Unternehmen keinen Verlust macht?
2. Stellen Sie die in Teilaufgabe 1 ermittelte Erlös- und Kostensituation grafisch da.
3. Am Ende des Jahres stellt sich heraus, dass das entwickelte Programm erhebliche Fehler aufweist und daher regelmäßig zu Abstürzen führt. Es wird geschätzt, dass die endgültige Fertigstellung ein weiteres Jahr dauern wird. Da das Produkt mittlerweile allerdings nicht mehr allzu innovativ ist, werden sich dann nach Schätzungen bei einem Preis von 135 € insgesamt nur noch circa 1.800 Stück verkaufen lassen. Die variablen Kosten werden voraussichtlich unverändert bei 5 € pro Stück liegen. Alternativ könnte das Programm in

O. Plötner et al., *Kosten- und Erlösrechnung*, Springer-Lehrbuch, 2nd ed.,
DOI 10.1007/978-3-642-11920-0, © Springer-Verlag Berlin Heidelberg 2010

unfertigem Zustand für 60.000 € an einen anderen Softwareentwickler verkauft werden. Im nächsten Jahr könnte stattdessen ein anderes Produkt entwickelt werden, welches vermutlich insgesamt Umsatzerlöse von 180.000 € und variable Kosten von 4.000 € verursachen wird.

Wie hoch sind die relevanten Erlöse und Kosten dieser beiden Entscheidungsalternativen? Geben Sie an, für welche Alternative sich das Unternehmen entscheiden sollte.

Aufgabe 2 — Kapitel: 1, 2

In der Krüger & Co GBR soll der kalkulatorische Erfolg bestimmt werden. Dafür liegen die folgenden Informationen aus der Gewinn- und Verlustrechnung vor.

Gewinn- und Verlustrechnung 2007	
Umsatzerlöse	230.000 €
Steuerrückerstattung	23.000 €
Materialaufwand	40.000 €
Personalaufwand	65.000 €
Abschreibungen	54.000 €
Zinsaufwand	20.000 €
Außerordentlicher Aufwand	12.000 €
Spekulationsverluste	45.000 €
Pagatorischer Gewinn	**17.000 €**

Des Weiteren liegen folgende Informationen vor:

- Hinsichtlich der Kosten für Material und für das angestellte Personal gibt es keine Bewertungsdifferenzen im externen und internen Rechnungswesen.
- Herr Krüger leitet selbst die Geschäfte. Ein vergleichbares Gehalt würde in dieser Branche circa 4.500 € pro Monat betragen.
- Die berechneten kalkulatorischen Zinsen für das Jahr 2007 betragen 30.000 €.
- Die kalkulatorischen Abschreibungen betragen im Jahr 2007 60.000 €.

Aufgabe 3	**Kapitel: 1, 2**

Im Folgenden sind einige Geschäftsvorfälle aufgeführt, die in einem Bauunternehmen in einem Monat anfielen. Ordnen Sie den Geschäftsvorfällen die folgenden Grundbegriffe des Rechnungswesens zu:

A Grundkosten

B Anderskosten

C Zusatzkosten

D Zweckaufwand

E Neutraler Aufwand

Fertigungsmaterial im Wert von 10.000 € wird verbraucht. Es gibt keine Bewertungsdifferenzen zwischen externem und internem Rechnungswesen.	
Erfassung von 4.000 € kalkulatorischem Unternehmerlohn.	
Eine Gewerbesteuernachzahlung für das vergangene Jahr in Höhe von 8.000 € wird fällig.	
Für den Stromverbrauch im Betrieb fielen diesen Monat 600 € an.	
Für einen Firmenwagen wird Abschreibungsaufwand in Höhe von 2.500 € verbucht. Die kalkulatorischen Abschreibungen betragen 3.000 €.	
Es werden 2.500 € für die Arbeitsleistung der unentgeltlich mitarbeitenden Frau des Unternehmers erfasst.	
An eine soziale Einrichtung wird eine Geldspende in Höhe 1.000 € geleistet.	
Für die Bauarbeiter fielen Fertigungslöhne in einer Höhe von 72.000 € an.	
Aufgrund von Spekulationsverlusten werden 4.000 € Abschreibungen auf eine Finanzanlage erfasst.	
Die Geschäftsräume befinden sich in der längst abgeschriebenen Villa des Unternehmerehepaars. Für vergleichbare Geschäftsräume würden 1.500 € Miete anfallen.	

Aufgabe 4	**Kapitel: 2**

Eine Einzelunternehmerin führt ein kleines Berliner Hotel. Im Rahmen des Jahresabschlusses wurde die Gewinn- und Verlustrechnung für das Jahr 2007 erstellt. Nun soll das kalkulatorische Betriebsergebnis für dieses Jahr ermittelt werden.

Folgende Aufstellungen und Informationen liegen Ihnen vor:

Gewinn- und Verlustrechnung 2007	
Erträge aus Wertpapierverkäufen	9.200 €
Zinserträge	13.300 €
Umsatzerlöse	899.500 €
Wareneinsatz	247.000 €
Personalkosten	390.000 €
Abschreibungen auf abnutzbare Sachanlagen	105.000 €
Werbekosten	44.000 €
Sonstiger betriebsnotwendiger Aufwand	29.900 €
Aufwand für uneinbringliche Forderungen	5.000 €
Betriebliche Steuern	27.800 €
Steuernachzahlung für 2006	8.000 €
Zinsaufwand	4.320 €
Pagatorischer Gewinn	**60.980 €**

- Die abnutzbaren Sachanlagen umfassen alle betriebsnotwendigen Gegenstände des Anlagevermögens (Küchengeräte, Ausstattung der Gasträume und Hotelzimmer etc.). Ende 2007 wurden sie mit 245.000 € bilanziert.
- Nach verlässlichen Schätzungen müssen am Ende der Nutzungsdauer von 6 Jahren 513.000 € aufgewendet werden, um sie neu zu beschaffen. In dieser Summe sind die erwarteten Erlöse aus ihrem Verkauf bereits verrechnet.
- Im Durchschnitt des Jahres 2007 wurde mit einem betriebsnotwendigen Umlaufvermögen in Höhe von 300.000 € gearbeitet.
- Die Verbindlichkeiten aus Lieferungen und Leistungen betrugen im Jahresdurchschnitt 100.000 €. Die Verbindlichkeiten gegenüber Kreditinstituten wurden mit 230.000 € angesetzt.
- Guthaben auf dem Geschäftskonto werden bei der Hausbank mit 2% verzinst. Für Darlehensverbindlichkeiten zahlt die Unternehmerin 10% Zinsen. Der langfristige Kapitalmarktzins beträgt 5%.
- Der Aufwand für uneinbringliche Forderungen ist in diesem Monat überdurchschnittlich hoch. Üblich sind hier 1.000 € im Monatsdurchschnitt.
- Tabellen der Industrie- und Handelkammer (IHK) kann entnommen werden, dass in vergleichbaren Hotels als Entlohnung der Geschäftsführungstätigkeit ein Durchschnitt von 84.000 € jährlich angesetzt wird.

1. Ermitteln Sie die Summe der kalkulatorischen Abschreibung für 2007. Wenden Sie das lineare Verfahren an.
2. Berechnen Sie die kalkulatorischen Zinsen für 2007. Bei der Ermittlung des betriebsnotwendigen Kapitals gehen Sie für das Anlagevermögen von den im Jahre 2007 durchschnittlich gebundenen Restbuchwerten aus, für das Umlaufvermögen von dem durchschnittlich gebundenen Wert. Berücksichtigen Sie Abzugskapital.
3. Welche weiteren kalkulatorischen Kosten entnehmen Sie den obigen Informationen? Geben Sie die übliche Bezeichnung und ihre Höhe an.
4. Listen Sie nun sämtliche Erlöse und Kosten auf, die für das Jahr 2007 angesetzt werden können und ermitteln Sie daraus den kalkulatorischen Gewinn beziehungsweise Verlust.

Aufgabe 5 — Kapitel: 3

Ihnen liegt für den Monat Mai folgende kurzfristige Erfolgsrechnung eines Hotels vor:

Kurzfristige Erfolgsrechnung Mai 2007				
Beträge in€		Beherbergung	Speisen	Getränke
Umsatzerlöse	1.128.300,00	248.226,00	620.565,00	259.509,00
– Materialeinzelkosten	293.000,00		216.800,00	76.200,00
Rohgewinn	835.300,00	248.226,00	403.765,00	183.309,00
– Personaleinzelkosten	305.000,00	62.600,00	205.000,00	37.400,00
Bereichsergebnis	530.300,00	185.626,00	198.765,00	145.909,00
– Steuern, Versicherungen	24.400,00			
– Energie	59.940,00			
– Personalgemeinkosten	120.000,00			
– Verwaltung	101.200,00			
Σ Betriebsbedingte Kosten	305.540,00			
Betriebsergebnis 1	224.760,00			
– Abschreibungen	43.600,00			
– Zinsen	32.600,00			
– Instandhaltung*	32.800,00			
– Leasing	92.800,00			
Σ Anlagebedingte Kosten	201.800,00			
Betriebsergebnis 2	22.960,00			

*Instandhaltungsaufträge nach Kostenstellen:	
Restaurant	18.400,00
Beherbergung	2.100,00
Speisen	5.300,00
Getränke	7.000,00
Σ	32.800,00

1. Erstellen Sie den BAB für diese Abrechnungsperiode!

   Verwenden Sie die obigen Daten der kurzfristigen Erfolgsrechnung sowie die folgenden Schlüsselgrößen. Tragen Sie die Ergebnisse in den folgenden BAB ein!

Nach den folgenden Schlüsseln sollen die primären Gemeinkosten auf die Kostenstellen verteilt werden:

	Verwaltung	Restaurant	Beherbergung	Speisen	Getränke
Steuern, Versicherungen im Verhältnis:	1	5	40	10	5
Energiekosten in %	1,8%	4,8%	30,3%	57,7%	5,4%
Personalkosten in %	80,3%	19,7%			
Verwaltungskosten in %	100%				
Abschreibung in %	5,5%	14,0%	50,9%	28,2%	1,4%
Zinsen in %	4,9%	17,8%	43,9%	23,0%	10,4%
Instandhaltung	nach vorliegenden Aufträgen				
Leasing in %		10,2%	33,6%	43,0%	13,2%

Die innerbetriebliche Leistungsverrechnung erfolgt nach dem Stufenleiterverfahren. Zunächst werden die Kosten der Vorkostenstelle Verwaltung umgelegt, dann die Kosten der Vorkostenstelle Restaurant. Dafür werden die folgenden Schlüssel zugrunde gelegt:

Verwaltung	auf die Kostenstellen:	Restaurant	Beherbergung	Speisen	Getränke
	im Verhältnis:	1	6	3	2
Restaurant	auf die Kostenstellen			Speisen	Getränke
	im Verhältnis der aktuellen Umsatzerlöse dieser Kostenstellen				

2. Ermitteln Sie (im BAB) die Gesamtkosten, die auf die Endkostenstellen entfallen.

Betriebsabrechnungsbogen (BAB)

Gemeinkosten	**Vorkostenstellen**		**Endkostenstellen**			**Summe**
	Verwaltung	**Restaurant**	**Beherbergung**	**Speisen**	**Getränke**	
Steuern, Versicherungen						
Energiekosten						
Personalgemeinkosten						
Verwaltungskosten						
Abschreibung						
Zinsen						
Instandhaltung						
Leasing						
Summe primärer Gemeinkosten (Summe I)						
Umlage Verwaltung						
Umlage Restaurant						
Summe primärer und sekundärer Gemeinkosten (Summe II)						
Materialeinzelkosten						
Personaleinzelkosten						
Gesamtkosten						

Aufgabe 6 — Kapitel: 3

1. Bei der Betriebsabrechnung sind im Zuge einer Umstellung des IT-Systems einige Daten verloren gegangen. Sie erhalten die folgenden Informationen:

   - Die kalkulatorischen Abschreibungen werden nach Maßgabe des Inventarwerts der jeweiligen Kostenstelle verteilt. Dabei sind die Inventarwerte der Reparaturstelle und der Stromstelle gleich hoch.
   - Die „sonstigen Kosten“ werden auf alle Kostenstellen gleich verteilt.
   - Die Vorkostenstellen haben keinen Eigenverbrauch an Leistungen.
   - Die Stromstelle hat zwei Reparaturstunden in Anspruch genommen.

Bitte vervollständigen Sie die grau markierten Felder in dem folgenden Betriebsabrechnungsbogen (BAB). Es ist auch ggf. 0 einzutragen.

BAB Januar 2008		Vorkostenstellen			Endkostenstellen			Summen
Angaben in€		Wasser	Reparatur	Strom	Material	Fertigung	Verwaltung	
Hilfslöhne		100	300	50	300	700	50	
Abschreibungskosten		100			100	100	100	500
Mietkosten		50	50	50	100	100		400
Sonstige Kosten								600
Summe primärer Gemeinkosten		350	500				300	
Umlagen:	Verrechnungssätze							
Vorkostenstelle Wasser	1 € pro m³					160		400
Vorkostenstelle Reparatur		40		80		240	140	600
Vorkostenstelle Strom	100 € pro MWh	10	30		50		110	400
Summe primärer und sekundärer Gemeinkosten							600	

Zuschlagsbasis	Materialeinzelkosten	Fertigungslöhne	Herstellkosten
	1.600	2.000	
Zuschlagssätze in %			

2. Für die obige Betriebsabrechnung erfolgte die Ermittlung der Verrechnungssätze nach dem mathematischen Verfahren durch Aufstellen eines entsprechenden Gleichungssystems. Geben Sie diejenige Gleichung an, die die Leistungsverflechtungen der Vorkostenstelle Wasser abbildet.

Aufgabe 7 — Kapitel: 3

Ein Busunternehmer plant die Fahrleistung eines Busses mit 200.000 km im Jahr. Es wird mit einem Dieselkraftstoffverbrauch von 50 l pro 100 km gerechnet. Dafür wird ein Preis von 1,10 € pro Liter angesetzt. Zusätzlich werden noch Fixkosten in Höhe von 90.000 € anfallen.

Nach Ablauf des Planungszeitraumes stellt der Unternehmer fest, dass bei einer tatsächlichen Fahrleistung von 180.000 km 126.000 l Dieselkraftstoff verbraucht wurden. Der Liter Diesel kostete aber nur 0,85 €. Bei den Fixkosten gab es keine Preisdifferenzen.

Ermitteln Sie die Gesamtabweichung und die Teilabweichungen nach der flexiblen Plankostenstellenrechnung!

Aufgabe 8 — Kapitel: 3

In einer Werkshalle eines Metall verarbeitenden Unternehmens werden gusseiserne Heizkörper in einer Standardgröße hergestellt. Die Kostenstelle Fertigung dieser Werkshalle soll mit Hilfe der flexiblen Plankostenstellenrechnung auf ihre Wirtschaftlichkeit überprüft werden. Ihre Aufgabe ist es, die Prüfung der Kostenart Material – hier Eisenverbrauch – für den Abrechnungsmonat Juli zu übernehmen.

Dazu werden Ihnen folgende Daten zur Verfügung gestellt:

- Für den Monat Juli wurde aufgrund der Auftragslage geplant, 10 Heizkörper zu fertigen. Tatsächlich wurden jedoch 2 zusätzlich geordert und gefertigt.
- Ein gefertigter Heizkörper wiegt 47 kg. Für die Ermittlung des geplanten Materialverbrauchs wird damit gerechnet, dass bei der Verarbeitung ein durchschnittlicher Schwund von 2 kg Eisen für das Gießen und Schleifen eines jeden Heizkörpers entsteht. Zudem wird berücksichtigt, dass unabhängig von der Anzahl der gefertigten Heizkörper erfahrungsgemäß ein verschmutzter Rückstand von 10 kg geschmolzenem Eisen pro Monat aus dem Schmelzkessel entfernt werden muss.

- Pro kg Eisen wird ein Planpreis von 18 € pro kg veranschlagt. Für das im Juli verarbeitete Eisen musste jedoch ein Preis von 19 € pro kg gezahlt werden.
- Im Juli wurden insgesamt 586 kg Eisen verbraucht.

1. Berechnen Sie als Teilbeträge für die Kostenart Material die Plankosten und den Plankostenverrechnungssatz für den Abrechnungsmonat Juli.
2. Führen Sie eine Abweichungsanalyse für die Kostenart Material durch. Dokumentieren Sie Ihren Rechenweg und geben Sie sowohl die Gesamt- als auch die Einzelabweichungen an.
3. Das Unternehmen zahlt auf der Grundlage der Abweichungsanalyse eine Ersparnisprämie, um den Mitarbeiterinnen und Mitarbeitern der Fertigungsstelle einen Anreiz zum sparsamen Umgang mit dem Material zu geben. Wurde in dieser Hinsicht wirtschaftlich gearbeitet, so werden 80% der entsprechenden Kostendifferenz an das Fertigungsteam ausgezahlt.

   Geben Sie an, ob im Monat Juli eine Ersparnisprämie gezahlt wird und wie hoch diese gegebenenfalls ist.

Aufgabe 9	**Kapitel: 4**

Ein Unternehmen stellt diverse Industriegüter her. Aufgrund des hohen Gemeinkostenanteils wird unter anderem die Prozesskostenrechnung angewendet. Dabei wurde der Hauptprozess „RHB-Beschaffung" identifiziert, bei dem die benötigten Roh-, Hilfs- und Betriebsstoffe (RHB) bestellt, bei Eingang entgegengenommen und eingelagert werden. Zudem müssen die Vorgänge des Bestellens und Einlagerns jeweils dokumentiert werden. Die folgende Tabelle gibt einen Überblick über die am Hauptprozess „RHB-Beschaffung" beteiligten Kostenstellen.

Kostenstelle	Bestellwesen	Lager
Teilprozesse des Hauptprozesses „RHB-Beschaffung"	RHB bestellen	RHB annehmen
	Vorgänge dokumentieren	RHB einlagern
Primäre und sekundäre Kosten der Kostenstelle	78.000 €	70.000 €

In der Kostenstelle „Bestellwesen" entfallen 30% der gesamten Arbeitszeit auf das Bestellen der RHB, für die Dokumentation aller Bestellvorgänge (auch über RHB hinaus) werden 50% der Arbeitszeit benötigt. In der Kostenstelle „Lager" entfallen 20% der geleisteten Arbeitszeit auf die Annahme der RHB. Für die Einlagerung der RHB müssen 30% der Zeit veranschlagt werden.

Kostentreiber der Teilprozesse „RHB bestellen", „RHB annehmen" und „RHB einlagern" sind die Bestellungen von RHB; Kostentreiber des Teilprozesses „Vorgänge dokumentieren" sind die einzelnen Dokumentationsvorgänge. Dabei gilt es zu beachten, dass jede RHB-Beschaffung doppelt dokumentiert wird (bei Bestellung und bei Lieferung der RHB). Im betrachteten Zeitraum wurden insgesamt 500 Bestellungen von RHB getätigt und in der Kostenstelle Bestellwesen wurden insgesamt 3.000 Vorgänge dokumentiert. Das Verhältnis der leistungsmengenneutralen (lmn) zu leistungsmengeninduzierten (lmi) Prozesskosten beträgt in der Kostenstelle „Bestellwesen" 1 : 4, in der Kostenstelle „Lager" 1 : 5.

Kalkulieren Sie für den Hauptprozess „RHB-Bestellung" die Prozesskostensätze für die einzelnen Teilprozesse sowie den Hauptprozesskostensatz.

Aufgabe 10 — Kapitel: 4

Die Cubana GmbH produziert und vertreibt Zigarren. Um die Kapazitäten der fest angestellten Mitarbeiter besser nutzen zu können, wird eine Prozesskostenrechnung durchgeführt.

Das Unternehmen möchte eine Prozesskostenrechnung für die beiden Hauptprozesse „Aufträge abwickeln" und „Zigarren falten" durchführen. Die Kosten dieser Prozesse lassen sich auf die Kostenstellen „Logistik" und „Fertigung" zurückführen. Die folgende Tabelle gibt einen Überblick über die Haupt- und Teilprozesse und deren Personalintensität gemessen in „Full Time Employee" (FTE). Gehen sie hierbei davon aus, dass die Teilprozesse den Hauptprozessen jeweils zu 100 % zugeordnet werden können.

Hauptprozesse	Teilprozesse der Kostenstellen	
	Logistik	Fertigung
Aufträge abwickeln (Kostentreiber: Anzahl der Auftragseingänge)	Bestellungen verarbeiten (0,5 FTE)	Fertigungslogistik (1 FTE)
	Versand der Zigarren (0,5 FTE)	
Zigarren falten (Kostentreiber: Anzahl der Faltprozesse)	Ausgabe der Tabakblätter (1 FTE)	Tabak sortieren (2 FTE)
	Einlagern der Zigarren (1 FTE)	Tabak falten (6 FTE)

Die im betrachteten Zeitraum angefallenen leistungsmengenneutralen (lmn) und leistungsmengeninduzierten (lmi) Personalkosten verteilen sich wie folgt auf die Kostenstellen:

Kosten \ Kostenstelle	Logistik	Fertigung
Personalkosten (insgesamt)	12.000 Euro	22.000 Euro
Verhältnis von lmn zu lmi Personalkosten	1 : 5	1 : 10

Im Zeitraum, auf den sich die obigen Daten beziehen, wurden 460 Aufträge abgewickelt und 22.400 Faltprozesse vollzogen. Ein FTE entspricht 2.000 €.

1. Bestimmen Sie die Lmn-Umlagesätze.
2. Bestimmen Sie die Kosten der Teil- und Hauptprozesse und tragen Sie Ihre Lösungen in die dafür vorgesehen Kästchen ein.

Hauptprozesse	Teilprozess-Kosten der Kostenstellen		Haupt-prozess-Kosten
	Logistik	Fertigung	
Aufträge abwickeln	Bestellung verarbeiten	Fertigungssteuerung	
	Versand der Zigarren		
Zigarren falten	Ausgabe der Tabakblätter	Tabak sortieren	
	Einlagern der Zigarren	Tabak falten	

3. Bestimmen Sie die Hauptprozesskostensätze.

Aufgabe 11 — Kapitel: 5

Ein Hersteller von Sportgeräten stellt zwei Sorten von Tennisschlägern her, den Typ „Standard" und den Typ „Pro". Für 2007 wurden die Selbstkosten mithilfe der differenzierenden Zuschlagskalkulation auf der Basis der folgenden Plandaten kalkuliert.

Tennisschläger-Typ	„Standard"	„Pro"
Produktions- und Absatzmenge	1.500 Stück	2.000 Stück
Absatzpreis	68 €	99 €
Materialeinzelkosten	15 €	30 €
Fertigungseinzelkosten	22 €	20 €
Materialgemeinkosten	50 % auf die Materialeinzelkosten	
Fertigungsgemeinkosten	75 % auf die Fertigungseinzelkosten	
Verwaltungs- und Vertriebsgemeinkosten	10 % auf die Herstellkosten	

Ende des Jahres 2007 wird festgestellt, dass diese Produktions- und Absatzmengen für beide Tennisschlägertypen eingehalten wurden. Auch die Absatzpreise, die Einzelkosten sowie der Zuschlagssatz für die Verwaltungs- und Vertriebsgemeinkosten sind nicht von den Plandaten abgewichen. Abweichend von den in die Vorkalkulation eingegangenen Daten betrugen jedoch die Materialgemeinkosten 49.500 €, die Fertigungsgemeinkosten 58.400 € und Verwaltungs- und Vertriebsgemeinkosten fielen in Höhe von 39.510 € an.

1. Ermitteln Sie die für das Jahr 2007 vorkalkulierten Selbstkosten für einen Tennisschläger vom Typ „Standard" und „Pro".
2. Ermitteln Sie die im Jahr 2007 tatsächlich angefallenen Selbstkosten für einen Tennisschläger vom Typ „Standard" und „Pro".

Aufgabe 12 — Kapitel: 5

In einem Betrieb wird Porzellanerde hergestellt. Im Februar 2008 betragen die Herstellkosten 419.000 € und die Verwaltungs- und Vertriebskosten 90.000 €. Gehen Sie davon aus, dass es während des Produktions- und Lagerprozesses zu keinerlei Materialverlust kommt. Des Weiteren sind die folgenden Informationen gegeben.

Fertigungsstufen	Im Februar 2008 produzierte Menge pro Fertigungsstufe	Lagerbestände Anfang Februar 2008 Menge	Lagerbestände Anfang Februar 2008 Wert	Lagerbestände Ende Februar 2008 Menge	Herstellkosten pro Fertigungsstufe im Februar 2008
Förderung des Rohmaterials	8.000 t	2.000 t	20 €/t	1.000 t	176.000 €
Aufbereitung des Rohmaterials zu Porzellanerde	9.000 t	3.000 t	45 €/t	5.000 t	173.000 €
Verpackung der Porzellanerde	7.000 t	2.000 t	54 €/t	4.000 t	70.000 €

Kalkulieren Sie die folgenden Größen für Februar 2008. Wenden Sie dafür die mehrstufige Divisionskalkulation und die LIFO-Methode („Last-In-First-Out“) an.

Herstellkosten des im Februar 2008 gewonnenen Rohmaterials pro t	
Wert des Endbestandes an Rohmaterial	
Wert des zur Aufbereitung eingesetzten Rohmaterials	
Herstellkosten pro Tonne aufbereiteter Porzellanerde	
Wert des Endbestandes an aufbereiteter Porzellanerde	
Wert der zur Verpackung eingesetzten aufbereiteten Porzellanerde	
Herstellkosten pro Tonne verpackter Porzellanerde	
Wert des Endbestandes an verpackter Porzellanerde	
Gesamte Herstellkosten der abgesetzten Porzellanerde	
Selbstkosten pro Tonne abgesetzter Porzellanerde	

Aufgabe 13 — Kapitel: 5

Ein spanischer Olivenölhersteller produziert drei Sorten Olivenöl: Extra-Virgen, ein hochwertiges Speiseöl aus der ersten Pressung, Virgen aus den weiteren Pressungen und Oliva, das aus den verbleibenden Rückständen, den Kernen und Schalen, gewonnen wird. In den letzten Monaten hat sich herausgestellt, dass der Absatz von Oliva rückläufig ist. Folgende Alternativen stellen sich für die Zukunft:

a) weiterhin die drei Sorten Öl herzustellen und als Hauptprodukte zu behandeln oder

b) die Produktion auf die Sorten Extra Virgen und Virgen zu beschränken, die Rückstände als Nebenprodukt zu behandeln und an einen anderen Produzenten zu verkaufen.

Ihre Aufgabe ist, aus den folgenden Informationen eine vergleichende Kalkulation der Herstellkosten zu erstellen, die als Entscheidungsgrundlage dienen soll.

Produkte	Aus der Pressung gewonnene Mengen	Kosten der Weiterverarbeitung	Abgefüllte Flaschen	Erlös pro Flasche
Extra Virgen	50.000 l Öl	25.000 €	50.000 Fl.	5,00 €
Virgen	80.000 l Öl	40.000 €	80.000 Fl.	3,00 €
Oliva	175.000 kg Rückstände	40.000 €	50.000 Fl.	1,50 €

Die Kosten der Verarbeitungsstufe „Pressen" beliefen sich im letzten Jahr auf 282.500 €. Da sie aufgrund des Produktionsverfahrens nicht verursachungsgerecht zugerechnet werden können und die Absatzmengen großen Schwankungen unterliegen, sollen die Kosten im Verhältnis der für die abgefüllten Flaschen erzielbaren Erlöse verteilt werden.

1. Kalkulieren Sie zunächst die Herstellkosten pro Flasche für die drei Hauptprodukte (Situation a).
2. Kalkulieren Sie die Herstellkosten pro Flasche Extra Virgen und Virgen unter der Annahme, dass die Rückstände der Pressungen zu 0,36 € pro kg verkauft werden (Situation b). Für eine versandgerechte Verpackung würden bei der gegebenen Menge etwa 1.000 € zusätzliche Kosten anfallen.
3. Wie hoch sind in der jeweiligen Situation die gesamten für die Kalkulation zu berücksichtigenden Kosten, die den Hauptprodukten insgesamt zugerechnet werden? Für welche Alternative (Situation a oder b) sollte sich das Unternehmen entscheiden?

Aufgabe 14 — Kapitel: 5

Eine Gruppe von Studierenden beschließt, den Druck von Taschenkalendern in Auftrag zu geben, die speziell unter den Kommilitonen verkauft werden sollen. Um damit unterschiedliche Zielgruppen anzusprechen, sollen drei Varianten produziert werden: ein „Karriere"-Kalender, ein „Comic"-Kalender und ein „Bewegte-Frauen"-Kalender.

Jeder Kalender soll zunächst aus einer 100 Seiten umfassenden Jahresübersicht mit Vorlesungszeiten, Universitätsadressen etc. bestehen. Zusätzlich soll der „Karriere"-Kalender 56 Seiten mit Firmenadressen, Kontaktpersonen etc. enthalten, der „Comic"-Kalender 44 Seiten mit Zeichnungen und der „Bewegte-Frauen“-Kalender 20 Seiten mit Seminarangeboten und Kurzbiographien berühmter Frauen. Für die Bindung wählen sie Hartpappe mit unterschiedlicher Prägung und Farbgebung für die jeweiligen Kalendervarianten.

Für ihren Produktionsauftrag von 8.000 Kalendern (3.000 „Karriere“-, 4.000 „Comic“- und 1.000 „Bewegte-Frauen“-Kalender) stellt die Druckerei inklusive Druck und Bindung einen zuvor ausgehandelten Pauschalpreis von 52.380,00 € netto in Rechnung. Von der Druckerei hatten die Studierenden bereits die Auskunft erhalten, dass sich der gesamte Produktionsaufwand für ihren Auftrag proportional zur Seitenzahl der Druckvorlagen verhalte.

1. Ermitteln Sie auf der Basis dieser Informationen Äquivalenzziffern für die Kalendervarianten. Wählen Sie als Richtsorte den Kalender-Grundtyp, die 100 Seiten umfassende Jahresübersicht mit den üblichen universitären Erweiterungen.
2. Ermitteln Sie die Herstellkosten pro Kalender und pro Kalendervariante.

Aufgabe 15	**Kapitel: 5**

Ein Computerhändler erhält einen Auftrag über 50 Computer, die alle gleich beschaffen sein sollen, da sie als Arbeitsplatzterminals dienen sollen. Der Händler muss nun einen einzelnen Computer kalkulieren, um ein Angebot machen zu können. Dafür stehen ihm die folgenden Daten zur Verfügung.

- Insgesamt entstehen für den Auftrag Materialeinzelkosten (für Festplatten, Laufwerke, Mainboard etc.) in Höhe von 50.000 €.
- Der Materialgemeinkostenzuschlag beträgt 40%.
- Für einen einzelnen Computer fallen Fertigungseinzelkosten in Höhe von 50 € an.
- Die Fertigungsgemeinkosten sollen anhand der Zeit zum Zusammensetzen eines Computers verrechnet werden. Es ist bekannt, dass ein Techniker für den Zusammenbau eines Computers 2 Stunden benötigt. Sein Stundenlohn macht 60 € aus.
- Der Zuschlagssatz für Verwaltungs- und Vertriebsgemeinkosten beträgt insgesamt 5%.

- Für einen Computer soll ein Gewinn von 61,50 € erzielt werden.
- Es wird kein Skonto gewährt. Bei diesem Auftrag soll ein Rabatt auf den Nettoverkaufspreis in Höhe von 5% gewährt werden.
- Die Umsatzsteuer beträgt 19%.

1. Kalkulieren Sie zunächst den Nettoverkaufspreis für einen einzelnen Computer.
2. Erstellen Sie dann das Angebot, das der Computerhändler dem Kunden für 50 Computer erstellt. Weisen Sie dabei den gewährten Rabatt aus und geben Sie den Netto- und Brutto-Angebotspreis für 50 Computer an.

Aufgabe 16 Kapitel: 5

Ein Speditionsunternehmen hat mit einem Maschinenbauunternehmen einen Vertrag über den Transport dreier unterschiedlicher Produkte abgeschlossen. Der Transport findet dabei einmal pro Woche auf einer bestimmten Strecke in einem Konvoi von 10 LKWs statt. Für diesen regelmäßigen Güterverkehr sind unter anderem die Transporterlöse pro Stück und die maximal zu transportierenden Mengen pro Woche genau fixiert. Dem Spediteur ist es darüber hinaus überlassen worden, die optimale Auslastung der LKWs zu bestimmen. Der Fuhrpark des Speditionsunternehmens besteht aus den oben genannten 10 LKWs. Jeder LKW verfügt über eine Ladefläche von 25 m².

(Für die folgenden durchzuführenden Rechnungen sind das Volumen bzw. die Höhe der Produkte nicht relevant. Die Produkte werden nur nebeneinander, nicht übereinander gestapelt.)

Aus den Büchern des Speditionsunternehmens sind die folgenden Daten bekannt:

	Maximal zu transportierende Menge pro Woche (in Stück/Woche)	Variable Kosten des Transports (in €/Stück)	Transporterlöse (in €/Stück)
Produkt A	40	3,00	5,50
Produkt B	60	1,70	3,00
Produkt C	54	3,60	6,00

1. Berechnen Sie den Stückdeckungsbeitrag pro Produkt.
2. Die Produkte A, B und C beanspruchen unterschiedlich viel Ladefläche. Dabei ist von folgenden Daten auszugehen:

	beanspruchte Ladefläche
Produkt A	2 m²/Stück
Produkt B	1,25 m²/Stück
Produkt C	2,5 m²/Stück

Berechnen Sie die wöchentliche deckungsbeitragsmaximale Beladung pro Konvoi. Rechnen Sie mit 52 Wochen pro Jahr.

3. Berechnen Sie nun, ausgehend von der unter 2. berechneten optimalen Beladestruktur, den jährlichen Gewinn des Speditionsunternehmens, wenn Fixkosten in Höhe von 7.000 €/Jahr angefallen sind.

Aufgabe 17 — Kapitel: 6

Ein Unternehmen vermarktet die kundenspezifische Entwicklung von IT-Systemen sowie die Installation dieser Systeme. Zusätzlich werden Schulungen für die Mitarbeiter angeboten, um ihnen den Umgang mit dem neuen System zu erläutern. Mit diesen Leistungen zielt das Unternehmen auf zwei Kundengruppen ab: größere Industrieunternehmen und kleinere mittelständische Handelsunternehmen. Die folgende Tabelle zeigt die jeweiligen Kunden sowie deren erwartete Umsätze, Entwicklungs- und Installationskosten.

Angaben in€	Kundengruppe „Industrie"		Kundengruppe „Handel"		
	Kunde A	Kunde B	Kunde C	Kunde D	Kunde E
Umsätze	270.000	340.000	67.000	82.500	36.000
Entwicklungskosten	98.000	121.000	22.800	34.000	12.200
Installationskosten	116.000	90.800	14.100	18.200	8.000

Die Schulungen finden in den Unternehmen statt. Für die Kunden A und B gibt es jeweils spezielle Schulungsteams, denen 74.000 € bzw. 51.000 € Kosten zugeordnet werden können. Ein weiteres Schulungsteam führt die Schulungen für die Kunden C, D und E durch. Dafür fallen insgesamt Kosten in Höhe von 48.000 € an.

Da die Industrieunternehmen aufgrund des größeren Auftragsvolumens auch mehr Umsätze erwirtschaften, gibt es einen Key Account Manager, der diese Kundengruppe speziell fördert. Für seine Leistungen fallen 43.000 € pro Jahr an Kosten an. Die zentrale Verwaltungsabteilung verursacht Kosten in Höhe von 58.000 €, die Geschäftsführung weitere 65.000 €.

1. Bestimmen Sie gemäß der bereichsbezogenen Deckungsbeitragsrechnung den Deckungsbeitrag I bis III sowie das erwartete Gesamtergebnis.
2. Identifizieren Sie eine Möglichkeit, das Ergebnis zu verbessern.
3. Der Kunde A fordert einen Preisnachlass von 20% auf sämmtliche bislang vereinbarten Leistungen. Dafür ist er bereit, noch einen weiteren Auftrag in Höhe von 144.000 € an das Unternehmen zu vergeben. Es wird geschätzt, dass dadurch weitere Kosten in Höhe von 62.000 € anfallen.
   Sollte dieser zusätzliche Auftrag angenommen werden?

Aufgabe 18 — Kapitel: 7

Das Unternehmen Chic Bijou stellt ausgefallenen Modeschmuck her und verkauft ihn im eigenen Laden. Weil eine große Anzahl von Farbvariationen angeboten wird, beschränkt sich das Sortiment auf die drei Produktreihen „A", „B" und „C". Das kurzfristige Betriebsergebnis für den Monat Dezember soll ermittelt werden. Dafür stehen folgende Daten zur Verfügung:

Schmuckstück	A	B	C
Produktionsmenge (in Stück)	1.000	2.000	3.000
Lagerbestandsveränderungen (in Stück)	–200	+400	0
Herstellkosten (in €/Stück)	20	16	15
Verkaufspreis (in €/Stück)	30	25	21
GK für Verwaltung/Vertrieb (in €)	4.000	9.600	23.800

Ermitteln Sie das Betriebsergebnis für den Monat Dezember 2007 mit Hilfe des Gesamtkostenverfahrens und unter Verwendung der folgenden Kontodarstellung. Die Lagerbestandsveränderungen sollen dabei zu Herstellkosten bewertet werden. Gehen Sie davon aus, dass die Herstellkosten pro Stück im Laufe des Jahres konstant blieben.

Kosten	Betriebsergebniskonto Erlöse

Aufgabe 19 — Kapitel: 7

Eine Malermeisterin hat sich mit einem Farbhandel selbständig gemacht. Ihr einziges Produkt ist eine eigens von ihr entwickelte Farbmischung.

Am 1. Juli 2007 befanden sich im Lager noch 300 im vergangenen Monat produzierte Eimer Farbe. Sie wurden mit Herstellkosten von 50 € pro Eimer bewertet. Diese Herstellkosten blieben über das gesamte Jahr gleich.

Im Juli 2007 wurden 1.500 Eimer Farbe zum Preis von 60 € pro Stück verkauft. Die gesamten Kosten des Monats betrugen 67.500 €. Die Produktionsmenge betrug das ganze Jahr über konstant 1.200 Stück pro Monat.

1. Berechnen Sie die Selbstkosten pro Eimer Farbe für den Juli 2007 nach dem Verfahren der zweistufigen Divisionskalkulation.
2. Ermitteln Sie mit Hilfe des folgenden Kontos den Periodenerfolg für den Juli 2007 unter Verwendung des Umsatzkostenverfahrens.

Kosten	Betriebsergebniskonto Erlöse

Aufgabe 20 — Kapitel: Alle

Beurteilen Sie, ob die folgenden Behauptungen richtig oder falsch sind.

	richtig	falsch
1. Bei vollständiger Lagerräumung in jeder Periode hat die Wahl des Sammelbewertungsverfahrens (Lifo, Fifo, Hifo, Durchschnittsmethode) keinen Einfluss auf das Betriebsergebnis.	□	□
2. Wenn auf die Selbstkosten ein Gewinnaufschlag berechnet wird, dient dieser unter anderem dazu, die erfolgsunabhängigen Gehälter des Managements zu bezahlen.	□	□
3. Bei der Äquivalenzziffernkalkulation werden die Herstellkosten der einzelnen Sorten nach den Outputmengen der jeweiligen Kostenträger geschlüsselt.	□	□

	richtig	falsch
4. Ohne Kostenstellenrechnung ist eine Produktrechnung nicht möglich.	☐	☐
5. Der zusätzliche Ansatz von kalkulatorischem Unternehmerlohn erhöht den pagatorischen Erfolg.	☐	☐
6. Divisionskalkulationsverfahren sind insbesondere für homogene Produkte geeignet.	☐	☐
7. Das mathematische Verfahren ist stets genauer als das Stufenleiterverfahren.	☐	☐
8. Wenn der Deckungsbeitrag eines Produktes 0,50 € beträgt, dann liegen auch die variablen Stückkosten bei 0,50 €.	☐	☐
9. Für die Erlösermittlung beim Umsatzkostenverfahren wird die Anzahl der produzierten Güter zugrunde gelegt.	☐	☐
10. Die Betriebszweckbezogenheit ist eine notwendige Bedingung dafür, dass Aufwandsposten aus der Finanzbuchhaltung als Kosten in die Kostenrechnung eingehen.	☐	☐
11. Wird im internen und im externen Rechnungswesen die lineare Abschreibungsmethode gewählt, dann sind die jährlichen Raten der kalkulatorischen und der pagatorischen Abschreibung stets gleich.	☐	☐
12. Die im Betriebsabrechnungsbogen (BAB) erfassten Kostenstelleneinzelkosten sind immer Kostenträgergemeinkosten und in jedem Fall unternehmensbezogene Einzelkosten.	☐	☐
13. Der BAB dient dazu, sekundäre Kostenträgergemeinkosten in primäre Kostenträgergemeinkosten zu verrechnen.	☐	☐
14. Eine Deckungsbeitragsrechnung kann auch in einem Ein-Produkt-Betrieb sinnvoll sein.	☐	☐
15. Für die Endkostenstellen sind die von den Vorkostenstellen empfangenen Leistungen sekundäre Gemeinkosten.	☐	☐
16. In der Prozesskostenrechnung werden die Kostenträgergemeinkosten nach dem Anlastungsprinzip auf die Kostenstellen im BAB verteilt.	☐	☐
17. Wenn bei der Maschinenstundensatzrechnung Leerlaufzeit und Hilfszeit gleich null sind, ist die Nutzungszeit gleich der Lastlaufzeit.	☐	☐
18. Im Break-Even-Punkt gilt, dass der Deckungsbeitrag gleich den Fixkosten ist.	☐	☐

	richtig	falsch
19. Ein Nachteil des UKV ist, dass die Bestände an Halb- und Fertigfabrikaten durch Inventuren erfasst und bewertet werden müssen.	□	□
20. Ein Vorteil der Vollkostenrechnung ist, dass die Gemeinkostenschlüsselung verursachungsgerecht vorgenommen werden kann.	□	□
21. Die Verteilung der Kostenstellengemeinkosten zur Ermittlung der primären Gemeinkosten im BAB erfolgt nach dem Beanspruchungsprinzip durch Umlage der Gemeinkosten auf nachgelagerte Kostenstellen mit Hilfe eines Verrechnungssatzes.	□	□
22. Bei dem Target Costing wird aus den Plankosten einzelner Profit Center der Zielpreis eines Produktes abgeleitet.	□	□
23. Bei der Prozesskostenrechnung steigen die Kosten für den Vertriebsprozess grundsätzlich proportional zu den steigenden umsatzbezogenen Herstellkosten.	□	□
24. Die Maschinenstundensatzrechnung weicht lediglich bei der Ermittlung der Fertigungskosten von der Zuschlagskalkulation ab.	□	□
25. Für eine Preisentscheidung bei Vollbeschäftigung sollten stets auch die Deckungsbeiträge verdrängter Alternativen berücksichtigt werden.	□	□
26. EVA ist eine Erfolgsgröße, die aus bilanzpolitischen Gründen auf der Grundlage interner Daten ermittelt wird und den extern ermittelten Erfolg ersetzt.	□	□
27. Nach dem Erfahrungskurvenkonzept können dynamische Skaleneffekte durch die Gesamtmenge der hergestellten Produkte entstehen.	□	□
28. Die Gemeinkostenwertanalyse ist ein am Budgetinput orientiertes Verfahren.	□	□
29. Das Zero Based Budgeting sollte in Krisensituationen eingesetzt werden, wenn der Fortbestand des Unternehmens in Gefahr ist.	□	□
30. Die Lebenszykluskostenrechnung zeigt, dass ein Produkt bereits vor der Marktphase einen Produkterfolg erzielen kann.	□	□

Lösungsteil

Lösung Aufgabe 1	**Kapitel: 1**

1. Damit kein Verlust vorliegt muss der Gewinn mindestens = 0 sein, bzw. die Erlöse müssen den Kosten entsprechen. Es muss also gelten:

   Erlöse = Kosten

   Daraus lässt sich die erforderliche Absatzmenge (bzw. Break-Even-Menge) wie folgt ermitteln:

   Preis · Menge = Fixkosten + variable Stückkosten · Menge
   (Preis – variable Stückkosten) · Menge = Fixkosten
   Menge = Fixkosten : (Preis – variable Stückkosten)
   = (112.500 € + 28.000 € + 24.500 € + 30.000 €) : (135 €/St. – 2 €/St. – 3 €/St.)
   = 195.000 € : 130 €/St.
   = 1.500 St.

2. Graphische Darstellung des Ergebnisses

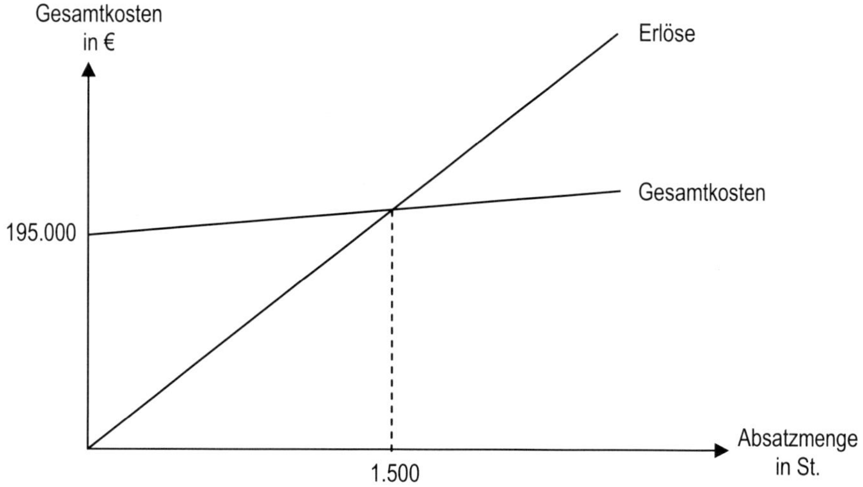

3. Ermittlung der relevanten Erlöse und Kosten der beiden Entscheidungsalternativen und Bestimmung der Alternative, für die sich das Unternehmen entscheiden sollte

Relevante Erlöse und Kosten einer Entscheidungsalternative sind diejenigen, die nur anfallen, wenn die Entscheidung getroffen wird. Zwischen den Alternativen sollte sich das Unternehmen auf der Grundlage der jeweiligen Differenz aus relevanten Erlösen und Kosten, also des Deckungsbeitrags entscheiden. Die Alternative mit höherem Deckungsbeitrag ist die günstigere.

Alternative 1: Produkt weiterproduzieren	
Relevante Erlöse:	1.800 St. · 135 €/St. = 243.000 €
Relevante Kosten:	1.800 St. · 5 €/St. = 9.000 €
Deckungsbeitrag der Entscheidung:	243.000 € – 9.000 € = 234.000 €

Alternative 2: Neues Produkt produzieren und altes Produkt verkaufen	
Relevante Erlöse:	60.000 € + 180.000 € = 240.000 €
Relevante Kosten:	4.000 €
Deckungsbeitrag der Entscheidung:	240.000 – 4.000 € = 236.000 €

Da der Deckungsbeitrag bei Alternative 2 höher ist, ist es ökonomisch sinnvoller, das neue Produkt zu produzieren und das alte Produkt zu verkaufen.

Lösung Aufgabe 2 — Kapitel: 1, 2

Aus den Zusatzinformationen ist noch der kalkulatorische Unternehmerlohn zu bestimmen:

$$4.500\,€ \cdot 12 = 54.000\,€.$$

Der kalkulatorische Erfolg kann bestimmt werden, indem ausgehend vom pagatorischen Gewinn die jeweiligen neutralen Erträge und Aufwandsposten herausgerechnet, Anderskosten mit dem betreffenden Zweckaufwand verrechnet und Zusatzkosten zusätzlich abgezogen werden. Daraus ergibt sich:

	Pagatorischer Gewinn	17.000 €
–	Steuerrückerstattung	23.000 €
+	Spekulationsverluste	45.000 €
+	Außerordentlicher Aufwand	12.000 €

+	Zinsaufwand	20.000 €
–	Kalkulatorische Zinsen	30.000 €
+	Pagatorische Abschreibungen	54.000 €
–	Kalkulatorische Abschreibungen	60.000 €
–	Kalkulatorischer Unternehmerlohn	54.000 €
=	Kalkulatorischer Verlust	–19.000 €

Alternativ können ausgehend von den Erlösen alle Kosten abgezogen werden. Daraus ergibt sich:

	Umsatzerlöse	230.000 €
–	Materialkosten	40.000 €
–	Personalkosten	65.000 €
–	Kalkulatorischer Unternehmerlohn	54.000 €
–	Kalkulatorische Zinsen	30.000 €
–	Kalkulatorische Abschreibungen	60.000 €
=	Kalkulatorischer Verlust	–19.000 €

Lösung Aufgabe 3 — Kapitel: 1, 2

1. Fertigungsmaterial im Wert von 10.000 € wird verbraucht. Es gibt keine Bewertungsdifferenzen zwischen externem und internem Rechnungswesen.	A, D
2. Erfassung von 4.000 € kalkulatorischem Unternehmerlohn.	C
3. Eine Gewerbesteuernachzahlung für das vergangene Jahr in Höhe von 8.000 € wird fällig.	E
4. Für den Stromverbrauch im Betrieb fielen diesen Monat 600 € an.	A, D
5. Für einen Firmenwagen wird Abschreibungsaufwand in Höhe von 2.500 € verbucht. Die kalkulatorischen Abschreibungen betragen 3.000 €.	D, B
6. Es werden 2.500 € für die Arbeitsleistung der unentgeltlich mitarbeitenden Frau des Unternehmers erfasst.	C
7. An eine soziale Einrichtung wird eine Geldspende in Höhe 1.000 € geleistet.	E
8. Für die Bauarbeiter fielen Fertigungslöhne in einer Höhe von 72.000 € an.	A, D
9. Aufgrund von Spekulationsverlusten werden 4.000 € Abschreibungen auf eine Finanzanlage erfasst.	E
10. Die Geschäftsräume befinden sich in der längst abgeschriebenen Villa des Unternehmerehepaars. Für vergleichbare Geschäftsräume würden 1.500 € Miete anfallen.	C

Lösung Aufgabe 4 Kapitel: 2

1. Ermittlung der kalkulatorischen Abschreibung für 2007 nach dem linearen Verfahren

   (Wiederbeschaffungswert – Liquidationserlös) : Nutzungsdauer =
   513.000 € : 6 = 85.500 €

2. Ermittlung der kalkulatorischen Zinsen für 2007

   Zur Bestimmung des betriebsnotwendigen Vermögens muss noch das durchschnittlich gebundene Anlagevermögen bestimmt werden, und zwar auf der Grundlage der pagatorischen Restbuchwerte. Der Wert für Ende 2007 ist mit 245.000 € angegeben. Da sich der in der GuV erfasste Abschreibungsaufwand genau auf diese Sachanlagen bezieht, kann daraus der Vorjahreswert ermittelt werden.

	Durchschnittlich gebundenes Anlagevermögen: (Restbuchwert 2006 + Restbuchwert 2007) : 2 = ((245.000 € + 105.000 €) + 245.000 €) : 2 =	297.500 €
+	Durchschnittlich gebundenes Umlaufvermögen	300.000 €
=	Betriebsnotwendiges Vermögen	597.500 €
–	Abzugskapital	100.000 €
=	Betriebsnotwendiges Kapital	497.500 €

   Kalkulatorischer Zins = Betriebsnotwendiges Kapital · Zinssatz
   = 497.500 € · 5%
   = 24.875 €

3. Weitere kalkulatorische Kosten

   - Wagniskosten: 1.000 € · 12 = 12.000 €
   - Kalkulatorischer Unternehmerlohn: 84.000 €

4. Ermittlung des kalkulatorischen Gewinns beziehungsweise Verlustes

   Erträge aus Wertpapierverkäufen sowie Zinserträge sind in einem Hotel betriebsfremde Erträge und stellen daher keine Erlöse dar. Die Steuernachzahlung ist periodenfremd und stellt daher keine Kosten dar. Anstelle des Zinsaufwands und der Abschreibungen auf Sachanlagen werden die jeweiligen kalkulatorischen Werte angesetzt.

	Umsatzerlöse	899.500 €
–	Wareneinsatz	247.000 €
–	Personalkosten	390.000 €
–	Kalkulatorische Abschreibung	85.500 €
–	Werbekosten	44.000 €
–	Sonstige Kosten	29.900 €
–	Wagniskosten	12.000 €
–	Betriebliche Steuern	27.800 €
–	Kalkulatorische Zinsen	24.875 €
–	Kalkulatorischer Unternehmerlohn	84.000 €
=	**Kalkulatorischer Verlust**	–45.575 €

Lösung Aufgabe 5 — Kapitel: 3

Betriebsabrechnungsbogen (BAB)
Beträge in €

Gemeinkosten	Vorkostenstellen		Endkostenstellen			Summe
	Verwaltung	Restaurant	Beherbergung	Speisen	Getränke	
Steuern, Versicherungen	400,00	2.000,00	16.000,00	4.000,00	2.000,00	24.400,00
Energiekosten	1.078,92	2.877,12	18.161,82	34.585,38	3.236,76	59.940,00
Personalgemeinkosten	96.360,00	23.640,00				120.000,00
Verwaltungskosten	101.200,00					101.200,00
Abschreibung	2.398,00	6.104,00	22.192,40	12.295,20	610,40	43.600,00
Zinsen	1.597,40	5.802,80	14.311,40	7.498,00	3.390,40	32.600,00
Instandhaltung		18.400,00	2.100,00	5.300,00	7.000,00	32.800,00
Leasing		9.465,60	31.180,80	39.904,00	12.249,60	92.800,00
Summe primärer Gemeinkosten (Summe I)	203.034,32	68.289,52	103.946,42	103.582,58	28.487,16	507.340,00
Umlage Verwaltung		16.919,53	101.517,16	50.758,58	33.839,05	203.034,32
Umlage Restaurant				60.083,30	25.125,75	85.209,05
Summe primärer und sekundärer Gemeinkosten (Summe II)	0,00	0,00	205.463,58	214.424,46	87.451,96	507.340,00
Materialeinzelkosten				216.800,00	76.200,00	293.000,00
Personaleinzelkosten			62.600,00	205.000,00	37.400,00	305.000,00
Gesamtkosten			268.063,58	636.224,46	201.051,96	1.105.340,00

Teillösung: Umlageschlüssel für die Kosten des Umsatzbereichs Restaurant

Restaurantumsatz gesamt:	620.565,00 + 259.509,00	= 880.074,00		
Anteil Speisen:	620.565,00 · 100 : 880.074,00	= ca. 70,515%	(oben mit genauen Ergebnissen gerechnet)	
Anteil Getränke:	259.509,00 · 100 : 880.074,00	= ca. 29,487%		

Lösung Aufgabe 6 — Kapitel: 3

1. Vervollständigen des BABs

Die meisten fehlenden Werte lassen sich über die Kontrolle der Zeilen- und Spaltensummen ermitteln. Zudem gilt es zu beachten, dass die Summe der primären Gemeinkosten einer Vorkostenstelle zuzüglich der Umlagen, die die Vorkostenstelle erhält, stets der Summe der gesamten abgegebenen Umlagen dieser Kostenstelle entspricht (Input = Output). Außerdem ist die gesamte Summe der primären Gemeinkosten aller Kostenstellen immer gleich der gesamten Summe der primären und sekundären Gemeinkosten aller Kostenstellen.

BAB Januar 2008		Vorkostenstellen			Endkostenstellen			Summen
Angaben in€		Wasser	Reparatur	Strom	Material	Fertigung	Verwaltung	
Hilfslöhne		100	300	50	300	700	50	1.500
Abschreibungskosten		100	50	50	100	100	100	500
Mietkosten		50	50	50	100	100	50	400
Sonstige Kosten		100	100	100	100	100	100	600
Summe primärer Gemeinkosten		350	500	250	600	1.000	300	3.000
Umlagen:	Verrechnungssätze							
Vorkostenstelle Wasser	1 € pro m³	0	70	70	50	160	50	400
Vorkostenstelle Reparatur	40€ pro h	40	0	80	100	240	140	600
Vorkostenstelle Strom	100 € pro MWh	10	30	0	50	200	110	400
Summe primärer und sekundärer Gemeinkosten		0	0	0	800	1.600	600	3.000

Zuschlagsbasis	Materialeinzelkosten	Fertigungslöhne	Herstellkosten
	1.600	2.000	6.000
Zuschlagssätze in % (für alle gilt: Zuschlagssatz = Gemeinkosten : Zuschlagsbasis · 100)	50	80	10

2. Mathematisches Verfahren: Gleichung, die die Leistungsverflechtungen der Vorkostenstelle Wasser abbildet

Die Gleichung muss die folgende Form haben:

Primäre Gemeinkosten dieser Kostenstelle	+	Sekundäre Kosten für von anderen Kostenstellen erhaltene Leistungen	=	Sekundäre Kosten für an andere Kostenstellen abgegebene Leistungen
(Höhe in € aus dem BAB)		(jeweils: Menge an erhaltenen LE · Verrechnungssatz in € pro LE)		(Menge an abgegebenen LE · Verrechnungssatz in € pro LE)

Die Mengen der erhaltenen Leistungseinheiten (LE) sowie die der abgegebenen lassen sich in diesem Fall retrograd erschließen.

Von der Kostenstelle Reparatur erhaltene LE:	40 € : 40 €/h = 1 h
Von der Kostenstelle Strom erhaltene LE:	10 € : 100 €/MWh = 0,1 MWh
An andere Kostenstelle abgegebene LE:	400 € : 1 €/m³ = 400 m³

Die Gleichung lautet daher wie folgt:

$$350\,€ + 1\ k_r + 0{,}1\ k_s = 400\ k_w$$

Lösung Aufgabe 7	**Kapitel: 3**

Zusammenstellung der benötigten Daten:			
BG^P = 200.000 km	p^P = 1,10 €/l	u^P pro km = 50 l/100 km = 0,5 l/km	$K_F{}^P$ = 90.000,00 €
BG^I = 180.000 km	p^I = 0,85 €/l	u^I = 126.000 l	$K_F{}^I$ = 90.000,00 €

$$\begin{aligned} K^P &= K_F{}^P + K_V{}^P = K_F{}^P + u^P \text{ pro km} \cdot BG^P \cdot p^P \\ &= 90.000{,}00\,€ + 0{,}5\ \text{l/km} \cdot 200.000\ \text{km} \cdot 1{,}10\,€ \\ &= 90.000{,}00\,€ + 100.000\ \text{l} \cdot 1{,}10\,€/\text{l} \\ &= 90.000{,}00\,€ + 110.000{,}00\,€ = 200.000{,}00\,€ \end{aligned}$$

$$\begin{aligned} K^S(BG^I) &= K_F^P + \frac{K_V^P}{BG^P} \cdot BG^I \\ &= 90.000{,}00\,€ + 110.000{,}00\,€ : 200.000\ \text{km} \cdot 180.000\ \text{km} \\ &= 189.000{,}00\,€ \end{aligned}$$

$$K^{VER}(BG^I) = \frac{K^P}{BG^P} \cdot BG^I$$
$$= 200.000{,}00\,€ : 200.000\,km \cdot 180.000\,km$$
$$= 180.000\,€$$

$$K^I = K_F^I + u^I \cdot p^I$$
$$= 90.000{,}00\,€ + 126.000\,l \cdot 0{,}85\,€/l$$
$$= 90.000{,}00\,€ + 107.100\,€$$
$$= 197.100{,}00\,€$$

$$K^{IP} = K_F^I + u^I \cdot p^P$$
$$= 90.000{,}00\,€ + 126.000\,l \cdot 1{,}10\,€/l$$
$$= 228.600{,}00\,€$$

Berechnung der Abweichungen

Gesamtabweichung (GA) $= K^I - K^{VER}$
$= 197.100{,}00\,€ - 180.000{,}00\,€$
$= 17.100{,}00\,€$

Preisabweichung (PA) $= K^I - K^{IP} = 197.100{,}00\,€ - 228.600{,}00\,€$
$= -31.500{,}00\,€$

Verbrauchsabweichung (VA) $= K^{IP} - K^S$
$= 228.600{,}00\,€ - 189.000{,}00\,€$
$= 39.600{,}00\,€$

Beschäftigungsabweichung (BA) $= K^S - K^{VER}$
$= 189.000{,}00\,€ - 180.000{,}00\,€$
$= 9.000{,}00\,€$

Test:

GA $= BA + VA + PA$
$= 9.000{,}00\,€ + 39.600{,}00\,€ - 31.500{,}00\,€$
$= 17.100{,}00\,€$

Lösung Aufgabe 8 — Kapitel: 3

1. Berechnung der Plankosten und des Plankostenverrechnungssatzes für die Kostenart Material

$BG^P = 10$ Heizkörper
$u_F^P = 10$ kg

$u_V^P = (47\text{ kg} + 2\text{ kg}) \cdot 10\text{ St.} = 490\text{ kg}$
$u^P = u_F^P + u_V^P = 10\text{ kg} + 490\text{ kg} = 500\text{ kg}$
Plankosten $= K^P = 500\text{ kg} \cdot 18\,€/\text{kg} = 9.000\,€$
Plankostenverrechnungssatz $= K^P : BG^P = 900\,€$

2. Abweichungsanalyse für die Kostenart Material

$BG^I = 12$ Heizkörper

$$K^S(BG^I) = u_F^P \cdot p^P + \frac{u_V^P \cdot p^P}{BG^P} \cdot BG^I$$
$$= 10\text{ kg} \cdot 18\,€/\text{kg} \cdot \frac{490\text{ kg} \cdot 18\,€/\text{kg}}{10\text{ St.}} \cdot 12\text{ St.}$$
$$= 10.764\,€$$

$$K^{VER}(BG^I) = \frac{u^P \cdot p^P}{BG^P} \cdot BG^I$$
$$= \frac{500\text{ kg} \cdot 18\,€/\text{kg}}{10\text{ St.}} \cdot 12\text{ St.}$$
$$= 10.800\,€$$

$u^I = 586\text{ kg}$
$K^I = 586\text{ kg} \cdot 19\,€/\text{kg} = 11.134\,€$
$K^{IP} = 586\text{ kg} \cdot 18\,€/\text{kg} = 10.548\,€$

Gesamtabweichung (GA) $= K^I - K^{VER}$
$= 11.134\,€ - 10.800\,€$
$= 334\,€$

Preisabweichung (PA) $= K^I - K^{IP}$
$= 11.134\,€ - 10.548\,€$
$= 586\,€$

Verbrauchsabweichung (VA) $= K^{IP} - K^S$
$= 10.548\,€ - 10.764\,€$
$= -216\,€$

Beschäftigungsabweichung (BA) $= K^S - K^{VER}$
$= 10.764\,€ - 10.800\,€$
$= -36\,€$

Test:

$$GA = PA + VA + BA$$
$$= 586\,€ - 216\,€ - 36\,€$$
$$= 334\,€$$

3. Wird eine Ersparnisprämie gezahlt und falls ja, in welcher Höhe?

Die Verbrauchsabweichung mit negativem Vorzeichen zeigt, dass weniger Material verbraucht wurde als geplant, mit dem Material also wirtschaftlich umgegangen wurde. Daher wird eine Prämie gezahlt:

216 € · 80% = 172,80 €

Lösung Aufgabe 9 — Kapitel: 4

Kostenstellen	Bestellwesen	Lager
Verhältnis von lmn zu lmi Prozesskosten	1 : 4	1 : 5
Lmn-Umlagesatz	1 : 4 · 100 = 25%	1 : 5 · 100 = 20%
Multipikator (lmi und lmn)	1 + 0,25 = 1,25	1 + 0,20 = 1,20

Hauptprozess RHB-Beschaffung (HP)					
Teilprozesse (TP)	Rechenweg	Prozess-kostensatz (lmi)	Prozess-kostensatz (gesamt) (TP)	Prozess-koeffizient	Prozess-kostensatz (gesamt) (HP)
RHB bestellen:	(78.000,00 € · 0,3) : 500 = 46,80 € · 1,25 =	46,80 €	58,50 €	1	58,50 €
Vorgänge dokumentieren:	(78.000,00 € · 0,5) : 3.000 = 13,00 € · 1,25 =	13,00 €	16,25 €	2	32,50 €
RHB annehmen:	(70.000,00 € · 0,2) : 500 = 28,00 € · 1,20 =	28,00 €	33,60 €	1	33,60 €
RHB einlagern:	(70.000,00 € · 0,3) : 500 = 42,00 € · 1,20 =	42,00 €	50,40 €	1	50,40 €
HP-Kostensatz (gesamt) in € pro Beschaffung:					175,00 €

Lösung Aufgabe 10 — Kapitel: 4

1. Bestimmen der lmn-Umlagesätze

Kostenstellen	Logistik	Fertigung
Verhältnis von lmi zu lmn Personalkosten	1 : 5	1 : 10
Lmn-Umlagesatz	1 : 5 · 100 = 20%	1 : 10 · 100 = 10%
Multipikator (lmi und lmn)	1 + 0,2 = 1,2	1 + 0,1 = 1,1

2. Bestimmen der Kosten der Teil- und Hauptprozesse

Hauptprozesse	Teilprozess-Kosten der Kostenstellen		Haupt-prozess-Kosten
	Logistik	Fertigung	
Aufträge abwickeln	Bestellung verarbeiten	Fertigungssteuerung	1.200 €
	0,5 · 2.000 · 1,2 = 1.200 €		+ 1.200 €
	Versand der Zigarren	1 · 2.000 · 1,1 = 2.200 €	+ 2.200 €
	0,5 · 2.000 · 1,2 = 1.200 €		= 4.600 €
Zigarren falten	Ausgabe der Tabakblätter	Tabak sortieren	2.400 €
	1 · 2.000 · 1,2 = 2.400 €	2 · 2.000 · 1,1 = 4.400 €	+ 2.400 €
	Einlagern der Zigarren	Tabak falten	+ 4.400 € + 13.200 €
	1 · 2.000 · 1,2 = 2.400 €	6 · 2.000 · 1,1 = 13.200 €	= 22.400 €

3. Bestimmen der Hauptprozesskostensätze

Aufträge abwickeln:	4.600 € : 460 Aufträge = 10 €/Auftrag
Zigarren falten:	22.400 € : 22.400 Faltprozesse = 1 €/Faltprozess

Lösung Aufgabe 11 **Kapitel: 5**

1. Ermittlung der vorkalkulierten Selbstkosten pro Stück

Vorkalkulation	Tennisschläger-Typ	
Angaben in€	„Standard“	„Pro“
Materialeinzelkosten	15,00	30,00
Materialgemeinkosten (MEK · 50 %)	7,50	15,00
Fertigungseinzelkosten	22,00	20,00
Fertigungsgemeinkosten (FEK · 75 %)	16,50	15,00
Herstellkosten	61,00	80,00
Verwaltungs- und Vertriebsgemeinkosten (HK · 10%)	6,10	8,00
Selbstkosten pro Stück	67,10	88,00

2. Ermittlung der tatsächlich angefallenen Selbstkosten pro Stück

Zunächst müssen die neuen Gemeinkostenzuschlagssätze ermittelt werden:

Materialgemeinkostenzuschlagssatz =	
Materialgemeinkosten : Materialeinzelkosten · 100 =	
49.500 € : ((15 €/St. · 1.500 St.) + (30 €/St. · 2.000 St.)) · 100 =	
49.500 € : (22.500 € + 60.000 €) · 100 =	
49.500 € : 82.500 € · 100 =	60 %

Fertigungsgemeinkostenzuschlagssatz =	
Fertigungsgemeinkosten : Fertigungseinzelkosten · 100	
58.400 € : ((22 €/St. · 1.500 St.) + (20 €/St. · 2.000 St.)) · 100 =	
58.400 € : (33.000 € + 40.000 €) · 100 =	
58.400 € : 73.000 € · 100 =	80 %

Verwaltungs- und Vertriebsgemeinkostenzuschlagssatz =	
Verwaltungs- und Vertriebsgemeinkosten : Herstellkosten · 100 =	
39.510 € : (49.500 € + 82.500 € + 58.400 € + 73.000 €) =	
39.510 € : 263.400 € · 100 =	15 %

Nachkalkulation	Tennisschläger-Typ	
Angaben in€	„Standard“	„Pro“
Materialeinzelkosten	15,00	30,00
Materialgemeinkosten (MEK · 60 %)	9,00	18,00
Fertigungseinzelkosten	22,00	20,00
Fertigungsgemeinkosten (FEK · 80 %)	17,60	16,00
Herstellkosten	63,60	84,00
Verwaltungs- und Vertriebsgemeinkosten (HK · 15%)	9,54	12,60
Selbstkosten pro Stück	73,14	96,60

Lösung Aufgabe 12 **Kapitel: 5**

Herstellkosten des im Februar 2008 gewonnenen Rohmaterials pro t	176.000 € : 8.000 t = 22 €/t
Wert des Endbestandes an Rohmaterial	1.000 t · 20 €/t = 20.000 €

Wert des zur Aufbereitung eingesetzten Rohmaterials	(8.000 t · 22 €/t) + 20.000 € = 196.000 €
Herstellkosten pro Tonne aufbereiteter Porzellanerde	(196.000 € + 173.000 €) : 9.000 t = 41 €/t
Wert des Endbestandes an aufbereiteter Porzellanerde	(3.000 t · 45 €/t) + (2.000 t · 41 €/t) = 217.000 €
Wert der zur Verpackung eingesetzten aufbereiteten Porzellanerde	7.000 t · 41 €/t = 287.000 €
Herstellkosten pro Tonne verpackter Porzellanerde	(287.000 € + 70.000 €) : 7.000 t = 51 €/t
Wert des Endbestandes an verpackter Porzellanerde	(2.000 t · 54 €/t) + (2.000 t · 51 €/t) = 210.000 €
Gesamte Herstellkosten der abgesetzten Porzellanerde	5.000 t · 51 €/t = 255.000 €
Selbstkosten pro Tonne abgesetzter Porzellanerde	(255.000 € + 90.000 €) : 5.000 t = 69 €/t

Lösung Aufgabe 13 — Kapitel: 5

1. Kuppelkalulation nach der Kostenverteilungsmethode

Ermittlung der Umsätze		
Extra Virgen	50.000 Fl. · 5,00 €/Fl. =	250.000 €
Virgen	80.000 Fl. · 3,00 €/Fl. =	240.000 €
Oliva	50.000 Fl. · 1,50 €/Fl. =	75.000 €
Gesamt		565.000 €

Ermittlung der anteiligen Kosten der Pressung pro Flasche				
Produkte	Gesamtkosten gewichtet mit Umsatzanteil = Kosten, die auf diese Produktart entfallen		Umrechnung auf eine Flasche	
Extra Virgen	282.500 € · 250.000 € : 565.000 € =	125.000 €	125.000 € : 50.000 Fl. =	2,50 €/Fl.
Virgen	282.500 € · 240.000 € : 565.000 € =	120.000 €	120.000 € : 80.000 Fl. =	1,50 €/Fl.
Oliva	282.500 € · 75.000 € : 565.000 € =	37.500 €	37.500 € : 50.000 Fl. =	0,75 €/Fl.

Ermittlung der Herstellkosten pro Flasche			
Produkte	Anteilige Kosten der Pressung	Kosten der Weiterverarbeitung	Herstellkosten
Extra Virgen	2,50 €/Fl.	0,50 €/Fl.	3,00 €/Fl.
Virgen	1,50 €/Fl.	0,50 €/Fl.	2,00 €/Fl.
Oliva	0,75 €/Fl.	0,80 €/Fl.	1,55 €/Fl.

2. Kuppelkalkulation nach Restwert- und Kostenverteilungsmethode

Ermittlung des Restwerts der Kuppelkosten		
Deckungsbeitrag des Nebenproduktes:	175.000 kg · 0,36 €/kg – 1.000 € =	62.000 €
Restwert: $K_P - DB_{NP}$ =	282.500 € – 62.000 € =	220.500 €

Umsätze der Hauptprodukte	
Extra Virgen	250.000 €
Virgen	240.000 €
Gesamt	490.000 €

Ermittlung der anteiligen Kosten der Pressung pro Flasche				
Produkte	Restwert gewichtet mit Umsatzanteil = Kosten, die auf diese Produktart entfallen		Umrechnung auf eine Flasche	
Extra Virgen	220.500 € · 250.000 € : 490.000 € =	112.500 €	112.500 € : 50.000 Fl. =	2,25 €/Fl.
Virgen	220.500 € · 240.000 € : 490.000 € =	108.000 €	108.000 € : 80.000 Fl. =	1,35 €/Fl.

Ermittlung der Herstellkosten pro Flasche			
Produkte	Anteilige Kosten der Pressung	Kosten der Weiterverarbeitung	Herstellkosten
Extra Virgen	2,25 €/Fl.	0,50 €/Fl.	2,75 €/Fl.
Virgen	1,35 €/Fl.	0,50 €/Fl.	1,85 €/Fl.

3. Umsätze und Kosten der Hauptprodukte in den beiden Situationen

Situation	Umsätze der Hauptprodukte	Den Hauptprodukten zugerechnete Kosten	Gewinn
a) 3 Hauptprodukte	565.000 €	282.500 € + 25.000 € + 40.000 € + 40.000 € = 387.500 €	177.500 €
b) 2 Hauptprodukte, Rückstände als Nebenprodukt	490.000 €	220.500 € + 25.000 € + 40.000 € = 285.500 €	204.500 €

In Situation b) kann ein höherer Gewinn erzielt werden. Diese Alternative sollte daher gewählt werden.

Lösung Aufgabe 14 — Kapitel: 5

1. Ermittlung der Äquivalenzziffern mit der Richtsorte Kalender-Grundtyp mit 100 Seiten

Sorte	Seitenumfang	Äquivalenzziffer (ÄZ)
Richtsorte	100	1
Karriere-Kalender	156	1,56
Comic-Kalender	144	1,44
Bewegte-Frauen-Kalender	120	1,2

2. Ermittlung der Sortenkosten

Kalendervariante	Menge	ÄZ	ÄME	Stückkosten	Sorten-kosten
	3.000 St.	1,56	4.680 St.	4,50 €/St. · 1,56 = 7,02 €/St.	21.060,00 €
Comic-Kalender	4.000 St.	1,44	5.760 St.	4,50 €/St. · 1,44 = 6,48 €/St.	25.920,00 €
Bewegte-Frauen-Kalender	1.000 St.	1,2	1.200 St.	4,50 €/St. · 1,2 = 5,40 €/St.	5.400,00 €
			11.640 St.		52.380,00 €
Kosten pro Äquivalenzmengeneinheit (ÄME):					
52.380 € : 11.640 St. =			4,50 €/St.		

Lösung Aufgabe 15 — Kapitel: 5

1. Kalkulation des Nettoverkaufspreises für einen Computer

Fertigungsmaterial		1.000,00 €	
Materialgemeinkosten	FEK · 40%	400,00 €	
Materialkosten			1.400,00 €
Fertigungseinzelkosten		50,00 €	
Fertigungsgemeinkosten	2 h · 60 €/h	120,00 €	
Fertigungskosten			170,00 €

Herstellkosten		1.570,00 €
Verwaltungs- und Vertriebskosten	HK · 5%	78,50 €
Selbstkosten		1.648,50 €
Gewinn		61,50 €
Barverkaufspreis (BVP)		1.710,00 €
Rabatt (5%)	(BVP : 95) · 5	90,00 €
Nettoverkaufspreis		1.800,00 €

2. Angebot des Händlers über 50 Computer

50 Computer à 1.800,00 € netto		90.000,00 €
Rabatt	5%	4.500,00 €
Nettoangebotspreis		85.500,00 €
Umsatzsteuer	19%	16.245,00 €
Bruttoangebotspreis		101.745,00 €

Kontrolle: Nach Abführen der Umsatzsteuer an das Finanzamt behält der Händler 85.500,00 € aus dem Verkauf der 50 Computer, das heißt pro Computer 1.710,00 €. Damit erzielt er wie gewünscht einen Gewinn von 61,50 € pro Computer.

Lösung Aufgabe 16 — Kapitel: 5

1. Ermittlung des Stückdeckungsbeitrags pro Produkt

	Produkt A	Produkt B	Produkt C
$db = p - k_V$	5,50 € – 3,00 € = 2,50 €	3,00 € – 1,70 € = 1,30 €	6,00 € – 3,60 € = 2,40 €

2. Ermittlung der wöchentlichen deckungsbeitragsmaximalen Beladung pro Konvoi

	Produkt A	Produkt B	Produkt C
Engpass	pro Woche: 10 LKWs · 25 m² = 250 m²		
db pro Engpasseinheit	2,50 € : 2 m² = 1,25 €/m²	1,30 € : 1,25 m² = 1,04 €/m²	2,40 € : 2,5 m² = 0,96 €/m²
Rangfolge	1	2	3

optimale Transportmenge	(Maximum) 40 St.	(Maximum) 60 St.	(95 m² : 2,5 m²/St.) 38 St.
Flächennutzung	40 · 2 m² = 80 m² Rest: 170 m²	60 · 1,25 m² = 75 m² Rest: 95 m²	Probe: 38 St. · 2,5 m² = 95 m²

3. Berechnung des jährlichen Gewinns bei Fixkosten in Höhe von 7.000 €/Jahr

   Deckungsbeitrag/Woche:
   40 St. · 2,50 €/St. + 60 St. · 1,30 €/St. + 38 St. · 2,40 €/St. = 269,20 €

   Deckungsbeitrag/Jahr:
   269,20 € · 52 Wochen = 13.998,40 €

   Gewinn:
   Deckungsbeitrag – Fixkosten = 13.998,40 € – 7.000,00 € = 6.998,40 €

Lösung Aufgabe 17 — Kapitel: 6

1. Bestimmung des Deckungsbeitrags I bis III und des Gesamtergebnisses

Die Reihenfolge für DB I bis III ergibt sich aus den Kosten, die den einzelnen Kunden und den Kundengruppen jeweils direkt zugeordnet werden können.

Alle Entwicklungs- und Installationskosten lassen sich direkt den einzelnen Kunden zuordnen. Daher bilden sie den DB I.

DB I		
Kunde A:	270.000 € – 98.000 € – 116.000 € =	56.000 €
Kunde B:	340.000 € – 121.000 € – 90.800 € =	128.200 €
Kunde C:	67.000 € – 22.800 € – 14.100 € =	30.100 €
Kunde D:	82.500 € – 34.000 € – 18.200 € =	30.300 €
Kunde E:	36.000 € – 12.200 € – 8.000 € =	15.800 €

Für die nächste Stufe werden die Schulungskosten mit einbezogen, da diese den Kunden A und B direkt zugeordnet werden können. Daraus ergibt sich der DB II.

DB II		
Kunde A:	56.000 € – 74.000 € =	–18.000 €
Kunde B:	128.200 € – 51.000 € =	77.200 €
Kunden C, D, E:	30.100 € + 30.300 € + 15.800 € – 48.000 € =	28.200 €

Da der Key Account Manager der Kundengruppe „Industrie" zugeordnet werden kann, lässt sich daraus der DB III ableiten.

DB III		
Kundengruppe „Industrie":	–18.000 € + 77.200 € – 43.000 € =	16.200 €
Kundengruppe „Handel":	entspricht dem DB II der Kunden C, D und E	28.200 €

Der Gewinn des Gesamtunternehmens ergibt sich aus dem DB III der Kundengruppen sowie den verbleibenden Kosten (für die zentrale Verwaltung sowie die Geschäftsführung).

Erfolg des Unternehmens:	
16.200 € + 28.200 € – 58.000 € – 65.000 € =	–78.600 €

2. Identifizieren einer Möglichkeit, das Ergebnis zu verbessern

Der Auftrag von Kunde A ist unwirtschaftlich. Würde dieser Auftrag nicht angenommen werden, wäre das Ergebnis um 18.000 € höher, läge also insgesamt bei –60.600 €.

3. Beurteilung des neuen Auftrags von Kunde A

Wirkung des Preisnachlasses von 20 % auf die bisherigen Leistungen für Kunde A:

> 270.000 € · 0,8 = 216.000 €; d.h. das Ergebnis wird um 54.000 € verschlechtert.

Deckungsbeitrag des zusätzlichen Auftrags von Kunde A:

> 144.000 € – 62.000 € = 82.000 €; d.h. das Ergebnis wird um 82.000 € verbessert.

Das Ergebnis wird dadurch insgesamt um 28.000 € verbessert, d.h. es ergibt sich ein geringerer Verlust von insgesamt –50.600 €.

Der ursprüngliche Auftrag des Kunden A ist nun in Verbindung mit dem zusätzlichen Auftrag wirtschaftlich. Dies lässt sich ebenso am neuen DB II für die Aufträge zeigen, der nun positiv ist (s.u.). Daher sollten beide Aufträge angenommen werden.

Deckungsbeitrag der Aufträge von Kunde A (DB II):

Bisheriger Auftrag:	216.000 € – 98.000 € – 116.000 € =	–72.000 €
Zusätzlicher Auftrag:	144.000 € – 62.000 € =	82.000 €
DB II Kunde A (neu)		10.000 €

Lösung Aufgabe 18 — Kapitel: 7

Kosten	Betriebsergebniskonto		Erlöse
Herstellkosten: A: 1.000 St. · 20 €/St. = 20.000 € B: 2.000 St. · 16 €/St. = 32.000 € C: 3.000 St. · 15 €/St. = 45.000 €	97.000 €	Umsatzerlöse: A: 1.200 St. · 30 €/St. = 36.000 € B: 1.600 St. · 25 €/St. = 40.000 € C: 3.000 St. · 21 €/St. = 63.000 €	139.000 €
Bestandsminderungen A: 200 St. · 20 €/St. =	4.000 €	Bestandserhöhungen: B: 400 St. · 16 €/St. =	6.400 €
Verwaltungs- und Vertriebsgemeinkosten: 4.000 € + 9.600 € + 23.800 € =	37.400 €		
Gewinn	7.000 €		
	145.400 €		145.400 €

Lösung Aufgabe 19 — Kapitel: 7

1. Ermittlung der Selbstkosten pro Eimer Farbe mittels der zweistufigen Divisionskalkulation

Gesamtkosten:	67.500 €
davon Herstellkosten: 1.200 St.· 50 €/St =	60.000 €
⇒ Kosten für Verwaltung & Vertrieb:	7.500 €

Selbstkosten pro Stück:

$$k = 50\,€ + (7.500\,€ : 1.500\text{ St.}) = 55\,€/\text{St.}$$

2. Periodenerfolg für 2007 nach Umsatzkostenverfahren

Kosten	Betriebsergebniskonto		Erlöse
Umsatzkosten: Herstellkosten 1.500 · 50 € = 75.000 € Verwaltungs- und Vertriebsgemeinkosten 7.500 €	82.500 €	Erlöse: 1.500 St. · 60 €/St.	90.000 €
Gewinn	7.500 €		
	90.000 €		90.000 €

Lösung Aufgabe 20 — Kapitel: Alle

	richtig	falsch
1. Bei vollständiger Lagerräumung in jeder Periode hat die Wahl des Sammelbewertungsverfahrens (Lifo, Fifo, Hifo, Durchschnittsmethode) keinen Einfluss auf das Betriebsergebnis.	☒	☐
2. Wenn auf die Selbstkosten ein Gewinnaufschlag berechnet wird, dient dieser unter anderem dazu, die erfolgsunabhängigen Gehälter des Managements zu bezahlen.	☐	☒
3. Bei der Äquivalenzziffernkalkulation werden die Herstellkosten der einzelnen Sorten nach den Outputmengen der jeweiligen Kostenträger geschlüsselt.	☐	☒
4. Ohne Kostenstellenrechnung ist eine Produktrechnung nicht möglich.	☐	☒
5. Der zusätzliche Ansatz von kalkulatorischem Unternehmerlohn erhöht den pagatorischen Erfolg.	☐	☒
6. Divisionskalkulationsverfahren sind insbesondere für homogene Produkte geeignet.	☒	☐
7. Das mathematische Verfahren ist stets genauer als das Stufenleiterverfahren.	☐	☒
8. Wenn der Deckungsbeitrag eines Produktes 0,50 € beträgt, dann liegen auch die variablen Stückkosten bei 0,50 €.	☐	☒
9. Für die Erlösermittlung beim Umsatzkostenverfahren wird die Anzahl der produzierten Güter zugrunde gelegt.	☐	☒
10. Die Betriebszweckbezogenheit ist eine notwendige Bedingung dafür, dass Aufwandsposten aus der Finanzbuchhaltung als Kosten in die Kostenrechnung eingehen.	☒	☐
11. Wird im internen und im externen Rechnungswesen die lineare Abschreibungsmethode gewählt, dann sind die jährlichen Raten der kalkulatorischen und der pagatorischen Abschreibung stets gleich.	☐	☒
12. Die im Betriebsabrechnungsbogen (BAB) erfassten Kostenstelleneinzelkosten sind immer Kostenträgergemeinkosten und in jedem Fall unternehmensbezogene Einzelkosten.	☒	☐
13. Der BAB dient dazu, sekundäre Kostenträgergemeinkosten in primäre Kostenträgergemeinkosten zu verrechnen.	☐	☒

	richtig	falsch
14. Eine Deckungsbeitragsrechnung kann auch in einem Ein-Produkt-Betrieb sinnvoll sein.	☒	☐
15. Für die Endkostenstellen sind die von den Vorkostenstellen empfangenen Leistungen sekundäre Gemeinkosten.	☒	☐
16. In der Prozesskostenrechnung werden die Kostenträgergemeinkosten nach dem Anlastungsprinzip auf die Kostenstellen im BAB verteilt.	☐	☒
17. Wenn bei der Maschinenstundensatzrechnung Leerlaufzeit und Hilfszeit gleich null sind, ist die Nutzungszeit gleich der Lastlaufzeit.	☒	☐
18. Im Break-Even-Punkt gilt, dass der Deckungsbeitrag gleich den Fixkosten ist.	☒	☐
19. Ein Nachteil des UKV ist, dass die Bestände an Halb- und Fertigfabrikaten durch Inventuren erfasst und bewertet werden müssen.	☐	☒
20. Ein Vorteil der Vollkostenrechnung ist, dass die Gemeinkostenschlüsselung verursachungsgerecht vorgenommen werden kann.	☐	☒
21. Die Verteilung der Kostenstellengemeinkosten zur Ermittlung der primären Gemeinkosten im BAB erfolgt nach dem Beanspruchungsprinzip durch Umlage der Gemeinkosten auf nachgelagerte Kostenstellen mit Hilfe eines Verrechnungssatzes.	☐	☒
22. Bei dem Target Costing wird aus den Plankosten einzelner Profit Center der Zielpreis eines Produktes abgeleitet.	☐	☒
23. Bei der Prozesskostenrechnung steigen die Kosten für den Vertriebsprozess grundsätzlich proportional zu den steigenden umsatzbezogenen Herstellkosten.	☐	☒
24. Die Maschinenstundensatzrechnung weicht lediglich bei der Ermittlung der Fertigungskosten von der Zuschlagskalkulation ab.	☒	☐
25. Für eine Preisentscheidung bei Vollbeschäftigung sollten stets auch die Deckungsbeiträge verdrängter Alternativen berücksichtigt werden.	☒	☐
26. EVA ist eine Erfolgsgröße, die aus bilanzpolitischen Gründen auf der Grundlage interner Daten ermittelt wird und den extern ermittelten Erfolg ersetzt.	☐	☒
27. Nach dem Erfahrungskurvenkonzept können dynamische Skaleneffekte durch die Gesamtmenge der hergestellten Produkte entstehen.	☒	☐

	richtig	falsch
28. Die Gemeinkostenwertanalyse ist ein am Budgetinput orientiertes Verfahren.	☒	☐
29. Das Zero Based Budgeting sollte in Krisensituationen eingesetzt werden, wenn der Fortbestand des Unternehmens in Gefahr ist.	☐	☒
30. Die Lebenszykluskostenrechnung zeigt, dass ein Produkt bereits vor der Marktphase einen Produkterfolg erzielen kann.	☐	☒

Literaturverzeichnis

Brühl, R. (2004): Controlling. Grundlagen des Erfolgscontrollings, München: Oldenbourg.

Coenenberg, A. G. (1995): Einheitlichkeit oder Differenzierung von internem und externem Rechnungswesen: Die Anforderungen der internen Steuerung, in: Der Betrieb, 48. Jg., Heft 42, S. 2077-2083.

Coenenberg, A. G./Alvarez, M. (2002): Erfolgsrechnung, in: Küpper, H.-U./Wagenhofer, A. (Hg.): Handwörterbuch Unternehmensrechnung und Controlling, 4. Aufl., Stuttgart: Schäffer-Poeschel, Sp. 431-443.

Dickersbach, J./Keller, G./Weihrauch, K. (2006): Produktionsplanung und -steuerung mit SAP, 2. Aufl., Bonn: Galileo Press.

Diedrich, R. (2002): Erfolgsgrößen und Erfolgsmaße, in: Küpper, H.-U./Wagenhofer, A. (Hg.): Handwörterbuch Unternehmensrechnung und Controlling, 4. Aufl., Stuttgart: Schäffer-Poeschel, Sp. 402-411.

Eschenbach R. (2002): Controller, in: Küpper, H.-U./Wagenhofer, A. (Hg.): Handwörterbuch Unternehmensrechnung und Controlling, 4. Aufl., Stuttgart: Schäffer-Poeschel, Sp. 271-279.

Fischbach, S. (2004): Grundlagen der Kostenrechnung. Mit Prüfungsaufgaben und Lösungen, 3. Aufl., Frankfurt a. M.: Redline.

Franz, K.-P. (1992): Ansatz kalkulatorischer Kosten, in: Männel, Wolfgang (Hg.): Handbuch Kostenrechnung, Wiesbaden: Gabler, S. 423-435.

Franz, K.-P. (1993): Target Costing. Konzept und kritische Bereiche, in: Controlling, 5. Jg., Heft 3, S. 124-130.

Franz, K.-P./Kajüter, P. (2002): Kostenmanagement. Wettbewerbsvorteile durch systematische Kostensteuerung, 2. Aufl., Stuttgart: Schäffer-Poeschel.

Frese, E./Lehmann, P. (2002): Profit Center, in: Küpper, H.-U./Wagenhofer, A. (Hg.) (2002): Handwörterbuch Unternehmensrechnung und Controlling, 4. Aufl., Stuttgart: Schäffer-Poeschel, Sp. 1540-1551.

Friedl, G./Hilz, C./Pedell, B. (2008): Controlling mit SAP, 5. Aufl., Wiesbaden: Vieweg.

Friedrich, W. (1995): Zwischenbetrieblicher Vergleich – Kennzahlen und Information aus dem Vertriebsbereich. BwZ 69, VDMA Abteilung Betriebswirtschaft, Frankfurt a. M.: o.V.

Haring, N./Prantner, R. (2005): Konvergenz des Rechnungswesens. State-of-the-Art in Deutschland und Österreich, in: Controlling, 17. Jg., Heft 3, S. 147-154.

Hax, H. (2002): Integration externer und interner Unternehmensrechnung, in: Küpper, H.-U./Wagenhofer, A. (Hg.): Handwörterbuch Unternehmensrechnung und Controlling, 4. Aufl., Stuttgart: Schäffer-Poeschel, Sp. 758-767.

Hoitsch, H.-J. (2002): Vollkostenrechnung/Teilkostenrechnung, in: Küpper, H.-U./Wagenhofer, A. (Hg.): Handwörterbuch Unternehmensrechnung und Controlling, 4. Aufl., Stuttgart: Schäffer-Poeschel, Sp. 2100-2110.

Homburg, C. (2003): Marketingmanagement : Strategie – Instrumente – Umsetzung – Unternehmensführung, Wiesbaden: Gabler.

Homburg, C./Daum, D. (2002): Marktorientiertes Kostenmanagement. Kosteneffizienz und Kundennähe verbinden, Frankfurt a. M.: FAZ.

Horváth, P. (2006): Controlling, 10. Aufl., München: Vahlen.

Horváth & Partner (Hg.) (1998): Prozesskostenmanagement. Methodik und Anwendungsfelder, 2. Aufl., München: Vahlen.

Joos-Sachse, T. (2006): Controlling, Kostenrechnung und Kostenmanagement. Grundlagen – Instrumente – Neue Ansätze, 4. Aufl., Wiesbaden: Gabler.

Kemper, H.-G./Mehanna, W./Unger, C. (2004): Business Intelligence – Grundlagen und praktische Anwendungen, Braunschweig: Vieweg.

Kilger, W. (2002): Flexible Plankostenrechnung und Deckungsbeitragsrechnung, 11. Aufl., Wiesbaden: Gabler.

Kümpel, T. (2002): Vereinheitlichung von internem und externem Rechnungswesen, in: Wirtschaftswissenschaftliches Studium, 31. Jg., Heft 6, S. 343-345.

Kruschwitz, L. (2007): Finanzierung und Investition, 5. Aufl., München:Oldenbourg.

Lange, C. (2002): Gemeinkostenmanagement, in: Küpper, H.-U./Wagenhofer, A. (Hg.): Handwörterbuch Unternehmensrechnung und Controlling, 4. Aufl., Stuttgart: Schäffer-Poeschel, Sp. 617-625.

Messerschmidt, H./Schweinsberg, K. (2003): OLAP mit dem SQL-Server. Eine Einführung in Theorie und Praxis, Heidelberg: DPunkt.

Nadig, L. (2000): Kostenrechnung als Führungsinstrument. Grundlagen, Zürich: Schulthess.

Olfert, K. (2005): Kostenrechnung (Kompendium der praktischen Betriebswirtschaft), Ludwigshafen: Kiehl.

Ossadnik, W./Leistert, O. (2002): Kostenträger, Kostenträgerrechnung, in: Küpper, H.-U./Wagenhofer, A. (Hg.): Handwörterbuch Unternehmensrechnung und Controlling, 4. Aufl., Stuttgart: Schäffer-Poeschel, Sp. 1158-1169.

Picot, A./Schuller, S. (2002): Transaktionskosten, in: Küpper, H.-U./Wagenhofer, A. (Hg.): Handwörterbuch Unternehmensrechnung und Controlling, 4. Aufl., Stuttgart: Schäffer-Poeschel, Sp. 1966-1978.

Plinke, W. (2002): Erlösstellenrechnung, in: Küpper, H.-U./Wagenhofer, A. (Hg.): Handwörterbuch Unternehmensrechnung und Controlling, 4. Aufl., Stuttgart: Schäffer-Poeschel, Sp. 462-474.

Plinke, W./Rese, M. (2006): Industrielle Kostenrechnung. Eine Einführung, 7. Aufl., Berlin: Springer.

Rappaport, A. (1999): Shareholder Value. Ein Handbuch für Manager und Investoren, 2. Aufl., Stuttgart: Schäffer-Poeschel.

Rautenberg, G. (2002): Kostenarten, Kostenartenrechnung, in: Küpper, H.-U./Wagenhofer, A. (Hg.): Handwörterbuch Unternehmensrechnung und Controlling, 4. Aufl., Stuttgart: Schäffer-Poeschel, Sp. 1042-1051.

Riebel, P. (1994): Einzelkosten- und Deckungsbeitragsrechnung. Grundfragen einer markt- und entscheidungsorientierten Unternehmensrechnung, 7. Aufl., Wiesbaden: Gabler.

Sakurai, M. (1997): Integratives Kostenmanagement. Stand und Entwicklungstendenzen des Controlling in Japan, München: Vahlen.

Schmalen, H./Schachtner, D. (2002): Preispolitik, in: Küpper, H.-U./Wagenhofer, A. (Hg.): Handwörterbuch Unternehmensrechnung und Controlling, 4. Aufl., Stuttgart: Schäffer-Poeschel, Sp. 1497-1508.

Schweitzer, M./Küpper, H.-U. (2003): Systeme der Kosten- und Erlösrechnung, 8. Aufl., München: Vahlen.

Steger, J. (2001): Kosten- und Leistungsrechnung: Einführung in das betriebliche Rechnungswesen, 3. Aufl., München, Wien: Oldenbourg.

SRH (Sächsischer Rechnungshof) (2000): Jahresbericht 2000, http://www.sachsen.de/de/bf/verwaltung/rechnungshof/cms/jb2000/jb00.pdf (20.11.2007).

Währisch, M. (2000): Der Ansatz kalkulatorischer Kostenarten in der industriellen Praxis, in: Schmalenbachs Zeitschrift für betriebswirtschaftliche Forschung, 52. Jg., Heft 11, S. 678-694.

Weber, J. (2004): Einführung in das Controlling, 10. Aufl., Stuttgart: Schäffer-Poeschel.

Weißenberger, B. (2002): Erlösartenrechnung, in: Küpper, H.-U./Wagenhofer, A. (Hg.): Handwörterbuch Unternehmensrechnung und Controlling, 4. Aufl., Stuttgart: Schäffer-Poeschel, Sp. 444-453.

Zentes, J. (2002): Preisgrenzen, in: Küpper, H.-U./Wagenhofer, A. (Hg.): Handwörterbuch Unternehmensrechnung und Controlling, 4. Aufl., Stuttgart: Schäffer-Poeschel, Sp. 1488-1497.

Quellennachweis

Die Autoren bedanken sich bei den folgenden Personen und Unternehmen für die freundliche Genehmigung zur Verwendung der zur Verfügung gestellten Fotos, Screenshots und Warenzeichen im Rahmen des vorliegenden Buches.

Abkürzung	Zur Verfügung gestellt von
am	Amadeus Germany GmbH
an	pixelio.de, Fotografenpseudonym (Anguane)
co	COGNOS GmbH
da	Daimler AG
dal	pixelio.de, Fotografenpseudonym (dalmatiner)
ds	pixelio.de, Fotograf (Davis Schrapel)
er	pixelio.de, Fotografenpseudonym (erysipel)
es	ESMT European School of Management and Technology
hn	pixelio.de, Fotograf (Hendrik Nölle)
kdw	KaDeWe Kaufhaus des Westens
ma	pixelio.de, Fotograf (Maclatz)
mb	pixelio.de, Fotograf (Marco Barnebeck)
ms	Microsoft Deutschland GmbH
pk	pixelio.de, Fotograf (P. Kirchhoff)
rr	pixelio.de, Fotograf (Ralf Reuter)
rw	pixelio.de, Fotograf (Roman Weiss)
sap	SAP AG
sh	pixelio.de, Fotograf (S. Hofschlaeger)
wa	WARSTEINER BRAUEREI Haus Cramer KG
wo	pixelio.de, Fotografenpseudonym (wotan47)

„Excel“ ist eine Marke der Microsoft Corporation.

„SAP“, „SAP R/3“, „SAP NetWeaver BI“ und „SAP ERP“ sind Marken der SAP Aktiengesellschaft Systeme, Anwendungen, Produkte in der Datenverarbeitung.

„Cognos 8 Business Intelligence“ bzw. „Cognos 8 BI“ ist eine Marke der Cognos Incorporated.

Mehr von der Welt.
Von Anfang an.
Sie haben erfolgreich studiert und wollen jetzt zeigen, wie gut Sie wirklich sind: In einem Unternehmen, das in 140 Ländern zu Hause ist und Sie umfassend unterstützt.* Mit neuartigen Weiterbildungsprogrammen und großen Aufgaben in Wirtschaftsprüfung, Steuerberatung, Transaktionsberatung sowie Risk- und Performance-Beratung. Wenn das so ist:
What's next for your future?
www.de.ey.com/karriere
ERNST & YOUNG
Quality In Everything We Do
* Der Name Ernst & Young bezieht sich auf alle deutschen Mitgliedsunternehmen von Ernst & Young Global Limited, einer Gesellschaft mit beschränkter Haftung nach englischem Recht.